计算机辅助船舶设计与制造

主　编　王　顺
副主编　袁　鹤　陈志飚　刘书杨

国防工业出版社
·北京·

内 容 简 介

本书分为上下两篇,上篇共六章,主要内容包括 CAD/CAM 概况、CAD/CAM 系统中的工程数据管理、图像图形处理、样条曲线曲面及其在船体造型中的应用、计算机辅助船舶总体设计、计算机辅助船舶结构设计。下篇共四章,主要内容包括计算机辅助船舶机电舾设计、计算机辅助船体型线光顺及放样、船体钢料加工的数学表示、数字化智能化造船。

本书围绕计算机辅助船舶设计及制造技术的特点,介绍软件系统的组成、原理,并结合软件技术的工程应用,阐述 CAD/CAM 融合发展的技术路线。

本书主要作为高等院校船舶工程、交通工程等专业的本科及研究生教学用书,也可供从事船舶结构物设计与制造的工程技术人员参考。

图书在版编目(CIP)数据

计算机辅助船舶设计与制造/王顺主编. —北京:
国防工业出版社,2024.10. -- ISBN 978 - 7 - 118 - 13212
- 0

Ⅰ. U662.9;U671.99

中国国家版本馆 CIP 数据核字第 20242PG530 号

※

国防工业出版社出版发行

(北京市海淀区紫竹院南路23号　邮政编码100048)
北京凌奇印刷有限责任公司印刷
新华书店经售

*

开本 787×1092　1/16　印张 17¾　字数 358 千字
2024 年 10 月第 1 版第 1 次印刷　印数 1—1500 册　定价 98.00 元

(本书如有印装错误,我社负责调换)

国防书店:(010)88540777　　书店传真:(010)88540776
发行业务:(010)88540717　　发行传真:(010)88540762

《计算机辅助船舶设计与制造》编审委员会

主　　任：弓永军
副 主 任：李　路　高良田
委　　员：林　焰　马　宁　李敬花　程细得　党　坤
　　　　　于雁云　于德欣　李建彬　刘梦园　吕传德

《计算机辅助船舶设计与制造》编写委员会

丛书主编：苏琳芳
主　　编：王　顺
副 主 编：袁　鹤　陈志飚　刘书杨
参　　编：宁　博　邢　辉　孙家鹏　李　敏　蒋晓亮
　　　　　陈建宇　陈　默　李振洋　张爱锋　刘殿勇
　　　　　朱　君　高　霞　陶　毅
图片编辑：樊　琨

序

近年来,我国造船业蓬勃发展,2010年造船三大指标均超越日韩,成为跃居世界第一的造船大国。我国是造船大国,但距世界造船强国还存在一定差距。在设计模式上,我国的船舶设计主要依靠二维CAD,其弊端是不同的业务部门分割导致设计阶段衔接差、专业间互相干涉、易产生人为失误、存在大量重复劳动、人力与物力资源浪费等。目前,建筑、航空、汽车、机械等行业都已从二维设计转变为三维一体化设计。三维一体化设计是解决上述问题的有效途径。

设计模式的改变也将带来船舶制造、运营管理方法的进步。基于三维一体化设计,将数据保存在模型中进行集中管理,通过设计、制造、运营等阶段不断完善信息,最终得到船舶数字孪生模型。船舶数字孪生模型是实现船舶各种性能数值分析、智能优化设计、精细化制造、智能营运管理的基础。

三维一体化设计,是指船舶信息模型实现多阶段、多平台、多专业的一体化设计。多阶段的核心是同一模型,多平台的关键是数据标准,多专业的协同需基于一体化数据环境。实现上述目标,需要专业人员掌握数学、计算机等相关知识,掌握船舶总体、结构、轮机、电气、舾装等各专业设计方法,具备将基础知识与专业知识综合运用的能力。这是《计算机辅助船舶设计与制造》及《计算机辅助船舶设计实例教程》两部教材编写的目的和背景。

《计算机辅助船舶设计与制造》面向CIM系统及全生命周期管理,包括CAD/CAM技术,CAE、CAPP、MRP、ERP、PLM、PDM技术,明确系统集成功能、方法及目标。与此同时,全面介绍与造船系统相应的FEA、CFD以及各大船级社的软件,系统阐述了船舶CAD/CAM的发展现状和未来趋势。从数学、计算机技术以及船舶专业基础知识等角度,讲述船型数值表达及光顺等原理;融合船舶工程、轮机工程、电气工程等专业知识,在船舶CAD/CAM软件的辅助下,阐述设计各阶段,协调各专业问题,形成数字样船的原理。使用上述数据,完成外板展开、套料、数控切割以及各种板及型材的冷热加工等工艺算法,通过数据的生成和流转对船舶CAD/CAM系统加以解释,以利于读者对船舶CAD软件的理解、应用及开发。

《计算机辅助船舶设计实例教程》以解决实际工程问题为出发点,结合行业内优秀船舶CAD软件,分步骤解析初步设计、详细设计等阶段的具体内容,包括总体、结构、轮机、电气以及三维一体化设计等,并以案例方式汇编设计与制造具体过程,供学生上机练习,积累设计经验。此为本书最大特点。

我国船舶行业正迎来智能设计与智能制造发展期,《计算机辅助船舶设计与制造》及《计算机辅助船舶设计实例教程》为此提供先进船舶 CAD/CAM 经验,具有广阔的应用前景;同时配合慕课教学,形成立体式、分层次、系统的知识传递;运用慕课的平行引导,辅助读者更好地完成自主学习,发挥高效的网络教学优势。此外,在教材应用过程中,将用人需求与人才培养紧密联系,实现了船舶人才的培养及船舶行业的协同发展,体现出较高的出版价值。

华中科技大学教授
中国科学院院士
2023 年 8 月

前　言

在数字化和信息化的当下，船舶 CAD 技术快速更新迭代，现正处于从二维向三维的过渡阶段。为了更好地运用和发展计算机辅助三维一体化设计与制造技术，迫切需要凝练船舶 CAD 的系统性思维；在船舶设计与制造各阶段，将计算机和信息技术与船体、轮机、电气等专业做深度融合；提高协调各专业、解决复杂船舶与海洋工程问题的能力。这是本书宗旨所在。

本书首先根据功能、方法及目标，介绍十余种集成系统理论，包括 CAD、CAE、CAPP、CAPM、VM、MRP、ERP、PLM、PDM、CIM 及全生命周期管理。与此同时，全面介绍市场流行的各造船系统、FEA、CFD 以及各大船级社的软件二十余种。其次，以产品过程为主线，采用一模多用技术，讲述数据库及图像处理技术、船型数值表达与光顺方法，以及经过初步设计、详细设计、生产设计等阶段，形成数字样船的原理，最终使用这些数据，完成外板展开、套料、数控切割以及各种板及型材的冷热加工等各种工艺算法，运用数据高效流转无缝衔接设计各阶段。最后，从解决实际工程问题为基本点，结合船舶 CAD 的工程应用，编写详细流程及算例，阐述初步设计、详细设计等阶段的计算机辅助的具体内容，增进专业协同。这是本书的价值所在。

本书由大连海事大学苏琳芳组织编写，苏琳芳、陈志飚编写第一章，宁博、陈志飚编写第二章，宁博编写第三章，苏琳芳编写第四章、第八章，孙家鹏编写第五章，李敏、陈海林编写第六章，袁鹤、刘书杨、蒋晓亮、肖明、邢辉编写第七章，王顺编写第九章，王顺、陈志飚编写第十章。樊琨编辑全书图片。王顺、苏琳芳对全书进行统稿。

在编写过程中，华中科技大学熊有伦院士对本书给予肯定并作序。大连海事大学科技处、教务处、船舶与海洋工程学院、信息科学技术学院、轮机工程学院等单位，给予鼓励。大连海事大学弓永军教授、上海船舶研究设计院李路副院长、哈尔滨工程大学高良田教授、大连理工大学于雁云副教授、中国船级社武汉规范研究所陈志彪研究员、中船重工船舶设计研究中心刘书杨研究员等参与了本书的审定。大连理工大学林焰教授、上海交通大学马宁教授、哈尔滨工程大学李敬花教授、武汉理工大学程细得教授、大连海事大学党坤副教授，对书稿内容进行了审阅。中船重工船舶设计研究中心陈建宇，武汉船舶设计研究院朱君，上海瑞司倍陈默，CADMATIC 公司刘二双，中船重工陶毅、高霞、李振洋等，对书稿内容进行了校对。与此同时，本书的顺利出版也得益于业界多方的共同努力，上海船舶研究设计院、中船重工船舶设计研究中心、武汉船舶设计研究院、CADMATIC 公司，为本书提供许多宝贵意见。最后，中央高校基本科研业务费专项资金，给予资助。在此，对支持本书出版的各位专家学者、企事业单位致以衷心的感谢。

本书配合"计算机辅助船舶制造"慕课及"船舶构件数字化虚拟仿真实验平台"使用。运用数字化系统，将本书共识及研究成果与行业连接，实事求是、继旧开新、自主创新、不断完善。以期在百年未有之大变局下，为我国成为造船强国，在知识储备、能力储备以及人才储备等方面贡献力量。

由于编者水平有限，时间仓促，书中难免存在缺憾及不足之处，恳请读者给予批评指正，以后续不断完善。

作者
2023 年 3 月

目 录

上 篇

第一章 概论 ………………………………………………………………… 3

1.1 船舶 CAD/CAM 技术概况 ……………………………………………… 3
    1.1.1 船舶 CAD/CAM 简述 ……………………………………………… 3
    1.1.2 船舶 CAD/CAM 的基本任务 ……………………………………… 4
    1.1.3 集成系统的主要构成 ……………………………………………… 6
1.2 CAD/CAM 技术的发展及现状 ………………………………………… 13
    1.2.1 CAD 技术的发展 ………………………………………………… 13
    1.2.2 造型技术 …………………………………………………………… 15
    1.2.3 CAD 研究的基础内容及现状 …………………………………… 17
1.3 CAD/CAM 的支撑技术 ………………………………………………… 18
    1.3.1 信息技术 …………………………………………………………… 18
    1.3.2 系统支撑平台 ……………………………………………………… 20
    1.3.3 工程制图技术 ……………………………………………………… 21
1.4 船舶 CAD/CAM 系统 …………………………………………………… 22
    1.4.1 船舶 CAD/CAM 的发展历史 …………………………………… 22
    1.4.2 初步设计软件 ……………………………………………………… 24
    1.4.3 生产设计软件 ……………………………………………………… 26
    1.4.4 有限元软件 ………………………………………………………… 29
    1.4.5 水动力分析软件 …………………………………………………… 29
思考题 …………………………………………………………………………… 30

第二章 CAD/CAM 系统中的工程数据管理 ……………………………… 31

2.1 工程数据的存储和管理方法 …………………………………………… 31

        2.1.1　人工管理阶段 ··· 31
        2.1.2　文件管理阶段 ··· 32
        2.1.3　数据库系统阶段 ·· 33
        2.1.4　三者比较 ··· 33
    2.2　数据库及数据库管理系统 ·· 34
        2.2.1　数据库及数据库管理系统概况 ······························ 34
        2.2.2　数据库管理系统的功能 ······································· 34
    2.3　数据库系统 ·· 35
        2.3.1　数据库系统组成 ··· 35
        2.3.2　数据库语言 ··· 36
    2.4　工程数据库 ·· 36
        2.4.1　工程数据库定义与特点 ······································· 36
        2.4.2　工程数据库管理系统 ·· 37
        2.4.3　对工程数据库系统的要求 ···································· 37
        2.4.4　关键技术 ·· 38
        2.4.5　查询方式 ·· 40
        2.4.6　发展方向 ·· 40
    思考题 ·· 40

第三章　图像图形处理 ··· 41
    3.1　计算机图像基本知识 ·· 41
        3.1.1　显示数据 ·· 41
        3.1.2　像素 ·· 42
        3.1.3　色彩 ·· 43
        3.1.4　屏幕分辨率 ··· 44
    3.2　计算机图形学基本知识 ··· 45
        3.2.1　核心目标和基本任务 ·· 45
        3.2.2　主要研究对象和研究内容 ···································· 45
        3.2.3　计算机图形学的应用领域 ···································· 46
        3.2.4　计算机图形学、图像处理和数据可视化的关系 ·········· 46
    思考题 ·· 46

第四章　样条曲线曲面及其在船体造型中的应用 ························· 48
    4.1　插值与逼近 ·· 48
        4.1.1　代数多项式插值 ··· 48

  4.1.2 代数样条函数插值 …… 49
  4.1.3 参数样条函数插值 …… 50
  4.1.4 最小二乘逼近 …… 50
 4.2 参数曲线 …… 51
  4.2.1 B 样条逼近(正向逼近控制点) …… 51
  4.2.2 B 样条插值 …… 52
  4.2.3 非均匀有理 B 样条 …… 53
 4.3 参数曲面 …… 54
  4.3.1 参数曲面的定义 …… 54
  4.3.2 Coons 曲面 …… 55
  4.3.3 B 样条曲面 …… 57
 4.4 几何造型技术 …… 58
  4.4.1 表示形体的模型 …… 58
  4.4.2 形体的定义和性质 …… 61
  4.4.3 实体几何造型方法 …… 62
  4.4.4 特征造型法 …… 63
 思考题 …… 63

第五章 计算机辅助船舶总体设计 …… 65

 5.1 概述 …… 65
  5.1.1 总体设计的任务及特点 …… 65
  5.1.2 总体设计的阶段划分 …… 65
  5.1.3 总体设计软件 …… 67
 5.2 船舶主尺度的确定 …… 68
  5.2.1 主尺度粗估 …… 68
  5.2.2 主尺度调整 …… 70
 5.3 船舶重量和容量的确定 …… 71
  5.3.1 空船重量的确定 …… 71
  5.3.2 船舶容量的确定 …… 72
 5.4 船舶线型设计 …… 76
  5.4.1 直接绘制法 …… 76
  5.4.2 母型改造法 …… 79
  5.4.3 参数化方法 …… 79
 5.5 船舶总布置设计 …… 80
  5.5.1 设备布置 …… 81

    5.5.2 分舱优化 ……………………………………………………………… 81
    5.5.3 大型客船的总布置设计 ………………………………………………… 83
  5.6 船舶性能计算校核 …………………………………………………………… 84
    5.6.1 船舶稳性 ………………………………………………………… 84
    5.6.2 船舶快速性 ……………………………………………………… 87
    5.6.3 船舶耐波性 ……………………………………………………… 95
    5.6.4 船舶操纵性 ……………………………………………………… 96
  5.7 总体设计的展望 ……………………………………………………………… 99
    5.7.1 多学科与一体化优化设计 ……………………………………………… 99
    5.7.2 船舶智能化的影响 ……………………………………………………… 101
  思考题 ………………………………………………………………………………… 104

第六章　计算机辅助船舶结构设计 ………………………………………………… 105

  6.1 概述 ………………………………………………………………………… 105
    6.1.1 结构设计任务 …………………………………………………… 105
    6.1.2 结构设计方法及流程 …………………………………………………… 105
  6.2 船舶结构三维建模 …………………………………………………………… 108
    6.2.1 概述 ……………………………………………………………… 108
    6.2.2 三维结构设计 …………………………………………………… 108
    6.2.3 结构三维模型的用途 …………………………………………………… 110
  6.3 船舶结构规范计算 …………………………………………………………… 111
    6.3.1 概述 ……………………………………………………………… 111
    6.3.2 结构规范计算软件简介 ………………………………………………… 113
  6.4 船舶结构直接计算 …………………………………………………………… 115
    6.4.1 概述 ……………………………………………………………… 115
    6.4.2 梁系计算 ………………………………………………………… 116
    6.4.3 结构有限元分析 ………………………………………………… 117
    6.4.4 振动噪声分析 …………………………………………………… 124
  思考题 ………………………………………………………………………………… 125

下　篇

第七章　计算机辅助船舶机电舾设计 ………………………………………………… 129

  7.1 概述 ………………………………………………………………………… 129

  7.1.1 船舶机电舾三维一体化设计背景 ……………………………… 129

  7.1.2 船舶机电舾三维一体化设计流程 ……………………………… 131

 7.2 轮机设计主要理论 …………………………………………………………… 134

  7.2.1 轮机主要设备选型 ……………………………………………… 134

  7.2.2 轮机主要技术参数计算 ………………………………………… 154

 7.3 电气详细设计主要理论 ……………………………………………………… 168

  7.3.1 电气设计概述 …………………………………………………… 168

  7.3.2 电气主要技术参数计算 ………………………………………… 174

 7.4 舾装详细设计主要内容和方法 ……………………………………………… 188

  7.4.1 概述及常用软件 ………………………………………………… 188

  7.4.2 舾装数计算 ……………………………………………………… 192

  7.4.3 防火区域划分设计 ……………………………………………… 193

  7.4.4 舵系设计 ………………………………………………………… 196

  7.4.5 客船撤离分析计算 ……………………………………………… 201

 思考题 ………………………………………………………………………………… 206

第八章 计算机辅助船体型线光顺及放样 …………………………………………… 207

 8.1 船体型线光顺性准则及调整原则 …………………………………………… 207

  8.1.1 型线光顺的判别 ………………………………………………… 207

  8.1.2 型线不光顺的调整原则 ………………………………………… 209

  8.1.3 型线光顺性检查 ………………………………………………… 210

 8.2 船体型线光顺方法 …………………………………………………………… 210

  8.2.1 单根曲线光顺性的判别方法 …………………………………… 211

  8.2.2 能量法 …………………………………………………………… 212

  8.2.3 回弹法 …………………………………………………………… 213

  8.2.4 圆率序列法 ……………………………………………………… 214

  8.2.5 船体型线三向光顺法 …………………………………………… 216

 8.3 外板展开及数学放样 ………………………………………………………… 218

  8.3.1 数学放样 ………………………………………………………… 219

  8.3.2 外板展开 ………………………………………………………… 220

  8.3.3 套料 ……………………………………………………………… 222

 思考题 ………………………………………………………………………………… 227

第九章 船体钢料加工的数学表示 ………………………………………………………… 229

 9.1 数控切割 ……………………………………………………………………… 229

    9.1.1 概述 ·· 229

    9.1.2 数控切割机 ·· 231

    9.1.3 零件处理 ·· 233

  9.2 型材构件的成型加工 ·· 233

    9.2.1 型材冷弯加工的弯曲原理 ··· 234

    9.2.2 型材构件的冷弯成型 ··· 234

    9.2.3 型材构件的热弯成型 ··· 236

    9.2.4 型材弯曲控制成型的逆直线法 ·· 237

    9.2.5 型材扭曲加工 ·· 238

  9.3 板材构件的成型加工 ·· 239

    9.3.1 板材构件的冷弯加工 ··· 239

    9.3.2 板材构件的热弯加工 ··· 241

    9.3.3 板材加工的精度检测 ··· 246

  思考题 ·· 249

第十章 数字化智能化造船 ·· 250

  10.1 CIM 与数字造船/智能造船 ·· 250

    10.1.1 计算机集成制造系统 ·· 250

    10.1.2 数字化造船概述 ·· 251

    10.1.3 船舶虚拟建造技术概述 ··· 253

  10.2 船舶全生命周期管理 ·· 256

    10.2.1 概述 ·· 256

    10.2.2 全生命期船舶信息模型 ··· 259

    10.2.3 全生命期管理的实施方案 ·· 261

  10.3 数字化造船展望 ··· 262

    10.3.1 智能制造在国外造船应用的现状 ··· 262

    10.3.2 智能制造在国内造船应用的现状 ··· 264

    10.3.3 智能制造的标准 ·· 266

    10.3.4 数字化造船的实现 ·· 266

  思考题 ·· 267

参考文献 ·· 268

上　篇

第一章 概 论

1.1 船舶 CAD/CAM 技术概况

1.1.1 船舶 CAD/CAM 简述

水上运输不仅是交通运输的重要组成部分,而且具有其他任何运输方式所无法替代的特殊地位和重要作用。船舶作为水上运输工具,对其制造技术进行研究,具有重大而深远的现实意义。

第三次工业革命时期,电子计算机和自动化技术得到迅猛发展,小型化、高性能、低价格的计算机不断涌现,并得以广泛应用,为计算机辅助设计和制造技术的诞生创造了条件。相关企业为适应市场环境(企业竞争激烈、产品市场寿命短)、设计环境(开发新产品的成功率高且设计周期短)、制造环境(多品种、小批量和高质量)的变化,纷纷研究计算机技术在产品设计、产品制造和生产经营管理等方面的应用,从而产生了计算机辅助设计(Computer Aided Design,CAD)、计算机辅助制造(Computer Aided Manufacturing,CAM)、计算机辅助工程(Computer Aided Engineering,CAE)、计算机集成制造(Computer Intergrated Manufacturing,CIM)和计算机辅助生产管理(Computer Aided Production Management,CAPM)等新技术,因其以 CAD 和 CAM 为典型代表,本书中亦称为计算机辅助设计与制造技术(CAD/CAM)。

船舶制造虽然是传统制造业,但受其独有特点影响——小批量订货,离散型制造,几乎每一条船都是一个独立的型号,需要个性化对待,因此形成了有别于通用制造业的计算机辅助船舶设计与制造技术(简称船舶 CAD/CAM)。船舶 CAD/CAM 技术在初期一般致力于以计算机技术辅助或替代原本由"人"来开展的部分活动,即仅关注某个单一环节,比如生产制造中"数控套料/切割"和"自动焊接"、生产管理中"查询统计"等;后期发展为将各环节统筹考虑,形成设计、生产、管理的集成体系(如 CIMS 等)。

伴随技术的进步,造船模式也发生了巨大的转变,如图 1.1.1 所示,逐渐从以系统功能为导向的传统造船模式(整体建造),转变为以中间产品为导向的现代造船模式(以壳舾涂一体化手段,实现区域造船),并逐渐向以节约成本为导向的精益造船模式(日韩为代表,以设计、生产和管理一体化为手段,通过准时生产/流水作业、无缺陷施工/无余量制造、总装化造船/精细化管理,达到工序零缓冲、物流零库存、资源零浪费、质量零缺陷、设备零故障、生产零停滞、安全零伤害,最终实现最低成本、最快交付、最高质量)转变,未来的发展趋势为以智能高效为导向的智能造船模式(基于数字化、网络化、智能化、大数据平台技术的智能/数字船厂)。

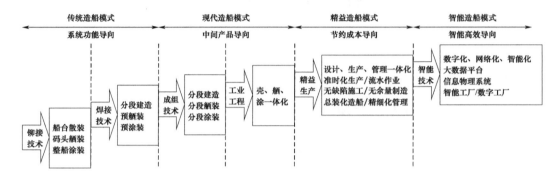

图 1.1.1 造船技术发展与模式转变

当下正经历的第四次工业革命,是以信息物理系统(CPS)、物联网(IoT)、网络(Network)、人工智能(AI)、大数据(Big Data)、虚拟现实(VR)、增强现实(AR)等高新技术的兴起和广泛应用为代表,在中国制造 2025 的战略背景下,这些技术与传统造船及船舶 CAD/CAM 深度融合,催生出三维建模、虚拟仿真和智能制造等新一代造船技术,致力于在船舶全生命期各环节(设计、制造/检验、运营/检修、拆解等)实现信息互通共享,并进行逐个/通盘优化。

与技术发展相适应,造船模式也将从现代造船/精益造船模式,逐渐转向以资源节约、环境友好、智能高效为导向的智能造船模式(以设计、生产和管理的数字化、网络化、智能化为主线,建立船舶大数据平台、信息物理系统和智能工厂/数字化工厂)。

1.1.2 船舶 CAD/CAM 的基本任务

船舶设计与制造过程中,计算机能够辅助人们完成诸多工作,随着技术的进步和不断完善,相信其可辅助甚至替代人类完成越来越多的工作,从而使人们将更多的精力投入到创造性的活动之中。目前,船舶 CAD/CAM 一般可完成如下任务:

1. 报价和初步设计阶段

计算机辅助船舶报价是在快速提出合理报价的同时提供大量文件、资料的经营决策辅助系统。具体讲就是以船东提出的如船舶的类型、用途、航区、航速、载重量、续航力、尺度限制等要求为依据,进行可行性研究和初步设计,确定拟建船舶的基本数据,包括主尺度、功率要求、舱容、重量重心及重量分布等,同时编制技术规格书,绘制总布置图和舱室布置图,以及各主要设备系统布置图,编制主要设备清单,估算船舶建造成本,并根据当时的市场情况、贷款利率和造船付款方式等给出船舶报价。通常在这一阶段需要掌握充分的原材料、机电设备等各种信息和市场行情,对打入国际市场,在激烈的竞争中成功地获得有利的订货机会,保证本企业取得较大利益具有至关重要的意义。

2. 基本设计和详细设计阶段

这一阶段所需进行的设计计算有:型线设计、静力学计算(静水力曲线、稳性等)、推进性能计算(阻力、推进等)、船模水池试验结果分析、结构设计及强度(总纵强度和局部强度)计算、重量分布及重心计算、各装载工况计算、舵桨设计、进坞计算、轮机系统设计、电力负荷平衡及电气原理设计、热平衡及空调系统计算和设计等。需要编制大量的计算书、设绘相当数量的各类图纸。

计算机辅助船舶设计可将工序前移,如基本/详细设计前移至初步设计阶段,优秀的初步设计可以完成较高比例的基本/详细设计,甚至可以完全覆盖详细设计。

现行的基本设计通常都需要进行船体三维可视化建模,这样在初步设计阶段即可完成船舶的结构布置、舱室划分、机器设备布置等,进行功能可行性和空间布置可行性的双重判断,大大减少返工的可能性。

3. 生产设计和建造阶段

计算机辅助制造是起步最早、应用最广的软件系统,其在生产设计和建造阶段最早应用且最为成熟的就是数字控制技术,如板材数控切割、板材成型、型材成型、管子成型以及机器人焊接等,计算机可以从几何数据库直接产生指令,控制机床动作。在船舶建造中较早投入使用的计算机辅助应用项目有线型光顺、数学放样、外板展开、零件生成、零件套料、胎架计算、肋骨弯曲、管材下料、管子成型加工、电缆敷设路径及托架设计等。

现行的生产设计通常包括三维模型精细化、生产信息数字化,在可视化的三维模型中,将前期设计阶段无法体现的细节、生产所需的工艺处理信息等全部进行数字化集成。如船体结构设计中的板缝编排、焊接坡口设计、收缩量加放、补偿值或余量加放、型材端部处理、流水孔止漏孔设计、肘板设计等;管系设计中的弯管半径、表面处理、弯头法兰附件、支架垫片、螺栓螺母等;电气设计中的电缆节点、托架形式(考虑电缆弯曲半径)、电缆穿舱、灯管支架、设备底座等,类似的细节在前期设计中难以考虑到但又是生产所必需的条件。生产设计即是将这所有的信息在三维模型中进行细化和集成,并通过三维模型直接转化成施工图纸或加工数据,尽可能减少人工添加带来的信息遗漏等主观差错。

建造阶段的计算机辅助即是将生产设计的输出,通过施工工序等转换成产品。如套料形成的切割指令,可直接导入数控切割机进行板材数控切割(火焰切割、等离子切割等,有些切割机甚至可将板材形状和边缘坡口一次切割成型)。再如管子弯曲加工,仅需将相应的加工数据导入计算机,即可通过管子加工机器自动完成管子的切割和成型。除此之外,还有分段吊装工艺分析、分段预划分、无余量精度控制、模拟搭载、下水或出坞等下水方式计算等。

4. 造船工程管理

计算机具有处理速度快、存储信息量大、多线程并行处理、多任务协同处理等特点,可使船厂各职能部门数以千计员工的工作、成百上千套设备的运行、数十万各类零部件的管理和流转等协同管理,使船厂的管理、施工、运行井然有序、科学高效。目前国内相当数量的船厂已实现生产计划、工时定额、物资供应、设备负荷、能源消耗、建造质量、环境健康保护和评估等的计算机控制。

在造船系统中,设计者和计算机系统进行全方位、实时性的互动,既可对繁冗的重复劳动进行计算机自动运行,也可通过控制程序的执行次序、重复次数、断点介入等方式处理计算机无法自动完成的较为复杂的设计工作。人机互动无须对软件系统进行修改,仅是适当的主观控制即可,这使得对于复杂的工程问题,既能借助计算机运行速度快、数据存储量大及输出结果精度高的辅助作用,也可充分发挥设计主体,即工程师的决断能力和实践经验,有效提高设计效率和设计质量。

1.1.3 集成系统的主要构成

CAD/CAM 系统在设计和生产领域主要包括 CAD、CAE、CAM、CAPP(计算机辅助工艺流程规划)和 PDM(产品数据管理),PDM 后期拓展演变为 PLM(产品生命周期管理)。在管理领域主要包括 OA(办公自动化)、SCM(供应链管理)、CRM(客户关系管理)和 MRP(制造资源计划),MRP 后期拓展演变为 ERP(企业资源计划)。上述最终集成为 CIM 平台(计算机集成制造),相互之间关系如图 1.1.2 所示。

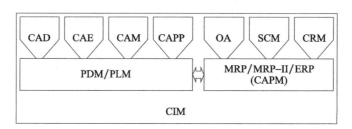

图 1.1.2　CAD/CAM 集成平台的组成及相互关系

1. 计算机辅助设计

计算机辅助设计(CAD),是一种应用计算机软、硬件系统辅助人们对产品或工程进行设计的方法与技术,包括计算、工程分析、绘图、打印以及文档制作等活动,是一种新的设计方法,也是一门多学科综合应用的新技术。

任何设计都表现为一种过程,每个过程都由一系列既有串行也有并行的设计活动组成。目前,设计中的大多数活动都可以用 CAD 技术来实现,但也有一些活动如设计的需求分析、设计的可行性研究等,尚难以通过 CAD 技术来实现。将设计过程中能用 CAD 技术实现的活动集合在一起就构成了 CAD 过程,主要包括概念设计、初步设计(基本设计)、详细设计以及生产设计(施工设计),如图 1.1.3 所示。

传统 CAD 涉及以下基础技术:

(1)图形处理技术,如几何建模、自动绘图、图形仿真及其他图形输入、输出技术。

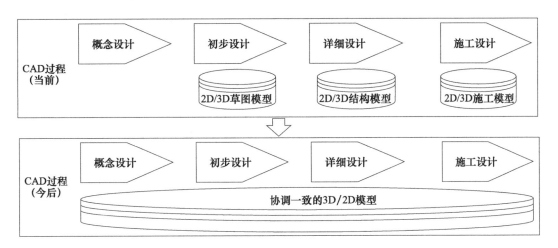

图 1.1.3 船舶 CAD 过程

(2) 工程分析技术,如有限元分析、优化设计及面向各种专业的工程分析等。

(3) 数据管理与数据交换技术,如数据库管理、产品数据管理、产品数据交换规范及接口技术。

(4) 文档处理技术,如文档制作、编辑及文字处理等。

(5) 软件设计技术,如窗口界面设计、软件工具、软件工程规范等。

近年来,由于先进制造技术的快速发展,带动先进设计技术的同步发展。随着网络技术、多媒体、虚拟现实、人工智能等技术的进一步应用,传统 CAD 技术逐渐扩展为"现代 CAD"。

现代 CAD 是指在复杂的大系统环境下,支持产品自动化设计的理论与方法、设计环境、设计工具等各相关技术的总称,它们能使设计工作实现集成化、网络化和智能化,达到提高产品设计质量、缩短设计周期和降低产品成本的目的。现代 CAD 实质就是充分发挥人和计算机各自的优势和特点,将计算机的快速性、准确性以及信息高度集成性与设计人员的创造性思维、综合分析能力充分结合,获得最优化的设计过程。

在这一背景下,设计过程中越来越多的活动都能用 CAD 工具加以实现,CAD 的覆盖面越来越宽,最终整个设计过程就是一个 CAD 过程。与此同时,各项活动中相互独立的 2D/3D 数据模型,已越来越多地实现互通共享,最终必将演变为协调一致的 2D/3D 数据模型,而相应的软硬件系统也会逐渐协调一致或以各种方式整合/集成,从而达成全船模型的高效共享和协同变更。

伴随现代 CAD 的出现,传统设计模式也转变为现代船舶设计模式,其目的是通过设计来营造人性化的环境,满足船东及市场个性化和多样化的需求;其着眼点在于全人类未来总体的生存和发展;其特点是全面融合并行设计、协同设计、敏捷设计、虚拟设计、全生命周期设计等设计方法,并逐渐向数字化、集成化、网络化和智能化方向发展。

(1) 并行设计,能在同一时刻容纳多种设计活动,设计、工程分析、生产三位一体,使得不同专业及时相互反馈信息,这种设计模式要求设计人员具有更高的整体意识和更全面的船舶工程专业技术知识。

(2)协同设计,是大型、复杂的船舶工程产品设计的最佳开发方式,其数字化媒介方便设计部门内部沟通以及设计部门与外界交流,对于多学科的设计过程打破了固有的学科界限和封闭的思维定势,加速船舶产品的创新和问世,其最大优势在于网络技术的应用,改善了设计工作模式。

(3)敏捷设计,在于快速实现设计的再现与变化。

(4)虚拟设计,在于三维模型的仿真及工程测试,以及实时、客观的评价。

(5)智能设计,取决于人工智能的发展,可对设计全过程提供一体化的支持。

综上所述,现代 CAD 的主要关键问题可归纳为:

(1)现代设计方法学的研究。

(2)创新设计技术的研究。

(3)设计过程中的人机交互技术研究。

(4)设计过程中的并行与协同。

(5)全生命周期设计技术研究。

(6)设计过程中的智能技术研究。

(7)面向工业设计的智能支持系统研究等。

2. 计算机辅助工程

计算机辅助工程(CAE),是指用计算机辅助求解分析船舶性能、结构强度等工程问题的技术和方法,是计算力学、计算数学、相关的工程科学和现代计算机技术相结合的综合性、知识密集型科学,一般认为 CAE 是 CAD 的子集,主要在以下领域发挥作用:

(1)性能分析。利用专业分析系统,如 MSC NASTRAN、ANSYS、Fluent 等,对船舶/产品或零部件进行强度、刚度、振动等结构分析,静水力、稳性、快速性等性能计算,或温度场、流场等工程分析。其数据的输入和输出都应通过图形化的前置处理和后置处理自动、高效地完成。

(2)优化设计。建立优化数学模型,选择优化方法,按照给定的条件和准则,通过计算机进行分析求解,获得最佳设计方案。

(3)计算机仿真。将实际系统抽象描述为计算机求解的仿真模型,进行仿真实验并显示结果,用于解决一般方法难以解决的大型系统问题,替代难以或无法实施的试验,如产品的运动学仿真、动力学仿真、加工过程仿真和生产过程仿真等。

目前设计制造中,一般会涉及如图 1.1.4 所示的 CAE 内容,图中特指结构力学分析问题,船舶专业主要的应用就是有限元分析。

其过程主要分为建模、前处理、计算求解和后处理等步骤,如图 1.1.5 所示。

(1)建模,即建立二维/三维船舶几何模型,或通过接口直接利用船舶设计模型,某些情况下有些软件也会跳过该步骤直接从第(2)步开始。

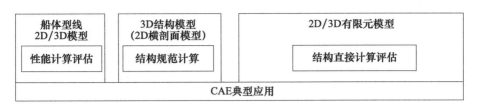

图 1.1.4 典型 CAE 应用

(2) 前处理,包括将几何模型处理为有限元模型或直接建立有限元模型,划分网格、赋予单元特性、加载、设置边界条件,最终形成计算用的数据文件。

(3) 计算,采用求解器计算和分析相应数据文件(方程组),形成计算结果文件。

(4) 后处理,按需要以图形、动画、曲线、表格和文件等形式将计算结果显示出来。

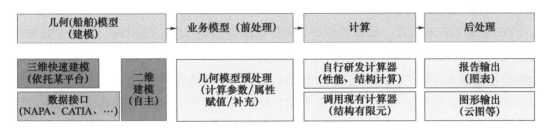

图 1.1.5 船舶 CAE 总体流程

3. 计算机辅助制造

计算机辅助制造(CAM),是指利用计算机通过数控各种机床和设备,自动完成加工、装配、检测和包装等制造过程。造船 CAM 目前主要应用在如下作业中:

(1) 船体放样。船体建造工程包含特有的船体放样工序,主要工作内容有船体型线光顺、结构线放样和船体构件展开等,其主要任务是为后续工序提供准确的施工资料,属于产品设计资料的"再加工"性质。因此,完全有可能且有必要应用计算机技术完成船体放样的各项工作内容,建立包括数学光顺、板缝线和结构线计算、构件展开计算和样板尺寸计算等功能的船体数学放样程序模块,这是船舶 CAM 特有的内容。

(2) 管系电缆布置。船舶设计提供的管系、电路布置图,一般只是从其功能角度出发而绘制的一种概略布置图,实际生产中,必须在船体型线光顺以后,根据船型和船体结构特点,在光顺后的肋骨型线图上重新进行综合布置,以便正确决定管子尺寸、弯头角度、附属件尺寸、敷设位置与走向、船体结构开孔位置和尺寸等。借助三维几何造型技术建立具有上述功能的管系、电缆综合布置程序模块,这也是船舶 CAM 的组成部分。

(3) 船体构件套料。船体构件是由板材构件和型材构件两大类组成的。为了有效利用原材料,必须对船体构件进行合理的套料,以达到合理利用资源和降低生产成本的目的。对于造船 CAM 而言,获得船体构件的展开信息,只是船体构件信息处理工作的第一步,还必须在此基础上,进一步进行构件套料的数据处理和计算(构件数据的二次处理),然后才能以套料零件数据为基础,进行船体构件数控切割的自动编程,为数控切割机提供加工控制信息。

(4) 船体构件加工。数以万计的船体构件,其形状和尺寸各不相同,并随船舶产品的变化而变化,因此,船体构件加工机械的自动化,只宜选择柔性自动化方式,即数控加工方式。迄今为止,对构件的边缘加工和型材构件的成型加工已实现了数字控制,至于板材构件的成型加工,由于其形状复杂及加工过程中变形较难控制,除非研制出保证加工质量的通用模具以及建立弹塑性加工的数学模型,才有可能实现数控加工;板材的水火弯板加工则有待于解决板材变形计算及建立水、火的参数与分布等计算模型、作业机械的过程控制模型等,才有可能实现数控加工。船体构件是形状复杂的大尺寸零件,其在加工过程中的搬运、进给、定位和装卸等辅助作业的操作非常复杂,因此应在研制开发满足各种作业特点的大型辅助作业机械的基础上,研制数控装置,或者研制智能机器人和机器人监控装置,以实现辅助作业自动化。

(5) 船体装配和焊接。船体装配和焊接作业的自动化,受到工件特点、作业方式和作业环境的制约,实现这部分作业自动化的难度相当大。目前,已开发完成了可用于平直分段的焊接机器人,但若实现全部船舶分段的自动装焊尚有待时日,一方面要研究开发新的装配焊接技术方法,另一方面要研究开发满足船体装焊技术要求、适应其作业环境特点的智能机器人。

(6) 舾装系统安装作业。舾装系统安装的作业环境比船体装焊作业环境更为复杂,对实现安装作业计算机监控的制约更为苛刻。研制开发新的适于安装作业自动化的舾装安装技术,以及担负舾装安装作业的智能机器人的难度将更大,任务也更艰巨。

总体而言,当前造船CAM中,主要依赖计算机开展以下方面的工作:计算和统计工作,如数控加工之前大量复杂的数据处理和计算;取代某些工艺过程(船体放样、套料,以及管系、电缆综合布置等);工艺过程控制(机床和辅助作业机械的数控);信息的存储、传递和处理;生产过程的检测等。

未来新一代造船CAM,将能辅助或替代人工来开展更多的造船作业,其特点是更高的信息化、集成化和智能化,从而适应复杂多变的造船作业环境和作业对象,如智能切割(激光切割、水射流切割、精密切割等),智能成型(冷压弯板、水火弯板、冷弯肋骨等),智能装配(部件、组件、分段、总段等),智能焊接(焊接机器人、特种焊接等),智能舾装(管件柔性制造/安装、电缆安装、模块舾装等);智能涂装(喷砂、涂装、膜厚检测等)。

4. 计算机辅助工艺过程设计

计算机辅助工艺过程设计(Computer Aided Process Planning,CAPP),指借助于计算机软硬件技术和支撑环境,通过数值计算、逻辑判断和推理等来制定零件机械加工工艺过程,可以解决手工工艺设计效率低、一致性差、质量不稳定、不易达到优化等问题。一般意义上,CAPP通常被认为是CAM的子集,属于生产准备活动。

狭义来讲,CAPP就是利用计算机技术来辅助完成工艺过程的设计并输出工艺规程,可缩短工艺设计周期,对设计变更作出快速响应,提高工艺部门的工作效率和工作质量;

广义来讲,为满足集成制造的发展需要,CAPP 一方面向生产规划最佳化及作业计划最佳化发展,另一方面则扩展能够生成 NC 指令,起到连接 CAD 与 ERP 等系统的作用。

CAPP 系统的构成视其工作原理、产品对象、规模大小不同而有较大的差异,其基本的构成模块包括:

(1)控制模块。主要任务是协调各模块的运行,通过人机交互的窗口,实现人机之间的信息交流,控制零件信息的获取方式。

(2)零件信息输入模块。当零件信息不能从 CAD 系统直接获取时,用此模块实现零件信息的输入。

(3)工艺过程设计模块。进行加工工艺流程的决策,产生工艺过程卡,供加工及生产管理部门使用。

(4)工序决策模块。主要任务是生成工序卡,对工序间尺寸进行计算,生成工序图。

(5)工步决策模块。对工步内容进行设计,确定切削用量,提供形成 NC 加工控制指令所需的刀位文件。

(6)NC 加工指令生成模块。依据工步决策模块所提供的刀位文件,调用 NC 指令代码系统,产生 NC 加工控制指令。

(7)输出模块。可输出工艺流程卡、工序卡、工步卡、工序图及其他文档,输出亦可从现有工艺文件库中调出各类工艺文件,利用编辑工具对现有工艺文件进行修改,得到所需的工艺文件。

(8)加工过程动态仿真。对所产生的加工过程进行模拟,检查工艺的正确性。

5. 产品数据管理与产品生命周期管理

产品数据管理(Product Data Management,PDM),是用来管理所有与产品相关的信息(包括零件信息、配置、文档、CAD 文件、结构、权限信息等)和所有与产品相关的过程(包括过程定义和管理)的技术。通过实施 PDM,可以提高生产效率,有利于产品的全生命周期管理,加强文档、图纸、数据的高效利用,使工作流程规范化。

PDM 的基本原理是:在逻辑上将各个 CAX(CAD/CAM/CAE/CAPP)信息化孤岛集成起来,利用计算机系统控制整个产品的开发设计过程,通过逐步建立虚拟的产品模型,最终形成完整的产品描述、生产过程描述以及生产过程数据控制。

产品生命周期管理(Product Lifecycle Management,PLM),是一种应用于单一地点的企业内部、分散在多个地点的企业内部,以及在产品研发领域具有协作关系的企业之间的、支持产品全生命周期信息的创建、管理、分发和应用的一系列解决方案,能够集成与产品相关的人力资源、流程、应用系统和信息。

PLM 主要包含三部分,即 CAX 软件(产品创新的工具类软件)、PDM 软件(产品创新的管理类软件,包括 PDM 和在网上共享产品模型信息的协同软件等)和相关的咨询服务。实质上,PLM 与我国提出的 C4P(CAD/CAPP/CAM/CAE/PDM)或者技术信息化基本上指的是同样的领域,即与产品创新有关的信息技术的总称。从另一个角度而言,PLM 是一种理念,即对产品从创建、使用到最终报废等全生命周期的产品数据信息进行管理的理念。

PLM 是 PDM 的延伸。PDM 主要针对产品开发过程,强调对工程数据的管理;而 PLM 则不仅针对研发过程中的产品数据,同时也包括生产、营销、采购、服务、维修等产品全生命期的所有信息。PLM 可以广泛地应用于流程行业的企业、大批量生产企业、单件小批量生产企业、以项目为核心进行制造的企业,甚至软件开发企业。

通过对现代 PLM 的发展分析,PLM 技术具有统一模型、应用集成、全面协同的特点,呈现出以下发展趋势:提供支持多层次跨阶段企业业务协同运作的支撑环境;提供支持产品生命周期全功能服务;提供完全开放的体系结构和系统构造方法;提供支持系统定制和快速实施能力;提供标准化的实现技术和实施方法。

6. 计算机辅助生产管理与企业资源计划

计算机辅助生产管理(Computer Aided Production Management,CAPM),就是针对生产管理的任务和目标的要求,及时、准确地采集、存储、更新和有效地管理与生产有关的产品信息、制造资源信息、生产活动信息等,并进行及时的信息分析、统计处理和反馈,为生产系统的管理决策提供快捷、准确的信息资料、数据和参考方案。内容包括工厂生产计划、车间作业计划和物料供应计划的制定与管理,以及库存管理、销售管理、财务管理、人事管理和技术管理等。在技术上,大致经历了以下三个阶段:

(1)物料需求计划(Material Requirement Planning,MRP),是基于物料库存计划管理的生产管理系统。

(2)制造资源计划(Manufacturing Resources Planning,MRP-Ⅱ),是在 MRP 的基础上增加了生产能力计划、生产活动控制、采购及财务管理等功能。

(3)企业资源计划(Enterprise Resources Planning,ERP),是在 MRP-Ⅱ 的基础上整合了离散型生产和流程型生产的特点,包含了供应链上所有的主导和支持功能,协调企业各个管理、生产部门围绕市场导向,更加灵活或柔性地开展业务活动,实时地响应市场需求。ERP 主要功能均是针对企业级资源管理,包括办公自动化(OA)、供应链管理(SCM)、客户关系管理(CRM)等。

ERP 与 PLM 两者功能逐渐扩展,形成了一些交叉,两者之间各为互补,比如:

(1)ERP 侧重于企业内部的资源管理,可以管理企业的产、供、销、人、财、物,根据订单将产品制造出来提供给用户,但是没有考虑数据源的问题;而 PLM 可以解决市场数据、设计数据、工艺数据、维修数据等来源,尤其可以解决产品的 BOM(物料清单)信息来源问题。

(2)ERP 本身对 BOM 只能进行手工维护;而 PLM 可以将设计数据和工艺数据融合起来,将 E-BOM 转换成 M-BOM,再自动导入 ERP 中。

(3)有些 ERP 也在往前延伸,具有 PLM 模块,但主要处理与物料相关的数据;而 PLM 管理的数据包括用户需求的数据、图纸、文档、三维模型等,范围更广、更专业。

(4)PLM 中具有若干应用插件,实现了对市场数据、研发项目、设计数据、工艺数据、售后服务的管理。

1.2 CAD/CAM 技术的发展及现状

1.2.1 CAD 技术的发展

1. 二维 CAD 技术的出现

CAD 技术起步于 20 世纪 50 年代后期。进入 60 年代后,CAD 技术随着计算机绘图成为可能而开始迅速发展,人们希望借助此项技术来摆脱烦琐、费时和低精度的传统手工绘图。当时,CAD 技术的出发点是用传统的三视图方法来表达零件,以图纸为媒介进行技术交流,CAD 的含义仅是图板的替代品,即 Computer Aided Drawing 的缩写,就是二维计算机绘图技术。以二维绘图为主要目标的算法一直持续到 70 年代末期。随着技术的发展,CAD 系统介入产品设计过程的程度越来越深,系统功能越来越强,逐步发展成为真正的计算机辅助设计。

2. 曲面造型技术与三维 CAD 系统的出现

20 世纪 60 年代出现的三维 CAD 系统只是极为简单的线框式系统,这种初期的线框造型系统只能表达基本的几何信息,不能有效表达几何数据间的拓扑关系。由于缺乏形体的表面信息,使得 CAM 及 CAE 均无法实现。

到了 70 年代,飞机和汽车工业的蓬勃发展为三维 CAD 带来了良好的机遇。为了解决飞机和汽车设计制造中遇到的大量自由曲面问题,法国人提出了贝塞尔算法,使得人们可以用计算机处理曲线及曲面问题,同时也使得法国的达索飞机制造公司的开发者们能在二维绘图系统 CADAM 的基础上,提出以表面模型为特点的自由曲面建模方法,推出了三维曲面造型系统 CATIA。CATIA 的出现标志着计算机辅助设计技术从单纯模仿工程图纸的三视图模式中解放出来,首次实现了计算机内较完整地描述产品零件的主要信息,同时也为 CAM 技术的开发打下了基础。曲面造型系统带来了第一次 CAD 技术革命,改变了以往只能借助油泥模型来近似表达曲面的落后的工作方式。

3. 实体造型技术与三维 CAD 系统的发展

20 世纪 80 年代初,CAD 系统价格依然令一般企业望而却步,这使得 CAD 技术无法拥有更广阔的市场。为使自己的产品更具特色,在有限的市场中获得更大的份额,以 CV、SDRC 和 UG 为代表的系统开始朝各自的发展方向前进。70 年代末到 80 年代初,CAE 和 CAM 技术也有了较大发展,表面模型使 CAM 问题基本得到解决。但由于表面模型技术只能表达形体技术的表面信息,难以准确表达零件的质量、重心和惯性矩等其他特性,对 CAE 十分不利。在当时"星球大战"计划的背景下,为降低巨大的太空实验费用,许多专用分析模块得到开发。基于对 CAD/CAE 一体化技术发展的探索,SDRC 公司于 1979 年发布了世界上第一个完全基于实体造型技术的大型 CAD/CAE 软件 I – DEAS。实体造型技术能够精确地表达零件的全部属性,有助于统一 CAD、CAE 和 CAM 的模型表达,为设计带来了方便,代表着未来 CAD 技术的发展方向。实体造型技术在带来算法的改进和未来发展希望的同时,也带来了数据计算量的极度膨胀,在当时的计算机硬件条件下,实体造型的计算及显示速度很慢,离实际应用还有较大的差距。另外,面对算法和系统效率的矛盾,许多赞成采用实体造型技术的公司并没有下大力气进行开发,而是转向攻克相对容易实现的表面模型技术。在以后的十年里,随着硬件性能的提高,实体造型技术又逐渐为众多 CAD 系统所采用。

4. 参数化技术与三维 CAD 系统的发展

进入 80 年代中期,CV 公司提出了一种比无约束自由造型更加新颖的算法——"参数化实体造型方法"。这种方法的特点是基于特征、全尺寸约束、全数据相关和尺寸驱动设计修改。由于在参数化技术发展初期,很多技术难点有待于攻克,又因为参数化技术的核心算法与以往的系统有着本质差别,必须将全部软件重新改写,因而需要大量的开发工作。由于当时 CAD 技术应用的重点是自由曲面需求量非常大的航空和汽车工业,参数化技术还不能提供解决自由曲面问题的有效工具,因此这项技术当时被 CV 公司否决。

参数技术公司(Parametric Technology Corp,PTC)就在这样的环境下应运而生。PTC 推出的 Pro/ENGINEER(Pro/E)是世界上第一个采用参数化技术的 CAD 软件,首次实现了尺寸驱动的零件设计。20 世纪 80 年代末,计算机技术迅猛发展,硬件成本大幅度下降,很多中小型企业也开始有能力使用 CAD 技术。处于中低档的 Pro/E 软件获得了发展机遇,因其符合众多中小型企业 CAD 的需求,从而获得了巨大的成功。进入 90 年代后,参数化技术变得越发成熟,充分体现出其在通用件、零部件设计时简便易行的优势。在参数化设计中,几何约束关系的表示形式,主要有由算术运算符、逻辑比较运算符和标准数学函数组成的等式或不等式关系、曲线关系、关系文件,以及面向人工智能的知识表达方式等。在几何平台的基础之上,实现二维、三维约束求解算法,能够为产品设计、装配设计和标准件库等应用提供算法支持,从而整体实现参数化设计。

5. 变量化技术与三维 CAD 系统的发展

参数化技术在 1990 年前后几乎成为 CAD 业界的标准,许多软件厂商纷纷起步追赶。由于 CATIA、CV、UG、EUCLID 等都已在原来的非参数化模型基础上开发了许多应用模块或集成了很多其他应用,这使得重新开发一套完全参数化的造型系统困难很大,因为这样做意味着必须将软件全部重新改写。这些公司采用的参数化系统基本上都是在原有模型技术的基础上进行局部的、小规模的修补,因此 CV、CATIA 和 UG 在推出自己的参数化技术时,均宣传其采用了复合建模技术。

复合建模技术仅将线框模型、曲面模型及实体模型叠加在一起,难以全面应用参数化技术。

由于参数化技术和非参数化技术内核本质不同,用参数化技术造型后进入非参数化系统时,还需进行内部转换才能被系统接受,而大量的转换极易导致数据丢失或产生其他的不利情况。

20世纪90年代初,SDRC公司的开发人员以参数化技术为蓝本,提出了"变量化技术"。1990—1993年,SDRC将软件全部重新改写,推出了全新体系结构的 I DEAS Master Series。

CAD技术基础理论的每一次重大进展,无一不带动了CAD/CAM/CAE整体技术的提高以及制造手段的更新。技术发展永无止境,没有一种技术是常青树,CAD技术也一直处于不断的发展与探索之中。

1.2.2 造型技术

1. 曲面造型

曲面造型(Surface Modeling)是计算机辅助几何设计(Computer Aided Geometric Design,CAGD)和计算机图形学(Computer Graphics)的一项重要内容,主要研究在计算机图像系统的环境下对曲面的表示、设计、显示和分析。曲面造型起源于汽车、飞机、船舶、叶轮等的外形放样工艺,由Coons、Bezier等大师于20世纪60年代奠定其理论基础。经过40多年的发展,曲面造型现已形成了以NURBS(Non-Uniform Rational B-Spline,非均匀有理B样条)曲面、参数化特征设计和隐式代数曲面(Implicit Algebraic Surface)表示这两类方法为主体,以插值(Interpolation)、拟合(Fitting)、逼近(Approximation)这三种手段为骨架的几何理论体系。

2. 实体造型技术

几何模型从最早的线框造型,发展到曲面几何造型,又到当前的实体几何造型。线框造型结构简单、易于理解、数据存储量少、操作灵活、响应速度快,是进一步构造曲面模型和实体模型的基础,但线框造型建立起来的不是实体,难以实现模型的剖切、物性分析、干涉检测等操作,不能实现模型消隐、上色、明暗处理等操作。实体造型在计算机内提供了对物体完整的几何和拓扑定义,可以直接进行三维设计,在一个完整的几何模型上实现零件的质量计算、有限元分析、数控加工编程和消隐立体图的生成等。实体造型技术使几何模型具有形状和功能两种属性,不仅包含传统的几何造型方法所具备的较完善的产品几何描述能力,还着眼于表达产品的完整技术和生产管理信息,着眼于产品的集成模型。设计人员操作的对象将不再是原始的线条和体素,而是产品的功能要素,直接体现设计意图,展示出总体外观造型、船体曲面造型、船体结构造型、船舶设备造型等,有利于CAD/CAM系统集成。实体造型的表示方法主要有三类:边界表示法(Brep)、构造表示法(体素构造法CSG、扫掠构造法、特征构造法等)和分解表示法(单位分解法、空间位置枚举法、八叉树表示法、二元空间划分树法/半空间法等)。

3. 特征技术

特征技术的研究也有很多进展。STEP标准中将形状和公差特征等列为产品定义的基本要素,使特征获得了国际标准的法定地位。国外许多研究单位和学者对特征技术的发展和应用做出了贡献,例如,英国Cranfield理工学院的Pratt和Wilson为CAM-1提出了一个按形状和构造特点对形状特征分类的模式;美国Arizona州立大学的Shah探讨了特征表达和解释问题,开发出 ASU 特征试验台;芬兰赫尔辛基技术大学的 Mantyla 教授开发了特征造型系统 EXTDesign;意大利热亚那应用数学研究所的 Falcidieno 等提出了边界模型表示特征对象的描述方法——特征识别方法,并开发了相应的系统;德国柏林技术大学的 Beitz 开发了基于特征的造型系统 GEKO;Douglas 等研究了用凸多面体分解法进行加工特征几何推理技术;Turner 等研究了公差特征模型建立的问题;Roy 等研究了尺寸及公差表示处理的问题;Jaroslaw 等研究了特征编辑与查询技术;美国 Purdue 大学的 Anderson 等研究了基于特征设计工艺规程的几何推理问题。

在国内,北京航空航天大学、清华大学、华中理工大学、浙江大学、上海交通大学、西北工业大学等发表了诸多关于特征技术研究的论著,并开发了一些特征造型系统。

近年来,商业 CAD 软件及工具基本都融入了特征的思想和方法,例如 PTC 公司的产品 Pro/E,SDRC 公司的产品 I-DEAS Master Series、UGS 公司的产品 Unigraphics、IBM 公司的产品 CATIA/CADAM、Autodesk 公司的产品 MDT 以及中国广州红地技术有限公司的产品"金银花"(LONICERA)系统等,是其典型的代表。

4. 参数化、变量化方法

参数化(Parametric,也叫尺寸驱动 Dimension-Driven)设计是 CAD 技术在实际应用中提出的课题,它不仅可使 CAD 系统具有交互式绘图功能,甚至还具有自动绘图的功能,因此,成为 CAD 技术应用领域内的一个重要的且待进一步研究的课题。利用参数化设计手段开发的专用产品设计系统,可使设计人员从大量繁重而琐碎的绘图工作中解脱出来,进而大大提高设计速度,并减少信息的存储量。由于上述应用背景,国内外对参数化设计做了大量的研究。目前参数化技术大致可分为三种方法,即基于几何约束的数学方法、基于几何原理的人工智能方法,以及基于特征模型的造型方法。

长期以来,变量化方法只能在二维上实现,而三维变量化由于技术复杂,研究进展缓慢,一直困扰着 CAD 软件商和用户。中国首届 CAD 应用工程博览会上,一种新兴技术引起了与会者的广泛关注,这一被业界称为 21 世纪 CAD 领域具有革命性突破的新技术就是 VGX,是变量化方法的代表。

VGX 的全称为 Variational Geometry Extended,即超变量化几何,它是由 SDRC 公司独家推出的一种 CAD 软件的核心技术。在进行机械设计和工艺设计时,人们总是希望零部件能够随心所欲地构建,可以随意拆卸,能够在平面的显示器上,构造出三维立体的设计作品,且希望保留每一个中间结果,以备反复设计和优化设计时使用。VGX 实现的就是这样一种思想。VGX 技术扩展了变量化产品结构,允许用户对一个完整的三维数字产品从几何造型、设计过程、变量特征、到设计约束都可以进行实时直接操作。对于设计人员而言,采用 VGX 就像拿捏一个真实的零部件面团一样,可以随意塑造其形状,而且随着设计的深化,VGX 可以保留每一个中间设计过程的产品信息。美国一家著名的专业咨询评估公司 D.H.Brown 这样评价 VGX:"自从 10 年前第一次运用参数化基于特征的实体建模技术之后,VGX 可能是最引人注目的一次革命。"VGX 为用户提出了一种交互操作模型的三维环境,设计人员在零部件上定义关系时,不再关心二维设计信息如何变成三维,从而简化了设计建模的过程。采用 VGX 的长处在于,原有的参数化基于特征的实体模型,在可编辑性及易编辑性方面得到极大的改善和提高,当用户准备作预期的模型修改时,不必深入理解和查询设计过程。

1.2.3 CAD 研究的基础内容及现状

1. 现代设计理论与方法学

设计是一项复杂的创造性工作,也正由于其复杂性使得人们对设计规律性的认识还需不断完善、逐渐优化理论体系。由于计算机技术、信息技术的发展,人们一直在探索基于计算机的设计理论与方法学,如之前提到的并行设计、协同设计、虚拟设计、智能设计、敏捷设计等,以期在 CAD 系统中实现,并希望利用它们来有效地指导实际的设计工作。同时也必须认识到,没有先进的设计理论与方法,就没有现代 CAD 技术的发展。

2. 设计环境相关的技术

良好的设计环境意味着动态联盟中异地分布的产品开发队伍能通过广域网,充分利用各地设计资源和信息进行协同设计。为此要研究解决以下技术:

(1)协同设计环境的支持技术,例如广域网上的浏览器/服务器(B/S)环境、客户机/服务器(C/S)结构的计算机系统,以及基于 B/S 和 C/S 的协同设计的平台体系结构等;

(2)协同设计的管理技术,例如产品共享信息的交换、异构 PDM(Product Data Management,产品数据管理)系统间的数据交换、设计过程建模及冲突消解等问题。

3. 设计工具相关的技术

这方面的核心技术有:

(1)产品数字化定义,包括产品模型的表达、STEP 标准实施技术、建模技术等;

(2)基于 PDM 的产品数据管理与工作流(过程)管理技术。发展集成的 CAX(Computer Aided Technologies,计算机辅助技术)和 DFX(Design forX,面向 X 的设计)工具,使现代 CAD 系统从功能上支持产品设计的全过程,包括需求分析、基本设计、详细设计、工程分析和工艺设计等,而且能利用 DFX 工具实现对设计下游的支持,及早发现问题,避免大的返工。

在以上技术研究中必然会广泛采用智能技术,因此智能技术将作为一项基础技术来进行研究。

4. 国内外研究现状

国内外现阶段对 CAD 技术的研究主要集中在三维 CAD 系统中。国外对几何造型的研究起步较早,商品化程度高,ACIS、ParaSolid 就是其典型的代表。国内虽然起步稍晚,但是在曲面造型等系列研究中也取得了喜人的成绩。清华大学、浙江大学等已经在三维 CAD 核心系统方面做了大量的研究和开发工作,奠定了我国自主知识产权三维 CAD 系核心的基础。国家高度重视这类关键共性技术的研发,已经在国家863计划中对三维CAD系统核心的研发工作给予支持。

ACIS是美国Spatial公司推出的几何造型器,具有实体拓扑运算管理、数据管理和基本造型功能的几何造型引擎。以其为底层的商业化三维软件包括Autodesk Inventor、Iron CAD、Cimtron和MDT等。ParaSolid是美国UG公司推出的几何造型器,与ACIS同样最初出自英国剑桥大学,以其为底层的商业化三维软件有Solid edge和Solidworks等。D-Cubed是英国剑桥大学推出的几何约束求解器,具有二维、三维约束求解模块,三维高级消影模块,以及碰撞干涉检查模块等。采用D-Cubed为底层的商业化软件有UG和Pro/E等。

参数化设计的关键是几何约束关系的提取和表达、几何约束的求解以及参数化几何模型的构造。20世纪70年代末及80年代初,英国剑桥大学的R.C.Hillyard和美国麻省理工学院的D.C.Gossard等率先将参数化设计用于CAD中。1985年,美国PTC公司首先推出参数化CAD系统Pro/E。

1.3　CAD/CAM的支撑技术

21世纪的制造技术是当代科学技术发展最为活跃的领域。船舶CAD/CAM技术是以计算机为载体,结合一系列支撑技术,具有高智能、知识密集、更新速度快、综合性强、效益高等特点,使船舶设计和制造更具智慧。

1.3.1　信息技术

1. 数据库技术

计算机造型技术是将数据与实体进行置换。为了表达这些实体及其各种属性彼此之间的关系,所涉及的数据量是非常巨大的。如同图书馆根据索引将书刊分类别、顺序、分层存放在不同的书架位置,以满足查阅的需要,数据库就是让计算机程序运行时,保证快速、准确地查询并提取数据的一种技术。而工程数据库是为满足人们在工程活动中对数据处理要求而设计的,其对设计和制造过程的复杂数据的支持,以及工程数据动态定义和管理方面,均遵循工程应用习惯和规则。不同于一般商用数据库,工程数据库处理的是工程数据,类型包括管理型数据、设计型数据、加工制造型数据、图形数据等,这就决定了其结构复杂、冗余校验要求高、存取速度快、交互频率大、回溯能力强、并发处理优等特点。在计算机技术和网络技术飞速发展的今天,工程数据库也同样需要适应"云"发展、移动存取、海量数据处理等需求,以支持更具智慧的CAD/CAM工程应用。

2. 产品数据管理

产品数据管理(PDM)是指企业内分布于各种系统和介质中关于产品及产品数据的信息和应用的集成与管理,集成了所有与产品相关的信息。企业的产品开发效益取决于有序和高效地设计、制造和发送产品,产品数据管理有助于达到这些目的。产品数据管理是帮助企业、工程师和其他有关人员管理数据并支持产品开发过程的有力工具。产品数据管理系统保存和提供产品设计、制造所需要的数据信息,提供单一数据源,并提供对产品维护的支持,即进行产品的全生命周期的管理。

3. 大数据技术

随着云计算、物网联、移动终端、可穿戴设备等技术的发展,人们已经进入了大数据的时代。大数据具备大量化(Volume,量大且复杂)、多样化(Variety,数据异构)、快速化(Velocity,快速产生)、价值大密度低(Value,大量不相关信息)这四个显著特征。

大数据技术就是在成本可接受的条件下,通过支撑平台快速地获取、存储和分析数据,从大量、多样的数据中进行数据挖掘来提取价值。数据挖掘是一种决策支持过程,主要基于人工智能、机器学习、模式识别、统计学、数据库、可视化技术等,高度自动化地分析企业的数据,做出归纳性的推理,从中挖掘出潜在的模式,帮助决策者调整市场策略,减少风险,做出合理的决策。数据挖掘常用的数据分析方法有分类、回归分析、聚类、关联规则、特征、变化和偏差分析、Web 页挖掘等,分别从不同的角度对数据进行挖掘。近年来被评为非常有价值的算法有 C4.5、k-means、SVM、Apriori、EM、PageRank、AdaBoost、kNN、NBM、CART 等。

为了应对不同的业务需求,以 Google、Facebook、Linkedin、Microsoft、Apache 等为代表的企业/机构,近年推出了各种大数据处理系统/工具(Hadoop、MapReduce、Spark、Dremel、Scribe、Trinity、Samza、Drill、Storm、RapidMiner、Pentaho BI 等)。深度学习、知识计算、可视化等大数据分析技术也得到迅速发展。

(1)深度学习提高精度:深度学习是大数据分析的核心技术,可以对人类难以理解的底层数据特征进行层层抽象,凝练具有物理意义的特征,从而提高数据学习的精度。

(2)知识计算挖掘深度:知识计算是大数据分析的基础,可将碎片化的多源数据整合成反映事物全貌的完整数据,从而增加数据挖掘的深度。如何基于大数据实现新知识的感知、知识的增量式演化和自适应学习是其中的重大挑战。

(3)社会计算促进认知:通过基于社会媒体数据的社会计算,可以促进人们对事物的认知,这既要有高效的计算方法,更需要支持大规模网络结构的图数据存储和管理结构,以及高性能的图计算系统结构和算法。

(4)强可视化辅助决策:强大的可视化技术,可以对数据分析结果进行更有效的展示,大幅度提高大数据查询和分析的实用性和有效性,从而能使人们及时获得决策信息支持。

大数据应用能够给商业带来利润,提高政府部门效率,并且促进人类科学的发展,已被广泛应用于不同的行业和领域。典型的应用场景有:图数据并行计算模型和框架/导航寻优、社交网络分析、排名和推荐、电子商务、Web 信息挖掘和检索/搜索引擎、媒体分析检索和自然语言处理/语音识别。工业领域一般会通过传感器等采集数据装置,收集大量数据进行分析和处理,最终实现方案优化或措施改进。

在船舶领域,通过收集和分析主机功率、航速、能耗数据、节能措施的效果、设备运行状态、航线航区海况等数据,用于船型开发、智能制造、智能导航/自主航行、节能航行、远程维护、智能检修等,具体如下:

(1) 对不同船型气象因子的验证与评价;

(2) 挖掘出波浪对船舶航速以及失速的影响;

(3) 不断提升工业机器人的智能,如冷弯肋骨、冷压弯板、水火弯板、自动焊接等;

(4) 钢材堆场管理、车间场地计划、分段堆场计划等的智能决策支持;

(5) 起重、运输、焊接等设备的精准监控/测量、作业优化和远程指挥;

(6) 监控船位、发动机油耗和转速等信息,实现船舶燃油消耗状况实时远程监测,指导船舶在最佳能耗状态下运作;

(7) 通过各种自识别、自诊断手段监控和预测船舶与设备状态,实现视情检修与维护,从而在保证安全的基础上最大程度节约营运成本(包括时间成本)。

4. 可视化技术

可视化技术运用计算机图形学和图像处理技术,将计算机处理的数据转换为图像,在屏幕上显示出来并进行交互处理。该技术涉及数据场的可视化、计算过程的交互控制和引导、图形生成和图像处理算法、虚拟现实技术等,数据场的可视化是该技术的核心,在船舶设计中广泛应用于造型设计、布置与装配设计、结构设计与计算、船舶性能分析与计算中。

5. 网络技术

网络技术具备在计算机之间快速地实现数据的传递、共享网内计算机软硬件资源、分布式办公需求、随时随地的设计和存储等特点。网络技术使CAD/CAM任务的完成不再依赖劳动密集型管理,而是分散式的,随机性更强。同时,网络技术使数据更安全、用户透明度更高;而协同设计使CAD/CAM不再局限于办公室场所、地域、国家和人种,使智慧制造向更广阔的方向发展。

6. 虚拟化技术

虚拟化技术本身涉及的范围很广,包括服务器虚拟化、网络虚拟化、存储虚拟化、应用程序虚拟化、桌面虚拟化等。虚拟现实技术属于应用程序虚拟化,在人工智能、CAD/CAM、图形仿真、虚拟通信、遥感、娱乐、模拟训练等许多领域带来革命性的变化。虚拟设计和制造以"虚拟现实"技术为基础,广泛应用于船舶的总体设计领域;生产制造前期进行电子船舶的操作、检验及修改;制造全过程的信息集成与共享;虚拟装配建造仿真等。VR虚拟现实和AR增强现实技术,使设计人员和船东在船舶尚未建造阶段,就可以在计算机中"行走"于甲板、穿梭于"船舱"、航行于"大海"。

1.3.2 系统支撑平台

建立一个在多种环境下运行,且有不同数据结构的计算机网络和分布式数据库系统以实现信息集成。

网络系统采用高速交换主干网技术,将企业设计中心和管理中心通过光纤与企业的数据库中心和网络服务中心连接起来,通过构造二层网络系统结构实现船厂的信息高度共享,即由高性能网络交换器,将造船、经营、生产管理信息分系统和企业综合管理信息分系统的主服务器,与造船制造信息分系统的主服务器连接起来,形成两个互联的数据中心和网络中心(一级网),再由光纤通过交换器将分布在各部门的局域网(二级网)连成一体。

数据库分系统设计,主要是利用当前业已存在的数据库技术,实现多数据库的信息共享,并达到以下目标:

(1)采集各种数据,以合理的结构存储,并以最佳方式、最少冗余、最快存取响应多种应用服务。

(2)为 CIMS 中各种应用共享所需数据创造良好的条件,使得从企业的经营到产品的设计、制造整个过程中的数据融为一体,实现信息的集成,以达到高度的自动化生产。

此外,系统支撑平台需结合以下工作:

(1)船舶的详细设计、生产设计各阶段中,船、机、电各专业实现并行设计和交互设计,建立船舶三维电子产品模型(EPM)。

(2)造船代码的建立,包括产品零件代码、工程管理代码和工艺流程代码,以满足产品设计、成本控制、组织生产和各种管理的需求。

(3)造船能力预测和负荷平衡,遵照 ERP 原理进行企业人力资源、设备资源、场地资源的预测和平衡,并在产品 BOM 的基础上提供材料需求计划,以控制资金运用。

为实现各种信息的高效存取、处理和交换,必须提供网络环境下的分布数据库管理系统作为支撑。分布式数据库将数据存放在计算机网络的不同节点上,再利用逻辑关系将其集成,形成网络上的数据库系统。

1.3.3 工程制图技术

工程制图技术研究的是如何利用计算机技术迅速地绘制工程图,现已实现从 3D 建模到平面投影、断面剖切等,其他还包括参数化和变量化技术及工程图的扫描和识别技术。

1. 参数化和变量化技术

传统的 CAD 绘图软件都用固定的尺寸值定义几何元素,输入的每一条线都有确定的位置,若想修改图面内容,只有删除原有线条后重新输入。新的 CAD 系统增加了参数化和变量化模块,使得产品的设计图可以随着某些结构尺寸的修改和使用环境的变化而自动修改图形。参数化设计一般指设计对象的结构形状比较固定,可以用一组参数来约定尺寸关系。参数化设计对象的控制尺寸与参数有对应,设计结果的修改受到尺寸驱动,如系列化标准件就属这一类型。变量化设计是指设计对象的修改需要更大的自由度,通过求解约束方程来确定产品的尺寸和形状。变量化设计的约束方程可以是几何关系,也可以是工程计算条件,设计结果的修改受到约束方程驱动。从设计方法学的角度考虑,变量化设计 CAD 系统的体系结构还有待研究。

在二维绘图系统中参数化和变量化设计的求解大体有以下几种方法,即非线性方程组整体求解、作图规则匹配、几何作图局部求解、辅助线作图法,以及交互生成参数绘图命令。

2. 工程图的扫描和识别技术

当 CAD 技术在一个企业应用到相当规模后,就迫切希望将过去存档的海量的手工绘制工程图与 CAD 系统新生成的绘图文件汇总在一起,形成计算机管理的统一数字化图库,这就需要工程图的扫描和识别技术在计算机辅助设计和手工绘图之间架起一座桥梁。

图纸扫描和识别重建的基本处理步骤是:

(1)利用光电元件逐行扫描线画图;

(2)去除噪声,即图纸上的污点、线条上的毛刺和断裂等,对线条进行细化,将多点宽度的线条通过侵蚀算法缩减到一个宽度,获得图形的骨架;

(3)矢量化,即从图像中找出所有线段,然后根据各线段之间的连接关系生成直线、圆弧、虚线和曲线等;

(4)识别箭头、字符和图形符号等;

(5)校正图形,修补线条,生成某一 CAD 系统格式的绘图文件。

1.4　船舶 CAD/CAM 系统

目前,船舶行业的 CAD 软件分为初步设计软件、生产设计软件、船级社专用软件、有限元软件、水动力分析软件等。

仿真和数据管理方面的软件包括结构有限元分析(FEA)软件、CFD 分析软件,民用船舶在设计的过程中还必须使用各大船级社的软件,来进行各个阶段的设计和验证审核。

1.4.1　船舶 CAD/CAM 的发展历史

物质世界的各种发明创造,都是为了满足人类的需求而产生的,在各种情况下,总是先有某种需求,而后产生满足这种需求的思想,通过不断的实践和优化,最终形成工具或方法,完成发明创造的过程。

CAD/CAM 技术的名称中都有 Aided 一词,即"辅助"的意思,正是人们希望通过技术的创新变革,使设计、制造的过程在计算机的帮助下,最大化地提高设计质量,提高生产效率。这一观点,能从 CAD/CAM 技术的发展历史得到证实。

1946 年,第一台计算机诞生,美籍匈牙利数学家冯·诺依曼提出的二进制及按照程序顺序执行的思想不仅促成了 ENIAC 的问世,还一直影响着计算机技术的发展。

1952 年,帕森斯公司与麻省理工学院伺服机构研究所试制成功世界上第一台数控机床。

1955年,研制出APT自动数控编程系统用于加工复杂零件曲面,同一时期出现了由计算机控制的平板绘图机。

1956年,丹麦船舶研究学会用DASK计算机进行船舶静力学和邦金曲线的计算。

1958年,英国研制成功第一台数控切割机之后,船舶业将数学放样的结果作为控制信息输入数控机床,实现了船体放样工序的自动化。

1962年,提出了计算机图形学,人机交互技术和图形符号的分层数据结构存储思想,为CAD技术提供了理论基础。与此同时,国外各大船厂研制出数控肋骨冷弯机、数控弯管机、数控螺旋桨加工机床等以数学放样为基础的面向船舶建造的造船数控设备。

可见,计算机在工业生产中的应用,首先是从CAM开始的。1966年研制成功用一台计算机同时控制数台机床的直接数控(Direct Numerical Control,DNC)系统。到1974年,开发了以微型计算机作为控制手段的计算机数控(Computer Numerical Contral,CNC)机床,数控机床得到了迅速发展。

1966年,挪威开始研究工艺设计自动化系统,并于1969年正式推出AUTOPROS系统,这是利用成组技术原理开发的最早的CAPP系统,其基本功能有工艺路线设计、每道工艺的详细设计、切削用量的选择、时间定额的制定等。由于零件形状和加工技术的复杂性和多样性,开发CAPP仍具有相当大的难度。

到了20世纪七八十年代,计算机硬、软件及外围设备更以惊人的速度发展,图形显示设备、工作站、工业用机器人等成功开发,使其具备了强大的实用功能。CAD/CAM技术不断完善,经历了实体建模技术、参数化技术、特征造型技术、变量化技术等演变过程。设计人员可以采用人-机对话方式交互设计,不仅出现了交互绘图系统,还采用了用于三维设计和工程分析的CAD系统,可以完成产品设计、材料分析、产品性能优化、制造要求分析以及工、模具和专用零部件设计等工作。

20世纪90年代以后,数控领域进入了以PC机为平台的开放式机构数控系统时代。制造方面将ERP(企业资源管理)概念引入CAM领域,同时,将并行设计的思想引入CAD/CAM系统。在这一阶段,面向产品全生命周期的建模技术,基于工程数据库的企业级产品数据管理(PDM),由工程工作站或高档微机组成的客户机/服务器的网络系统,支持群体小组的协同工作模式,是整个20世纪90年代以来CAD/CAM技术研究的热点。

我国造船工业的计算机应用与先进国家相比起步较晚,始于20世纪60年代末70年代初,是从电算化放样和数控切割开始起步的。

1965年,江南造船厂协同上海船舶工艺研究所、华东计算所、上海计算中心、复旦大学等,编制了船体型线三向光顺和船体外板展开程序。

1968年,对600匹渔轮进行型线三向光顺试算,结果80%~90%与手工放样相符。

1969年,船体外板的80%能用测地线法进行展开。

1973年,上海船舶运输科学研究所,会同青岛红星船厂等5家单位合作开发,用Algol语言编写了《船舶性能计算基本程序》《船舶静力学性能电子计算机方法》;1975年12

月,船舶标准化委员会在昆山组织评审并颁布使用。该套程序包括邦金曲线计算、静水力曲线计算、费尔索夫图谱计算、稳性插值曲线计算、可浸长度计算、舱柜容积计算、破舱稳性计算、大倾角自由液面倾侧力矩计算、船舶纵向下水计算等,适用船型为普通船型、球鼻船型、双体船型、隧道船型及折角船型。同年,上海船舶运输研究所和上海交通大学合作,基于S60、英国BSRA、瑞典SSPA三种系列船型编制了《船型生成和阻力估算程序》。

1977年,上海交通大学提出《船体数学型线设计方法和计算程序》。

1978年,上海船舶科学研究所开始编制柴油机轴系扭转振动计算程序,于1980年通过鉴定并推广使用。

进入20世纪80年代,我国的CAD/CAM开发日趋成熟,逐步从软件包、集成程序发展成集成系统。"六五"期间,在国家的大力支持下,船舶工业总公司组织开发了"计算机辅助造船集成系统一期工程"(CASIS-Ⅰ)。工程总目标是将整个造船过程计算机化,主研单位是船舶工艺研究所,参研单位有上海船舶设计研究院、江南造船厂、上海交通大学等。1986年,CASIS-1的12个集成软件系统和6大关键技术先后开发完成;1990年末,各项成果向设计单位和船厂等技术转让70余次。1985年3月,船舶总公司下达开发"计算机辅助造船集成系统二期工程"(简称CASIS-Ⅱ)总体设计的科研计划,重点解决图形交互技术、工程数据库的应用、船机电信息共享等关键技术。

20世纪90年代后期,外来软件大行其道,国产软件遭遇挫折,由江南造船厂负责研发的CASIS-Ⅲ也无疾而终。但"八五""九五"期间,一些骨干船厂及设计单位也相继开发了用途各异的应用软件系统。1993年,上海船舶运输科学研究所在"内河客船CAD系统"应用软件开发中,选用了PRO/E作为二次开发图形支撑软件,采用了参数化特征造型技术,取得了良好的效果。

与此同时,计划、财务、物资等计算机辅助工程管理系统也有所突破并有相关软件问世。

由此可见,为了使船舶建造更快、更精、更优,CAD/CAM系统由以数据集成为核心的系统和以过程集成为核心的系统,逐渐演变到目前以信息集成为核心的系统,并朝着数字化造船的方向不断完善,形成设计人员依赖度越来越高的应用软件工具。

CAD/CAM不是单一的发明创造,而是一种创新体系和技术集群,包括了多种的技术支撑,如硬件技术、造型技术、数据库管理、计算机网络、模块化技术、多样化输入输出、机器人控制等。

1.4.2 初步设计软件

1. NAPA

NAPA的全称是Naval Architecture Package,是由芬兰的NAPA公司开发的一套主要用于船舶总体性能计算的软件,也可用于船舶结构的有限元建模、强度分析及船体结构的设计,目前已有多家船级社、船厂和设计公司引进了NAPA软件。NAPA是一个不断扩充的系统软件,每年均会推出两个最新版本,目前主要包括总体设计、结构设计(NAPA STEEL)和船用装载计算机软件系统(ONBOARD-NAPA)。NAPA 总体设计的功能包括线型生成、静水力计算、舱容(包括纵倾舱容)计算、完整稳性计算、破舱稳性(包括确定性破舱和概率性破舱)计算、可浸长度计算、谷物稳性计算、集装箱配载、配载计算、下水计算和倾斜试验计算、航速预估和螺旋桨设计、耐波性和操纵性分析计算、空船重量统计等。

NAPA 软件将各类计算生成的数据存储在同一个数据库,以保持计算所用数据的同步性和一致性,可将设计人员从人工更新数据的艰苦劳动中解放出来,从而大大提高工作效率。

2. PIAS

PIAS 是荷兰 SARC 公司开发的船舶性能软件,主要用于船体(Hulldef)和分舱设计(Layout)、三维线型设计(Fairway),以及完整稳性(Loading)、(概率)破损稳性(Probdam)、总纵强度等计算和评估。该软件包括谷物稳性计算(Grainmaon)、溢油计算(Outflow)、船舶下水计算(Launch)、锚链计算(Maxchain)、载重线计算(Loadline)、阻力计算(Resistance)、螺旋桨计算(Propeller)、船舶运动模拟(Motions)等模块。

PIAS 的三维线型设计与其他曲面创建软件不同,任意点的坐标值可进行任意修改和控制,实时显示图形及静水力数据,以便实时跟踪修改对船体模型整体的影响。

Layout 模块可定义内部几何结构,包括舱壁、甲板以及外板。定义过程交互性实时显示,不但操作简单,且可交互检查,各舱室与其他几何结构基于拓扑关系,以便高效修改。

Hulldef 模块界面友好,与 Windows 风格相似,主菜单可定义主尺度、船型信息、船舶附体、线型、侧受风面积等。

PIAS 提供基于 ASCII 的表格框架数据的导入工具,船体数据可以导出到其他船舶分析软件,如将内部几何模型导出到 DNV-GL 的规范计算软件 Poseidon。船型数据的导入导出支持 XML、DXF 和 IGES 等格式。

PIAS 可用于从初始的设计草图到最终的完工设计的所有设计阶段,并已获得主要船级社和法定机构的认可。

3. MAXSURF

MAXSURF 软件是由澳大利亚 Formation Design Systems 公司为船舶设计和建造开发的、适用于各种船舶设计和分析的一套非常完整的计算机辅助船舶设计软件。MAXSURF 软件目前拥有广泛分布在澳大利亚、中国、日本、德国、荷兰、新加坡、美国等国家的 1000 多个船舶设计和建造用户,在各种船舶设计和建造领域都得到了非常普遍的应用。

MAXSURF 软件由于其各个子模块均共享一个集成数据库,统一的 Windows 风格界面简单易学,并以 DXF 和 IGES 格式输入和输出,可方便地与 Microsoft office、Microstation、AutoCAD 等进行数据文件的交换。

MaxsurfModeler 模块是 MAXSURF 软件包的核心部分。MAXSURF 模块包括一整套用一个或多个真正的三维 NURBS 曲面(而非二维 NURBS 曲线)进行三维船体建模的工具,可使船舶设计师快速、精确地设计并优化出各种船舶的主船体、上层建筑和附体型线。

MaxsurfResistance 模块是估算机动船舶阻力和有效马力的计算程序。

MaxsurfStability64 是进行稳性计算的模块,功能包括:各种载况下的重量重心数据统计计算、浮态平衡计算、特种工况(下水、进坞、搁浅等)计算、舱室定义和划分、舱容计算、静水力计算、稳性插值曲线计算、标准稳性校核、大倾角稳性校核、破舱稳性校核、极限重心高度计算、总纵强度校核等。

MaxsurfStructure 是进行船舶结构详细设计的模块。

MaxsurfMotions 是一个综合的耐波性分析和运动预报模块。

MaxsurfFitting 模块提供给设计者一系列的样条和曲面拟合以及精确的边界约束工具,可使拟合过程更加快捷和精确。

MaxsurfVPP 是专门用于帆船性能分析和预报的模块。

MAXSURF 应用自动搜索和仿射变换功能,生成系列模型,再结合各模块,设计者就能非常方便地研究单个和多个参数的变化对船舶性能的影响,事半功倍地找到最优设计方案。

1.4.3 生产设计软件

1. AVEVA Marine

AVEVA Marine 系统是瑞典 KCS(Kockums Computer System AB)公司设计开发的 TRIBON,用于辅助船舶设计与建造的计算机软件集成系统,也是一个先进的专家系统,其前身产品是 STEELBEAR。KCS 公司从 1958 年就开始开发此产品,后来该公司兼并了 AUTOKON 公司和 SCHIFFKO 公司,将 STEELBEAR、AUTOKON 和 SCHIFFKO 三大船舶设计系统合并,于 1992 年推出了 TRIBON 系统 M1 版,此后陆续升级到 M3 版本。2006 年该公司被英国 AVEVA 公司收购,推出面向船舶行业的 AVEVA 系列版本。

该系统应用计算机建立船舶的生产信息数据库及实船模型,不仅能生成生产用图纸,还能进行各种信息数据的计算、管理和统计,应用于生产制造,实现设计与生产准备的统一。

进入 20 世纪 90 年代以来,我国有多家船企和设计院所购买了该软件系统,大大提高了设计效率,减少了工作量,缩短了造船周期。

AVEVA Marine 软件系统,在开发环境、数据共享、拓扑关系优化方面,逐步更新。

2. CATIA

CATIA 是英文 Computer Aided Tri – Dimensional Interface Application 的缩写,是世界上一种主流的 CAD/CAE/CAM 一体化软件,隶属于法国 Dassault System 公司。现在的 V5 版本运行于 UNIX 和 Windows 两种平台上,广泛应用于航空航天、汽车、船舶和机械制造等行业,它的集成解决方案覆盖所有的产品设计与制造领域,全球用户超过 13000 个。CATIA 软件系统具有如下优势:

(1) 提供全生命期的解决方案。

造船业的特点是建造船舶种类多、批量小,这样就加大了设计、制造和管理的难度。从产品全生命周期的角度来讲,一艘船交付以后的整个维护费用,应该是造船本身成本的 3~4 倍,在几十年的运营周期里随时面临着维护的问题。CATIA 软件系统提供了维护功能,能为用户提供全生命期的解决方案。

(2) 设计制造全流程仿真。

与 CATIA 共同构成 PLM 系列的产品 DELIMIA,采用新一代的虚拟仿真技术,在计算机上完全实现设计和制造的全流程仿真,可直接观测到制造结果,对不合理之处及时修改,达到全生产过程的优化。

(3) 支持不同应用层次的可扩充性。

CATIA V5 对于开发过程、功能和硬件平台可以进行灵活的搭配组合,可为产品开发链中的每个专业成员配置最合理的解决方案,可满足大中小型船企的需要。

(4) 不同操作平台上的数据共享。

CATIA V5 是在 Windows NT 平台和 UNIX 平台上开发完成的,并在所支持的硬件平台上具有统一的数据、功能、版本发放日期、操作环境和应用支持。CATIA V5 在 Windows 平台的应用可使设计师更加方便地同办公应用系统共享数据;而 UNIX 平台上 NT 风格的用户界面,可使用户在 UNIX 平台上高效地处理复杂的工作。

(5) 易学易用且可视化程度高。

CATIA 软件系统的界面友好、三维模型立体逼真、操作简单、易学易用。

CATIA 软件系统是为航空航天、汽车行业开发的,后由于其强大的功能和良好的口碑,继而开发出船舶设计模块。

3. CADMATIC

CADMATIC 是芬兰 CADMATIC 公司与荷兰 NCG 公司联合推出的先进的船舶 CAD 系统。该系统 1970 年开始开发,起初是为了满足自身的设计以及生产制造的需要,1992 年起全面推向市场,发展迅速,现拥有 950 多家用户,遍布全球 55 个国家,其中船舶与海工行业的用户达到 700 多家。这款软件的核心技术在于其独立开发的轻量化数据库结构 COS,其运行速度明显优于其他软件。但由于软件的船体与舾装模块没有统一到同一平台下,意味着用户需通过导入导出才能形成一个主模型。

4. FORAN

FORAN 是西班牙 SENER 工程系统公司研发的专业造船系统。该公司创建于 1956 年,原是西班牙著名的多学科工程咨询公司,服务领域覆盖了航空航天、民用建筑、动力工程、流程加工以及船舶与海洋工程。

作为进入中国造船领域的新贵,FORAN 具有如下优点:

(1) 较强的专业性。

FORAN 是一款覆盖船舶所有专业的设计软件,为造船的全过程提供了集成化的整体解决方案。50多年来,SENER应用FORAN设计的船舶已超过1000余艘。

(2) 软件设计更加合理。

目前的FORAN是基于Windows系统、面向对象体系、Oracle数据库重新开发的版本,可以实现异地协同设计,很好地实现了单一数据共享的并行工程的设计模式,使得设计系统和管理信息系统之间的数据交换极为简单。该系统用户界面友好、操作方式和设计流程符合船舶设计的工程习惯,易于学习、易于操作、无需复杂的IT支持。

FORAN实现了三维可视化的总体设计,2D-3D之间无缝转换,仿真功能高效、可靠。

(3) 数字化造船解决方案。

FORAN以实现船舶产品全生命周期管理为目标,以现有商业化的PLM软件为框架,采用开放式的船舶CAX软件作为上游的研发设计工具,以制造过程管理软件MPM为下游的制造工具软件,并能和ERP、CRM、SCM、MES等管理软件紧密集成,打造满足企业个性化需求的全企业统一的数字化造船平台。

(4) 软件本土化。

FORAN是一款考虑研发中文版的通用造船软件,软件操作上也尽量考虑中国船人的行业习惯。

FORAN在性能计算模块以及交互性方面不断完善。

5. CADDS5 15.0

CADDS5i是美国PTC公司开发的、基于UNIX操作系统的计算机辅助设计与绘图通用软件系统。CADDS5 15.0是PTC公司专门面向造船业推出的解决方案,它所提供的新特性和扩展功能可以帮助造船企业提高生产能力、改善易用性并增强协作性,解决造船业大装配结构的规模和复杂性的独特需求,并符合行业产品开发标准,已经成为船舶设计制造的主要软件产品。

目前,CADDS5 15.0已经在国内船企获得成功应用,建立了协同设计制造的工作环境,实现了以三维设计为统一平台的数字化产品建模,提高了企业的研发效率和设计能力。

CADDS5 15.0软件对操作环境要求较高,且产品升级较缓慢,界面需持续完善。

6. 东欣船舶设计与建造系统

东欣船舶设计与建造系统是由上海东欣软件工程有限公司研发、囊括船舶设计与建造的全方位解决方案。该公司是沪东中华造船(集团)有限公司投资控股的软件公司,所开发的产品包括船舶设计软件(SPD)、建造软件和造船ERP(生产计划、物流管理、船舶成本管理、人力资源管理、企业财务管理、船舶成本核算、船舶质量管理、设备信息管理)软件,目前已在国内200余家船舶制造厂、设计院所、大专院校成功应用,为我国船舶工业推进现代造船模式,实现精细化管理,降低成本,缩短造船周期,增强企业竞争力做出了贡献。

东欣软件通过长年的不断开发,目前已经具备了船舶生产设计所需的功能,并且在人机交互方面也日臻完善。该软件涵盖了船体、舾装、船电、管系、风管等诸多专业领域。在船体方面,拥有型线设计、型线光顺、船体结构建模、报表生成、图纸生成、套料等多种功能。

1.4.4 有限元软件

1. MSC. Patran & MSC. Nastran

MSC 公司提供的分析仿真软件工具,以 MSC. Patran 定制船舶用户的专业化、自动化客户平台,结合一流的学科分析软件 MSC. Nastran、MSC. Dytran、MSC. Marc、MSC. ADAMS、MSC. Actran 等,对单一的模型实现多学科仿真分析。

MSC. Nastran 的主要动力学分析功能包括特征模态分析、直接复特征值分析、直接瞬态响应分析、模态瞬态响应分析、响应谱分析、模态复特征值分析、直接频率响应分析、模态频率响应分析、非线性瞬态分析、模态综合、动力灵敏度分析等。MSC. Nastran 中拥有多种方法求解完全的流-固耦合分析问题,包括流-固耦合法、水弹性流体单元法、虚质量法。流-固耦合法广泛用于声学和噪声控制领域中,如发动机噪声控制、汽车车厢和飞机客舱内的声场分布控制和研究等。

2. ANSYS

ANSYS 软件是融结构、流体、电场、磁场、声场分析于一体的大型通用有限元分析软件,由世界上最大的有限元分析软件公司之一的美国 ANSYS 开发,它能与多数 CAD 软件接口,实现数据的共享和交换,如 Pro/Engineer、NASTRAN、Alogor、I – DEAS、AutoCAD 等,是现代产品设计中的高级 CAE 工具之一。

1.4.5 水动力分析软件

1. SHIPFLOW

SHIPFLOW 是一款性能优越的船舶流体力学分析专用软件,最初由瑞典的 SSPA 水池和 CHALMERS 科技大学在 20 世纪 80 年代联合研制并推出,是针对船体和潜水器流体动力学数值模拟的专用软件。

2. HYDROSTAR

HYDROSTAR 软件是由 BV 开发的,有超过 20 年的研发历史,是功能强大的水动力计算软件,可以用来计算波浪与结构耦合作用,计算中考虑风载荷、流载荷,多体结构相互耦合,前进速度和内部流体运动等的影响。其可以对任何类型的船舶或海洋平台(从 FPSO 到 TLP、半潜平台、张力腿平台等)进行 1 阶波浪和 2 阶波载荷、速度、加速度、相对运动、波浪诱导运动等的评估。

3. AQWA

AQWA 是一套集成模块,主要用于各种结构流体动力学特性评估相关分析,包括从桅、桁到 FPSOs，从停泊系统到救生系统，从 TLPs 到半潜水系统，从渔船到大型船舶以及结构交互作用。

4. SESAM

SESAM 是 DNV 的水动力软件，是一套船舶和海洋结构物的强度评估系统，主要用于提供贯穿海上设施整个生命周期的管理，可利用该软件进行初始设计、结构重新评估、改建和维修、运营阶段的分析计算、应急响应直至最后的拆卸与报废等管理。

除以上各领域功能性软件外，其他应用软件以及船级社开发的专用软件，将在后续章节中详细介绍。

1. 简述造船技术发展与模式转变。
2. 船舶设计制造过程中，船舶 CAD/CAM 的基本任务有哪些？
3. 船舶 CAD/CAM 相关的技术主要有哪些？
4. 设计、制造过程与 CAD 过程之间的关系是什么？
5. 简述传统设计模式与现代船舶设计模式。
6. 简述 CAD、CAM、CAE、CAPP、PDM、PLM、CAPM、ERP 的定义。
7. CAD 研究的基础内容有哪些？
8. 简述曲面造型技术与三维 CAD 系统的发展。
9. 参数化设计与变量化设计的共性与区别是什么？
10. 实体造型技术的具体内容有哪些？
11. 简述造型技术的发展阶段。
12. 信息化技术的内容包括哪些？
13. 大数据分析的模型有哪些？
14. 如何搭建硬件支撑平台？
15. 各初步设计软件系统的优缺点是什么？
16. 船级社软件的特点有哪些？
17. 有限元分析软件的功能有哪些？
18. 水动力分析软件的功能有哪些？

第二章　CAD/CAM 系统中的工程数据管理

信息化和数字化的本质是数据化和数据处理,因其能极大程度促进生产力提升,已经成为当今社会各行各业变革发展的主旋律,船舶与海洋工程领域也不例外。通常,CAD 以二维图纸、三维模型得以最终体现,CAM 以数控指令、控制流进行传递,虽然表现形式不一样,但其核心和基础是数据,换言之,CAD/CAM 只是数据经过不同方法加工之后,呈现出工程应用所需要的形式。虽然工程应用中,各种 CAD/CAM 工具向用户呈现更易于理解的图纸、模型,但深入掌握数据处理方法,有助于软件应用。

2.1　工程数据的存储和管理方法

设计和制造过程中会应用到大量的数据,也会产生结果数据。为了提高 CAD/CAM 系统的自动化程度,数据信息被存储在 IT 系统中,并通过 IT 系统进行管理。在应用需求的驱动下,以及计算机硬件、软件发展的基础上,数据存储和管理技术经历了人工管理、文件管理、数据库系统三个阶段。

2.1.1　人工管理阶段

20 世纪 50 年代中期以前,计算机主要用于科学计算。当时的硬件外存只有纸带、卡片和磁带,没有磁盘等直接存取的存储设备;而软件方面,没有操作系统,也没有专门管理数据的软件;数据的处理方式是批处理。

这个阶段的特点是:

(1)数据不保存。计算机主要用于科学计算,一般不需要将数据进行长期保存。

(2)应用程序管理数据。数据需要由应用程序自己设计、说明和管理,没有相应的软件系统负责数据的管理工作。应用程序中不仅要规定数据的逻辑结构,而且要设计物理结构,包括存储结构、存取方法、输入方式等。

(3)数据不共享。数据是面向应用程序的,一组数据只能对应一个程序,如图 2.1.1 所示。当多个应用程序涉及某些相同的数据时必须各自定义,无法相互利用和参照,因此程序与程序之间有大量的冗余数据。

(4)数据不具有独立性。数据的逻辑结构或者物理结构发生变化后,必须对应用程序作相应的修改,数据完全依赖于应用程序,缺乏独立性。

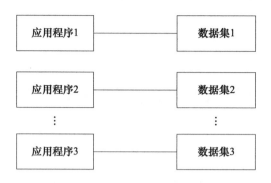

图 2.1.1 人工管理阶段的对应关系

2.1.2 文件管理阶段

20世纪50年代后期到60年代中期,此时计算机硬件方面有了发展,出现了磁盘、磁鼓等直接存取存储设备。在软件方面,操作系统中已有专门的数据管理软件,一般称为文件系统,不仅有批处理,还有联机实时处理,如图2.1.2所示。

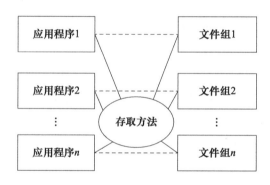

图 2.1.2 文件管理阶段的对应关系

这一阶段的特点是:

(1)数据可以长期保存。计算机大量用于数据处理,数据需要长期保存在外存上,可以反复进行查询、修改、插入和删除等操作。

(2)由文件系统管理数据。由专门的软件即文件系统进行数据管理,文件系统把数据组织成相互独立的数据文件,利用"按文件名访问,按记录进行存取"的管理技术,提供了对文件进行打开与关闭、对记录读取和写入等存取方式。

(3)数据共享性差、冗余度大。在文件系统中,一个(或一组)文件基本上对应一个应用程序,即文件仍然是面向应用的。当不同的应用程序具有部分相同的数据时,也必须建立各自的文件,而不能共享相同的数据,因此数据冗余度大,浪费存储空间。同时,由于相同的数据重复存储,各自管理,容易造成数据的不一致性,给数据的修改和维护带来困难。

(4)数据独立性差。文件系统中的文件是为某一特定的应用服务的,文件的逻辑结构是针对具体的应用来设计和优化的,因此对文件中的数据再增加一些新的应用会很困难。

2.1.3 数据库系统阶段

20世纪60年代后期以来,计算机管理的对象规模越来越大,应用范围越来越广泛,数据量急剧增加,同时多种应用、多种语言互相覆盖的共享集合的要求也越来越强烈。在这种背景下,以文件系统作为数据管理手段已经不能满足应用的需求,为了解决多用户、多应用共享数据的要求,出现了统一管理数据的专门软件系统,即数据库管理系统(Database Management System,DBMS),如图2.1.3所示。

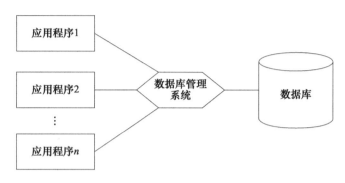

图2.1.3 数据库管理阶段的对应关系

这一阶段的特点是:

(1)数据结构化。数据库系统实现整体数据的结构化,在文件系统中,文件中的记录内部具有结构,但是记录的结构和记录之间的联系被固化在程序中。数据"整体"结构化是指数据库中的数据不再针对某一个应用,而是面向整个组织或企业。

(2)数据的共享性高、冗余度低且易扩充。由于数据是面向整个系统,是有结构的数据,不仅可以被多个应用共享使用,而且容易增加新的应用,这使得数据库系统弹性大,且易于扩充。

(3)数据独立性高。包括物理独立性和逻辑独立性。物理独立性是指用户的应用程序与数据库中数据的物理存储是相互独立的。逻辑独立性是指用户的应用程序与数据库的逻辑结构是相互独立的。

(4)数据由DBMS统一管理和控制。包括数据库建立、运用和维护,保证数据的安全性和完整性,在多用户同时使用时进行并发控制,在发生故障后进行恢复。

2.1.4 三者比较

数据存储和管理技术三个阶段的比较见表2.1.1。

表2.1.1 数据存储和管理技术的三个阶段比较

数据管理	人工管理	文件管理	数据库系统
应用背景	科学计算	科学计算、管理	大规模数据、分布数据的管理
硬件背景	无直接存储设备	磁带、磁盘	大容量磁盘、按需增容磁带机

续表

数据管理	人工管理	文件管理	数据库系统
软件背景	无专门管理的软件	利用 OS 的文件系统	由 DBMS 支撑
处理方式	批处理	联机实时处理、批处理	联机实时处理、批处理、分布处理
数据的管理者	用户	文件系统	DBMS
数据面向的对象	某一应用程序	某一应用程序	一个部门、一个企业等
数据的共享程度	无共享、冗余度大	共享性差、冗余度大	共享性高、冗余度小
数据的独立性	不独立	独立性差	高度的物理和逻辑独立性
数据的结构化	无结构	记录内有结构、整体无结构	整体结构化,用数据模型描述
数据控制能力	应用程序自己控制	应用程序自己控制	由数据库管理系统控制

2.2 数据库及数据库管理系统

2.2.1 数据库及数据库管理系统概况

数据库(Database)是按照数据结构来组织、存储和管理数据并建立在计算机存储设备上的仓库。严格来说,数据库是长期储存在计算机内的、有组织的、可共享的数据集合。数据库中的数据以一定的数据模型组织、描述和储存在一起,具有尽可能小的冗余度、较高的数据独立性和易扩展性的特点,并可在一定范围内为多个用户共享。

数据库管理系统(DBMS)是位于用户与操作系统之间的一层数据管理软件,用于操纵和管理数据库,包括建立、使用和维护数据库,从而科学地组织和存储数据、高效地获取和维护数据,并对数据库进行统一的管理和控制,以保证数据库的安全性和完整性。

用户通过 DBMS 访问数据库中的数据,数据库管理员也通过 DBMS 进行数据库的维护工作。它提供多种功能,可使多个应用程序和用户用不同的方法在同时或不同时刻去建立、修改和询问数据库。它使用户能方便地定义和操纵数据,维护数据的安全性和完整性,以及进行多用户下的并发控制和恢复数据库。

常见的数据库管理系统有许多产品,如 Oracle、Sybase、Informix、Microsoft SQL Server、Microsoft Access、Visual FoxPro 等,它们各自以其特有的功能在数据库市场上占有一席之地。

2.2.2 数据库管理系统的功能

数据库管理系统具有以下功能:

(1)数据定义。DBMS 提供相应数据定义语言(DDL),供用户定义数据库的三级模式结构、两级映像以及完整性约束和保密限制等约束。DDL 主要用于建立、修改数据库的库结构,刻画数据库框架,框架信息被保存在数据字典(Data Dictionary)中。

(2)数据存取。DBMS 提供数据操纵语言(DML),实现对数据库数据的基本存取操作,包括检索、插入、修改和删除。

(3)数据库运行管理。DBMS 对数据库运行进行有效的控制和管理,以确保数据正确有效和数据库系统的正常运行,包括多用户环境下的并发控制、安全性检查和存取限制控制、完整性检查和执行、运行日志的组织管理、事务的管理和自动恢复,保证事务的原子性。

(4)数据组织、存储与管理。DBMS 分类组织、存储和管理各种数据,包括数据字典、用户数据、存取路径等,需确定以何种文件结构和存取方式在存储级上组织这些数据,如何实现数据之间的联系。数据组织和存储的基本目标是提高存储空间利用率,选择合适的存取方法提高存取效率。

(5)数据库的传输。DBMS 处理数据的传输,实现用户程序与 DBMS 之间的通信,通常与操作系统协调完成。

(6)数据库的保护。DBMS 对数据库的保护主要通过四个方面来实现,即数据库的恢复、数据库的并发控制、数据库的完整性控制、数据库的安全性控制。其他保护功能还有系统缓冲区的管理以及数据存储的某些自适应调节机制等。

(7)数据库的维护。包括数据载入、转换、转储、数据库的重构以及性能监控等,分别由各个使用程序来完成。

(8)通信。DBMS 具有与操作系统的联机处理、分时系统及远程作业输入的相关接口,负责处理数据的传送。对网络环境下的数据库系统,还包括与网络中其他软件系统的通信功能以及数据库之间的互操作功能。

2.3 数据库系统

2.3.1 数据库系统组成

数据库系统(Database System,DBS)一般由四个部分组成。

(1)数据库:是指长期存储在计算机内的、有组织、可共享的数据的集合。

(2)硬件:构成计算机系统的各种物理设备,包括存储所需的外部设备。硬件的配置应满足整个数据库系统的需要。

(3)软件:包括操作系统、数据库管理系统及应用程序。其中,数据库管理系统是数据库系统的核心软件。

(4)人员:主要有四类。

第一类为系统分析员和数据库设计人员。系统分析员负责应用系统的需求分析和规范说明,与用户及数据库管理员一起确定系统的硬件配置,并参与数据库系统的概要设计。数据库设计人员负责数据库中数据的确定、数据库各级模式的设计。

第二类为应用程序员。负责编写使用数据库的应用程序。这些应用程序可对数据进行检索、建立、删除或修改。

第三类为最终用户。他们利用系统的接口或查询语言访问数据库。

第四类为数据库管理员(Data Base Administrator,DBA),负责数据库的总体信息控制。DBA的具体职责包括:确定数据库中的信息内容和结构,决定数据库的存储结构和存取策略,定义数据库的安全性要求和完整性约束条件,监控数据库的使用和运行,负责数据库的性能改进、数据库的重组和重构,以提高系统的性能。

2.3.2 数据库语言

数据库语言是提供给用户使用的语言,包括两个子语言:数据定义子语言和数据操纵子语言。SQL语言就是一个集数据定义和数据操纵子语言为一体的典型数据库语言。所有出现的关系数据库系统产品几乎都提供SQL语言作为标准数据库语言。

1. 数据定义子语言

数据定义语言(Data Definition Language,DDL)包括两方面,即数据库模式定义和数据库存储结构与存取方法定义。数据库模式定义,负责处理程序接收用数据定义语言表示的数据库外模式、概念模式、存储模式(内模式)及它们之间的映射的定义,通过各种模式翻译程序将它们翻译成相应的内部表示形式,存储到数据库系统中称为数据字典的特殊文件中,作为数据库管理系统存取和管理数据的基本依据。数据库存储结构与存取方法定义,负责处理程序接收用数据定义语言表示的数据库存储结构与存取方法定义,在存储设备上创建相关的数据库文件,建立起相应物理数据库。

2. 数据操纵子语言

数据操纵语言(Data Manipulation Language,DML)用来表示用户对数据库的操作请求,是用户与DBMS之间的接口。一般对数据库的操作主要包括:查询数据库中的信息、向数据库插入新的信息、从数据库删除信息,以及修改数据库中的某些信息等。数据操纵子语言通常又分为两类:一类是嵌入主语言,由于这种语言本身不能独立使用,故称为宿主型的语言;另一类是交互式命令语言,由于这种语言本身能独立使用,故又称为自主型或自含型的语言。

数据库是专门存储数据的集合。数据库管理系统是用来操纵和管理数据库的软件。数据库系统则是数据库、数据库管理系统、应用系统、数据库管理员的有机结合体。

2.4 工程数据库

2.4.1 工程数据库定义与特点

工程数据库,是指能满足人们在工程活动中对数据处理要求的数据库,针对不同的工程活动分别可称为CAD数据库、设计数据库或技术数据库等。理想情况下,CAD/CAM系统应为在操作系统支持下的、以图形功能为基础、以工程数据库为核心的集成系统,从产品设计、工程分析直到制造过程中所产生的全部数据都应存储、维护在同一个工程数据库环境中。

工程数据库的特殊性体现在其数据模型及系统功能等方面,如存储管理、事务管理、版本管理、查询处理等。与传统的数据库相比,工程数据库的主要特点如下:

(1)数据类型复杂。例如,一个零件可能由成千上万种不同类型的数据构成,如果用关系模型的表来描述,就需要成千上万张彼此联系的表,这在访问性能和数据一致性维护上都非常困难。

(2)事务的持续时间长。工程领域的事务描述一个设计过程,持续的时间非常长(数小时到几个月),对恢复和并发控制提出了挑战。

(3)版本管理。设计是一种探索性的劳动,需要不断地尝试,提出多种方案。因而,版本管理是工程数据库中一个不可或缺的功能。

因此,除了数据库的一般功能外,工程数据库还必须要解决复杂工程数据的表达和处理、大量工程数据的访问效率、数据库与应用程序的无缝接口等问题,要求工程数据库必须具有强大的建模能力、高效的存取机制,以及良好的事务处理功能、版本管理功能、模式进化功能、灵活的查询功能、网络和分布式功能等。

2.4.2 工程数据库管理系统

工程数据库管理系统是用于支持工程数据库的数据库管理系统,主要有以下功能:
(1)支持复杂多样的工程数据的存储和集成管理。
(2)支持复杂对象(如图形数据)的表示和处理。
(3)支持变长结构数据实体的处理。
(4)支持多种工程应用程序。
(5)支持模式的动态修改和扩展。
(6)支持设计过程中多个不同数据库版本的存储和管理。
(7)支持工程事务和嵌套事务的处理和恢复。

在工程数据库的设计过程中,由于传统的数据模型难以满足 CAX 应用对数据模型的要求,因此需要运用当前数据库研究中的一些新的模型技术,如扩展的关系模型、语义模型、面向对象的数据模型。

2.4.3 对工程数据库系统的要求

1. 数据库方面的一般要求

(1)安全性。保密,数据使用的规则和控制;保险,防止人为或恶意破坏的保护措施。
(2)正确性。准确度,数据的正确;完整性,数据之间没有矛盾;一致性,按确定的规则对数据进行存储和输出。

(3)同时性。可由多个用户或者程序同时对数据进行存取。

2. 来自用户的要求

(1)第一类是最终用户,他们希望存储数据和使用存储在数据库中的数据。

(2)第二类是程序员和应用程序员,他们的工作是建立处理数据的程序。

3. 来自数据的要求

(1)工程数据库管理系统的数据模型要具有语义。

(2)面向对象的数据模型表示复杂的工程数据,包括设计公式和计算模型等。

(3)多媒体数据库技术的出现又使数据库中数据的表现向用户靠近了一步。

4. 数据使用方面的要求

(1)必须使几个用户能通过应用程序或其他方法,能够利用同一数据集合。

(2)必须能够根据存储的最基本的数据计算所需的信息。

(3)必须提供非常通用的报表功能。

(4)必须能够被直接或通过应用程序进行存取。

5. 对工程数据库管理系统的功能要求

(1)支持复杂的工程数据的存储和管理。

(2)支持模式的动态修改和扩充。

(3)支持工程事务处理和恢复。

(4)支持多库操作和多版本管理。

2.4.4 关键技术

1. 工程数据的一致性控制

一致性控制又称并发性控制,是多用户的数据库系统必须解决的一个重要问题,将保证多个用户同时运行一个数据库时的正确性。一般在数据库系统中用户都是以事务的方式来运行数据库的,而事务是由若干数据库语句组成的序列,它们顺序地被执行,逐步将数据库的一个状态变换到另一个状态,保持数据库的一致性。但是,在多个用户同时运行各自的事务时,为了提高运行效率,并非简单地由数据库管理系统统一来排列一个事务的运行次序,即等一个事务完全执行完毕之后,再启动另一个事务的执行,而是让各事务中的语句交错地执行。由于是多个事务同时执行,因此这些事务就可能有多种执行顺序。任何一种顺序在逻辑上都是行得通的,但是否符合设计者的意图就必须确定一种判断各事务的语句的交错执行是否正确的"一致性控制要求准则"。如果各事务中的语句交错执行的效果,能与将事务一个接一个地串行执行的效果一样,则称这种交错执行是一种可串行化的事务执行。并发控制的目的是获得一种可串行化的事务执行。

2. 长事务处理

工程数据库与传统的商用数据库有着本质的不同。工程数据库处理事务不可能在几秒内完成,它经常进行的是长事务。例如在发动机设计时,发动机各部件的设计过程可能持续很长时间——几分钟、几小时,甚至几天才能完成。因此要求工程数据库管理系统提供长事务的功能,妥善解决与长事务有关的并发、共享和完整性约束等问题。

3. 版本管理

工程设计过程具有以下特点:

(1)设计过程是一个反复试探的过程,往往对于工程实体的设计采用多种设计方案进行设计比较优化。

(2)工程实体是分阶段进行设计的,各个阶段性结果都是有价值的。

(3)对于大部分新产品的设计,往往只是对原产品的某些部分进行改进,特别是针对某一型号产品的模型设计更是如此。因此,各产品之间相同部分的属性是主要的,不同部分的属性是次要的。

综上所述,一个产品在设计过程中,由于性能描述方法的不同、设计方案的差异,以及性能要求的差别,在设计的各个不同阶段会形成不同的设计版本。版本管理的技术就是要解决新版本的生成、统一协调地管理各个版本、有效地记录各个版本的演变历史等问题。

4. 安全性控制

对于工程数据库管理系统来说,安全性的控制是十分重要的,可以根据各子系统的不同安全级要求,实现不同程度的安全控制。主要包括以下几个方面:

(1)设置用户名和口令以检查用户的身份是保证数据库安全的第一道屏障,以此决定是否允许该用户登录和以什么身份登录。

(2)设置表的操作权限,不同用户对同一表可有不同授权,如读、写、删除。

(3)设置表中记录(行)的操作权限,总体用来指挥和协调各子系统的文件,如任务书、协调卡、性能结构参数等,这些文件对不同的子系统只授予与各自相关记录的操作权限。

(4)设置表中字段(列)的写权限,总体用来协调各子系统的文件,要求不同的子系统对这些文件只授予与各自相关的字段的写入权,如任务书、协调卡需要签字的字段。

除此之外,还应考虑由于各种设备的故障或操作失误而遭受的破坏、优化查询等。

5. 工程数据字典的维护

工程数据库在运行过程中,数据库的状态和结构是在动态变化的。工程设计应用程序在使用工程数据库期间,经常会对数据库概念模式进行动态修改和扩展。在工程设计中,工程数据库中的设计数据也是逐步完成的,因而在使用过程中,数据库模式也在相应地改变,直至设计完成,一个"完整的"数据库才建造起来。所以,对工程数据的数据字典也必须经常进行维护,主要是完成整个工程数据库系统中数据库的定义及分布情况,如全局表对应的局部表名和局部表存储信息。

2.4.5 查询方式

查询功能要求处理能力强、效率高。在工程数据库中,为适应实际需要,存在两种对数据库进行查询的方式。

一种是联想查询,也就是关系数据库所采用的查询方式,即根据用户提供的条件,在数据库的当前环境中查询检索符合条件所有对象。

另一种是导航式查询。由于工程数据库具有数据量大且数据关系复杂的特点,而联想查询不仅速度很慢,而且对复杂的对象往往很难构成合适的查询条件。因此,除了联想查询外,在工程数据库中还提供导航式查询,主要是针对复合对象的查询,利用复合对象中对象的层次构成查询路径,查询路径可以很复杂,查询过程犹如领航员导航。

实际的工程数据库查询处理是两者在给定应用条件下的合理折中。

2.4.6 发展方向

数据库设计有两种基本方法:第一种是首先产生全局模式,然后由其导出局部视图;第二种是获取不同用户的局部视图,然后将其综合以形成全局视图。

并行设计等现代设计方法对工程数据库提出了集成化、智能化、标准化和网络化的发展要求。在组织若干工程应用的数据时,数据库网络的概念变得日益重要。所以,工程数据库如果不符合集成化和标准化的"一体化"规范要求,就会成为 CAD/CAM 集成的障碍。

目前,工程数据库技术的发展呈现出数据库技术与多种技术和应用相结合的特点,其源动力有两种:一种是基于方法论和计算机处理能力的发展;另一种是与多种技术的结合。前者有面向对象数据库(OODB)、分布式数据库(DDB)和多媒体数据库(MDB);后者有实例数据库、知识库、模糊数据库等。

总之,智能 CAD 和设计自动化的向前发展,必将把知识库(设计规则、设计方法、设计经验等)引入 CAD,这就可以使计算机在 CAD 系统中发挥更有意义的"专家顾问"作用,而不再是被动的"技术助手"作用。

1. 工程数据库与传统数据库的区别有哪些?
2. 何谓版本控制?为什么工程数据库要支持版本控制?

第三章　图像图形处理

计算机技术在不断的进步和发展,人机交互方式越来越贴近人与人之间的自然交流,视觉作为人类观感系统之一,最直接地接受最丰富的信息。但不难想象,人们更容易接受一条绘制好的抛物线,而不是组成该抛物线的一系列坐标值。

计算机图形图像系统,在人和数据间架起了一座沟通的桥梁。对于 CAD/CAM 系统来说,图形和图像把抽象的数据转成易于接受的形和色。

了解 CAD/CAM 以及操作系统、相应软件和设备如何将枯燥的数据转换并形成图形图像,将有助于对数据、工程应用、工艺方法等深入理解和发掘。

3.1　计算机图像基本知识

3.1.1　显示数据

数据(Data)必须通过 4 个步骤,最后才会到达显示屏。

(1)从总线(Bus)进入 GPU(Graphics Processing Unit,图形处理器):将 CPU 送来的数据送到 GPU,即数据从 CPU 进入到显卡(图形图像功能都集成在 GPU 中,不同显卡厂商的 GPU 所实现的图形图像功能略有不同,因此需要安装对应显卡的驱动程序)。

(2)从 Video Chipset(显卡芯片组)进入 Video RAM(显存):GPU 芯片对数据进行处理,将芯片处理完的数据送到显存,处理后将需显示的图像以帧的形式存于显卡中。

(3)从显存进入 Digital Analog Converter(RAM DAC,随机读写存储数 – 模转换器):从显存读取出数据送到 RAM DAC 中进行数据转换(从数字信号转为模拟信号)。但是如果是 DVI 接口类型的显卡,则不需要经过数 – 模转换,而直接输出数字信号。

(4)从 DAC 进入显示器(Monitor):将转换完的模拟信号送到显示屏。

需要掌握如下概念:

(1)显卡。显卡作为电脑主机里的一个重要组成部分,承担输出和显示图形的任务,对于喜欢玩游戏和从事专业图形设计的人来说显得非常重要。

(2)GPU。GPU 是由 NVIDIA 公司发布 GeForce256 图形处理芯片时所提出的概念。GPU 使显卡降低了对 CPU 的依赖,尤其是在 3D 图形处理时,接管了大部分 CPU 的工作。GPU 所采用的核心技术有硬件 T&L(集合转换和光照处理)、立方环境材质贴图和顶点混合、纹理压缩和凹凸映射贴图、双重纹理四像素256位渲染引擎等,而硬件T&L技术可以说是GPU的标志。

(3)显存。显示内存的简称。显卡中显存的用途主要是保存由图形芯片处理好的各帧图形显示数据,然后由数模转换器读取并逐帧转换为模拟视频信号,之后提供给传统的显示器使用,所以显存也被称为"帧缓存"。衡量显存的技术性能有数据存取速度和显存容量。存取速度通常用纳秒(ns)表示,数值越小越快。显存容量常使用MB、GB表示,数值则是越大越好。图形核心的性能越强,需要的显存也就越多。以前的显存主要是SDR内存,容量也不大。而现在市面上基本采用的都是DDR3内存,在某些高端卡上更是采用性能更为出色的DDR4或DDR5内存。

3.1.2 像素

像素是指组成图像的小方格,一个像素通常被视为图像的最小的完整采样。在一般情况下,像素是一块正方形,带有高度、色调、色相、色温、灰度等的颜色信息。这些小方块都有一个明确的位置和被分配的色彩数值,而这些小方格的颜色和位置就决定该图像所呈现出来的样子。可以将像素视为整个图像中不可分割的单位或者是元素,不可分割的意思是它不能够再切割成更小的单位或是元素,它是以一个单一颜色的小格存在。每一个点阵图像包含了一定量的像素,这些像素决定图像在屏幕上所呈现的大小。

像素点的大小会随着分辨率的大小而改变。用一定数量、颜色有别的正方形小块的排列组合来表示一幅点阵图像,就是位图图像(Bitmap)。通过数码相机拍摄、扫描仪扫描或位图软件输出的图像都是位图。一张位图的颜色信息越丰富,则图片容量就越大。在光线充足的环境下所得的图片,其容量往往都很大。

1. 图片的像素

(1)像素表示图片的大小。像素点之间的距离可以作为一个长度单位来量化图片横向、纵向的长度大小。

(2)像素与图片大小和清晰度的关系。分辨率相同时,图片像素的大小与图片的尺寸大小成正比;分辨率相同时,在相同的显示比例下,图片的清晰度是相同的,与图片像素大小无关;但是如果显示的尺寸一样,则图片像素越多(图片本身越大),图片越清晰。

2. 相机的像素

如同摄影的相片一样,数码影像也具有连续性的浓淡阶调,将影像放大到足够倍数,会发现这些连续色调其实是由许多色彩相近的小方点所组成的,这些小方点就是构成影像的最小单元——像素,这种最小的图形单元在屏幕上显示通常是单个的染色点。越高位的像素,其拥有的色板也就越丰富,也就越能表达颜色的真实感。

相机像素是感光点的总量,指相机成像上横向、纵向方向上单位英寸的像素个数的乘积约等于的整数,用来衡量相机成像精细度。例如,1140×900=1026000,即100万像素。

在相同的设置下,同一相机拍出来的相片实际尺寸是一样大的(因为像素是一样的)。像素高,意味着能拍出幅面大的照片——像素越高,照片的实际尺寸必然越大。所以,"像素"的高低,表示着照片幅面的大小。

相机像素虽高,若印的照片也很大,其"点密度"并不高,则照片也不会细腻。相反,像素不高,若只印很小幅面的照片,也可以得到很细腻的照片。

成像质量主要取决于相机的镜头和感光元件的大小及质量。像素越多,照片的分辨率也越大,可打印尺寸也越大。现在的手机摄像头(相机)的像素分辨率普遍都很高。

3.1.3 色彩

现实世界是一个色彩斑斓的世界,如何用计算机来表达色彩呢?计算机处理色彩的原理与现实较为类似,首先色彩具有的三个要素:色相、饱和度和亮度(或明度)。实际上这种描述方式是基于人对色彩的感觉而定的。

(1)色相(Hue)。色相指色彩的名称,是色彩最重要、最基本的特征,如黄色、红色。

(2)饱和度(Saturation)。饱和度用于描述色彩的强烈程度,指彩色的纯度;色彩的饱和度越高,色彩越鲜艳。

(3)亮度(Brightness)。亮度用于描述色彩的明暗程度。色彩的亮度越高,人眼越感觉明亮。

计算机是如何表达色彩的呢?换句话说计算机如何体现色彩的三个要素呢?

首先是 RGB 模式。RGB 是色光的色彩模式,也是我们平时接触最多的色彩模式,所有显示器、投影设备以及电视机等许多设备都是依赖这种色彩模式来实现的。RGB 表示的意思就是 R(Red)、G(Green)、B(Blue),这三种色彩以不同的比例叠加(混合)在一起就形成一种特定的颜色。因为三种颜色都有 256 个亮度水平级,所以三种色彩叠加就形成了 1670 万种颜色(即通常说的 16.7M 色),也就是真彩色,通过它们就足以显现这绚丽的世界。客观世界中,红、绿、蓝三种色光可以混合得到人眼所能看到的绝大多数色彩,因此我们将红、绿、蓝称为色光三原色。它们按照不同的比例混合将得到不同的色彩,电视机、计算机显示器都是用这种原理生成色彩的。我们也将所有由色光组成的色彩的总和称为 RGB 色域空间。

其次是 CMYK 模式,CMYK 代表印刷用的四种颜色,C 代表青色,M 代表洋红色,Y 代表黄色,K 代表黑色(市面上各种彩色打印机均有 4 种颜色的墨盒,即 C、M、Y、K 墨盒)。由于在实际的印刷过程中,青色、品红、黄色等量混合无法得到纯黑色(最多不过是褐色而已),因此又加入了黑色。黑色的作用就是强化暗调,加深暗部色彩。我们把所有可以用于这四种色彩混合所能表现的色彩总和称为 CMYK 色域空间。平时如果我们用电脑只是编辑图像,RGB 模式是最佳的色彩模式,但是如果将 RGB 模式用于打印,那一张鲜艳的图片就会出现一些亮度的损失,使得图片色彩失真。其主要原因就是打印时所用的色彩模式是 CMYK 模式,而 CMYK 模式所定义的色彩要比 RGB 模式定义的色彩少很多,因此打印时,系统自动地将 RGB 模式转换为 CMYK 模式,这样就难免损失一部分颜色,出现打印后失真的现象。

以 RGB 空间来举例,刚刚介绍的像素就是由三个部分组成,分别是红、绿、蓝的成分,如早期电脑的 256 色,就是由 0~255 来表达某一个颜色的程度,0 最浅,255 颜色最深,按照 RGB 的顺序,由这三个数值来搭配出颜色,如红色(255,0,0)、白色(255,255,255)、黑色(0,0,0),等等。每个颜色用 8 个比特位来表达(即分成 2^8 = 256 种深浅等级),显而易见颜色的表达不够细腻,因此后续又出现了 16 位色、32 位色,就是每个颜色要分成 2^{16} 或者 2^{32} 种深浅等级,所表达的图像色彩就非常细腻(色域更空间更大)了。

以上是我们平时生活、工作中经常遇到的色彩模式,除此之外还有一些色彩模式,如 Lab 模式、HSB 模式、Indexed 模式、GrauScale 模式、Duotone 模式等。

3.1.4 屏幕分辨率

在弄懂屏幕分辨率之前先搞清以下几个概念:

1. 系统显示分辨率

系统显示分辨率是由计算机的内部硬件图形卡(显卡)设定的、输出到显示设备上的图文项目的像素数量,WIN7 中直接将其称作屏幕分辨率,为了不发生混淆,本文称为系统显示分辨率。

2. 显示设备分辨率

显示设备分辨率是指显示设备(显示器)的物理分辨率,即水平与垂直方向所具备的显示点数量。显示器属输出设备可以用 DPI 来衡量,计算方法很简单,就是显示设备的水平显示点÷水平宽度(英寸)。以 22 英寸(对角线)液晶显示器为例(后例均指此显示器),水平宽度约 18.6 英寸(1 英寸 = 2.54cm),高宽比为 16∶10,显示点数量为 1680 × 1050,1680÷18.6≈90,所以该显示设备分辨率就是 90dpi。显示设备厂商通常是以"点距"来衡量显示器精度的,即每两个显示点中心间的距离,与上述意思完全一样,将 90dpi 转换成毫米,25.4÷90≈0.28,"点距"即为 0.28mm。

3. 屏幕分辨率

屏幕分辨率是用显示器上的显示点(显示设备分辨率)来显示操作者设定的像素数量(系统显示分辨率),最终得到的屏幕显示结果,是衡量显示设备显示计算机图文项目精细程度的一个参数指标。计算方法同理,即系统显示分辨率设定的水平像素数÷显示器的水平宽度。如设定系统显示分辨率为 1680 × 1050,像素数量正好等于显示器的显示点数量,因此得出当前的屏幕分辨率为 90dpi,这种情况在网络与多媒体等行业称为"点对点显示",即一个显示点对应显示一个像素,会得到最佳显示效果。因此,液晶显示器推荐系统显示分辨率的设定最好与显示设备分辨率相一致,如果两者不一致,如设定系统显示分辨率为 1280 × 800,显示器将用 1680 个显示点来显示 1280 个像素的项目内容,大约每 13 个点显示 10 个像素,经过重新计算后的像素被放大并产生色差,使本来清晰的文本变得些许模糊,显示效果大打折扣,此时可以计算它的实际屏幕分辨率,1280÷18.6≈68.8,

屏幕分辨率即为69dpi。

屏幕分辨率确定计算机屏幕上显示多少图像信息的设置，以水平和垂直像素来衡量。屏幕分辨率低时(如640×480)，在屏幕上显示的像素少，每一行包含了640个像素，每一列包含了480个像素，因此总共屏幕上要显示640×480个像素。屏幕尺寸一样的情况下，分辨率越高，显示效果就越精细和细腻。目前常用的分辨率是1920×1080，之前还有1024×768，等等。现在流行的4K电视和4K电影，其每帧图像的分辨率为4096×2160，也就是水平分辨率能达到4K。

了解了分辨率的概念之后，发现原来我们所看到的屏幕是由细小的点阵组成的，也就是所谓的"栅格"。究其本质，屏幕显示的内容(如一条直线)是离散地显示出来的很多个点，并不是连续的一条线，虽然在数学上这条直线是连续的。

分辨率决定了位图图像细节的精细程度。通常情况下，图像的分辨率越高，所包含的像素就越多，图像就越清晰，印刷的质量也就越好。同时，它也会增加文件占用的存储空间。描述分辨率的单位主要有dpi(点每英寸)和ppi(像素每英寸)。

3.2 计算机图形学基本知识

计算机图形学(Computer Graphics，CG)是一种使用数学算法将二维或三维图形转化为计算机显示器的栅格(点阵)形式的科学。简单地说，计算机图形学就是研究如何在计算机中表示图形，以及利用计算机进行图形的计算、处理和显示的相关原理与算法。

3.2.1 核心目标和基本任务

计算机图形学的核心目标在于创建有效的视觉交流。图形学可以将科学成果通过可视化的方式展示给公众。

计算机图形学核心目标(视觉交流)可以分解为三个基本任务：表示、交互、绘制，即如何在计算机中"交互"地"表示""绘制"出丰富多彩的主、客观世界。这里的"表示"是如何将主、客观世界放到计算机中去——二维、三维对象的表示与建模；而"绘制"是指如何将计算机中的对象用一种直观形象的图形图像方式表现出来——二维、三维对象的绘制；"交互"是指通过计算机输入、输出设备，以有效的方式实现"表示"与"绘制"的技术。其中，"表示"是计算机图形学的"数据层"，是物体或对象在计算机中的各种几何表示；"绘制"是计算机图形学的"视图层"，指将图形学的数据显示、展现出来。"表示"是建模、输入，"绘制"是显示、输出。"交互"是计算机图形学的"控制层"，它负责完成有效的对象输入与输出任务，解决与用户的交互问题。

3.2.2 主要研究对象和研究内容

计算机图形学的主要研究对象是点、线、面、体、场的数学构造方法和图形显示，及其

随时间变化的情况。它需要研究以下几方面的内容:

(1) 基于图形设备的基本图形元素的生成算法。

(2) 图形元素的几何变换。

(3) 自由曲线和曲线的插值、拟合、拼接、分解、过渡、光顺、整体和局部修改等。

(4) 三维几何造型技术。

(5) 三维形体的实时显示。

(6) 真实感图形的生成算法。

(7) 山、水、花、草、烟、云等模糊景物的模拟生成和虚拟现实环境的生成。

(8) 科学计算可视化和三维或高维数据场的可视化。

3.2.3 计算机图形学的应用领域

计算机图形学的主要应用领域包括计算机辅助设计与制造、地理信息系统与制图、计算机动画、科学计算可视化、计算机游戏和虚拟现实。

其中,计算机辅助设计与制造(CAD/CAM)是计算机图形学最广泛、最重要的应用领域。它使工程设计的方法发生了巨大的改变,利用交互式计算机图形生成技术进行土建工程、机械结构和产品的设计,正在迅速取代"绘图板 + 工字尺"的传统手工设计方法,担负起繁重的日常出图任务以及总体方案的优化和细节设计工作。事实上,一个复杂的大规模或超大规模集成电路板图根本不可能手工设计和绘制,用计算机图形系统不仅能设计和绘图,而且可以在较短的时间内完成,将结果直接送至后续工艺设备进行加工处理。

3.2.4 计算机图形学、图像处理和数据可视化的关系

计算机图形学的基本含义是使用计算机通过算法和程序在显示设备上构造出图形来。也就是说,图形是人们通过计算机设计和构造出来的,不是通过摄像机和扫描仪等设备拍摄得到的图像(影像)。

图像处理,是指用计算机对图像进行分析计算以达到所需结果的技术,又称影像处理,一般指数字图像处理,包括图像压缩、增强、复原、匹配、描述和识别等。

数据可视化(Data Visualization)技术是指运用计算机图形学和图像处理技术,将数据转换为图形或图像在屏幕上显示出来,并进行交互处理的理论、方法和技术。

随着计算机技术的发展,数据可视化概念已大大扩展,不仅包括科学计算数据的可视化,而且包括工程数据和测量数据的可视化。

思考题

1. 简述 RGB 色域空间的定义。

2. 如何设置 RGB 格式,能使屏幕显示的色彩更细腻?

3. 简述屏幕显示的分辨率的定义,并查看目前使用电脑屏幕的分辨率。
4. 简述计算机图形学的主要研究内容。
5. 简述计算机图形学在计算机辅助设计与制造(CAD/CAM)技术中的应用。
6. 简述计算机图形学与图像处理之间的关系。
7. 简述数据可视化的定义。

第四章　样条曲线曲面及其在船体造型中的应用

船舶线型主要依赖型值点构成的型线来表示。计算机出现之前，在放样间的地板上1∶1描绘出船舶的型线并就此开展船体结构放样、下料和加工。计算机出现以后，通过插值、逼近等算法将型值点构造出船体型线，进而实现船体构件的计算机放样、套料、数控切割等工作，大大提高了零件的精度和工作效率。

4.1　插值与逼近

船体型线由一组横剖线、纵剖线和水线构成，而横剖线、纵剖线和水线一般用一系列的型值点构造出来，造船企业现场施工时采用样条和压铁拟合与光顺船体型线，这就是最原始的手工光顺。

随着造船技术和计算机辅助几何设计学科的发展，人们可以通过数学描述的方法对船体型线进行设计和表达，以满足实际应用的需要。例如按照几何外形信息建立数学模型（如曲线或曲面方程），通过计算机进行计算，求出足够多的信息（如曲线上许许多多的点）。在求解的过程中，经常会用到插值和逼近的方法。

（1）插值。给定一组有序的点列，这些点列可以是从某些形体上测量得到的，也可以是设计人员给出的，要求构造出一条曲线顺序通过这些数据点，则称为对这些数据点进行插值（Interpolation），所构造的曲线称为插值曲线，构造曲线所采用的数学方法称为曲线插值法。

（2）逼近。某些情况下，测量所得或设计人员给出的数据点有些粗糙，要求构造这些数据点的插值曲线没有意义，取而代之的是构造一条更接近这些数据点的曲线，则称为对这些数据点的逼近（Approximation），所构造的曲线称为逼近曲线，构造曲线所采用的数学方法称为曲线逼近法。

4.1.1　代数多项式插值

给出下列曲线方程：

$$P_n(x) = a_0 x_0 + a_1 x_1 + \cdots + a_n x_n \tag{4.1.1}$$

式中　$x_0, x_1, \cdots, x_n$——互异点，其满足插值条件 $P_n(x_i) = y_i$。

最典型的代数多项式插值有线性插值（图4.1.1）、抛物线插值（图4.1.2）、拉格朗日

(Lagrange)插值、牛顿(Newton)插值和埃尔米特(Hermite)插值。

图 4.1.1 线性插值函数　　　　　图 4.1.2 抛物线插值

拉格朗日插值,其公式结构紧凑,理论分析方便。缺点是:当插值节点增减时,全部插值基函数$l_i(x)$均要随之变化,整个公式也将发生变化,给实际计算造成不便,且节点处可能为尖点、不光滑。

牛顿插值,是另一种表示形式,它利用差分、差商,使得在节点个数改变时,只增加与该节点相关部分计算,能节省算术运算次数(尤其是乘除次数)。缺点是节点处可能为尖点、不光滑。

埃尔米特插值,是具有重结点的多项式插值方法,它使得插值曲线在节点处的切线方向与被插值曲线相同,从而消除节点的尖点和不光滑现象。

一般情况下,多项式的次数越多,需要的数据就越多,而预测也就越准确。作为多项式插值,三次已是较高的次数,次数再高就有可能发生龙格(Runge)现象——插值结果越来越偏离原函数曲线。

4.1.2 代数样条函数插值

船舶、飞机、汽车、建筑物和荧光屏的工程设计中,其外形往往采用"样条曲线或曲面"。这些曲线要求连续、光滑或光顺。所谓光滑是指切线方向的连续性,光顺是指曲线不能有多余的拐点,即曲率的连续性。

样条曲线来源于手工放样实践:木样条是一个等截面的弹性细条,力学上可以视为在压铁处受集中载荷作用的小挠度弹性梁,如图 4.1.3 所示,该力学模型下求出的弹性梁弯曲变形曲线,即为"样条曲线",对应的求解函数即为样条函数。

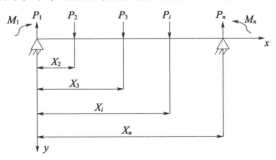

图 4.1.3 样条受力情况的简化图

整条变形曲线 $y = y(x)$ 可用分段三次函数表示,即"样条曲线"为分段多项式,其节点值(位移)、一阶导数(切向)、二阶导数(曲率)都是连续的。

4.1.3 参数样条函数插值

在实际工程中,经常会遇到大挠度曲线,即$|\dot{y}|\gg 1$的情况,这样三次样条函数的斜率会出现无穷大,即有近于垂直切线的曲线(无论是平面曲线或空间曲线)。采用三次样条插值的效果不好,会产生剧烈的波动,因为它违背了小挠度的假定,同时依赖坐标系的选择,缺乏几何不变性,与曲线的几何特征相脱节。比如,球鼻艏轮廓出现了半圆,无论怎样旋转坐标也找不到使曲线成为小挠度的坐标系;再如,代数样条插值的缺点是一个X只能对应一个Y,封闭曲线这类多值函数,采用插值样条是难以表达的。为了解决这些问题,提出了参数样条方法。

通过$n+1$个数据点$P_i(i=0,1,\cdots,n)$的一条分段连续的 3 次多项式曲线,如果在两个数据点之间表示为一个三次多项式,各段多项式在数据点处(连接处)保持C^2连续性,这种曲线称为三次参数样条曲线,常用的是累加弦长参数样条曲线,如图 4.1.4 所示。

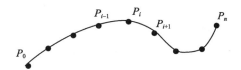

图 4.1.4　累加弦长参数样条曲线

设第i段曲线方程以t为参变量,则

$$P(t)=a_0+a_1t+a_2t^2+a_3t^3, t\in[0,1] \tag{4.1.2}$$

累加弦长参数样条广泛应用在 Coons 曲面的网格曲线插值,并由此获得 Coons 曲面的角点信息矩阵,适用于船舶、飞机、汽车的数学放样工作。详见 4.3.3 节。

4.1.4 最小二乘逼近

使误差的$\|\delta\|_2$范数的平方$\|\delta\|_2^2=\sum_{i=0}^n\delta_i^2=\sum_{i=0}^n[f(x_i)-y_i]^2$达到最小,通过这种度量标准求得拟合曲线$y=f(x)$的方法,就称作曲线逼近的最小二乘法。其中$f(x_i)=\sum_{i=0}^n a_i\phi_i(x)$。

给定一组数据$(x_i,y_i)(i=0,1,\cdots,n)$,这里的$\phi_0(x),\phi_1(x),\cdots,\phi_n(x)$是$\phi$的一组线性无关的基函数,$\phi(x)$是$\{\phi_i(x)\}(i=0,1,\cdots,m)$的线性组合。即

$$\phi(x)=a_0\phi_0(x)+a_1\phi_1(x)+\cdots+a_m\phi_m(x), m<n \tag{4.1.3}$$

对整体误差

$$I(a_0,a_1,\cdots,a_m)=\sum_{i=0}^n\left[\sum_{j=0}^m a_j\phi_j(x_i)-y_i\right]^2 \tag{4.1.4}$$

求极小值,即可确定系数,求出拟合曲线。

4.2 参数曲线

本节介绍用光滑的参数曲线段逼近折线多边形的一种数学方法,用折线段勾出一个轮廓,再用一些光滑的曲线段"逼近"这些折线。

4.2.1 B 样条逼近(正向逼近控制点)

定义:设 $p_0,p_1,\cdots,p_n$ 为给定的空间 $n+1$ 个点,称下列参数曲线

$$P_i(t) = \sum_{i=0}^{n} v_i N_{i,k}(u), 0 \leq u \leq 1 \tag{4.2.1}$$

为 k 次 B 样条曲线,$k<n$。

其中,$v_i(i=0,1,\cdots,n)$ 为控制顶点(又称德布尔点),线段依次连接其中相邻两个顶点的终点,所组成的多边形为样条在 i 段的 B 特征多边形。曲线段 $P_i(t)$ 逼近空间点列 $v_i(i=0,1,\cdots,n)$,并由其控制。逼近控制多边形的光滑参数曲线段 $P_i(t)$,就是样条曲线段。

$N_{i,k}(u)(i=0,1,\cdots,n)$ 称为第 i 个 k 次 B 样条基函数,k 为幂次。

n 次 B 样条基函数的递推表示形式,又称为 De Boor – Cox 公式(约定 0/0 = 0),表示如下:

$$\begin{cases} N_{i,0}(u) = \begin{cases} 1, u_i \leq u \leq u_{i+1} \\ 0, 其他 \end{cases} \\ N_{i,k}(u) = \dfrac{u-u_i}{u_{i+k}-u_i} N_{i,k-1}(u) + \dfrac{u_{i+k+1}-u}{u_{i+k+1}-u_{i+1}} N_{i+1,k-1}(u) \end{cases} \tag{4.2.2}$$

其性质如下:

1. 局部性

当改动其中一个控制顶点时,只会影响定义在区间 $[u_i,u_{i+k+1}]$ 上那部分曲线的形状,不会对整条曲线产生影响,这就为设计曲线时修改某一局部的形状带来很大方便。

2. 连续性

一阶曲线只能 G^0 连续,G^0 连续又称位置连续,是指两个对象(曲线或曲面)点点相接,相接处曲线无断点、曲面无漏缝。

二阶曲线只能达到 G^1 连续,G^1 连续又称相切连续,发生 G^1 连续的两个对象在相交处不仅点点连续,而且有一阶导数的连续关系,也就是切线一致的关系。这种连续仅使其曲率图形在相交处的法线方向一致,而没有形成曲率连续关系。

三阶曲线只能达到 G^2 连续,G^2 连续又称曲率连续,发生 G^2 连续的两个对象在相交处点点连续,而且其曲率的切线方向和半径大小都一致。这种连续性曲线的曲率图形,会有 G^0 连续且不发生间断的曲线型式,因此更高阶连续曲线的曲率图形也更加光滑。

四阶曲线只能达到G^3的连续性,依此类推。

B样条曲线是一种非常灵活的曲线,曲线的局部形状受相应顶点的控制,很直观。这些顶点控制技术如果运用得好,可以使整个B样条曲线在某些部位满足一些特殊的技术要求,例如:可以在曲线中构造一段直线;使曲线与特征多边形相切;使曲线通过指定点;指定曲线的端点;指定曲线端点的约束条件。

3. 几何不变性

由于定义式所表示的B样条曲线是参数形式,因此,B样条曲线的形状和位置与坐标系选择无关,控制点经过变换后所生成的曲线(或曲面)与原先生成的曲线(或曲面)的再变换是等价的。

4. 对称性

B样条曲线段的起点和终点的几何性质完全相同,表明其具有对称性。

5. 递推性

k次B样条$N_{i,k}(t)$可以由两个$k-1$次B样条$N_{i,k-1}(t)$与$N_{i+1,k-1}(t)$递推得到,其线性组合系数分别是$\dfrac{t-t_i}{t_{i+k}-t_i}$与$\dfrac{t_{i+k+1}-t}{t_{i+k+1}-t_{i+1}}$。两个系数的分母,恰好是两个$k-1$次B样条的支撑区间的长度,分子恰好是参数$t$把第$i$个$k$次B样条$N_{i,k}(t)$的支撑区间划分成两部分的长度。

6. 保凸性

当所有的控制顶点形成一个平面凸的封闭多边形时,$P_{i,k}(t)$是一条平面凸曲线。

7. 凸包性

当$t\in(0,1)$时,有$0\leq N_{i,k}(u)\leq 1(i=0,1,\cdots,n)$和$\sum\limits_{i=0}^{n}N_{i,k}(u)\equiv 1$,因此,根据凸包定义可知,对任何$t\in(0,1)$,$N_{i,k}(t)$必定在控制顶点构成的凸包之中。

8. 变差缩减性

设平面内$n+1$个控制顶点$p_0,p_1,\cdots,p_n$构成B样条曲线$P(t)$的特征多边形,则在该平面内的任意一条直线,与$P(t)$的交点个数不多于该直线和特征多边形的交点个数。

4.2.2 B样条插值

在实际工作中,人们希望能够根据某个现有的或构想的形状得到初步的逼近,以便根据给定的点列$P_i(t)$,计算控制顶点$v_i(i=0,1,\cdots,n)$,使定义的三次B样条曲线通过点列$P_i(t)$,并以$P_i(t)$为节点。

已知型值点列$P_i(i=1,2,\cdots,n-1)$,求一条三次B样条曲线L,该曲线通过各P_i点,主要是要求出曲线L的B特征多边形$B_i(i=0,1,\cdots,n)$,使构造的B样条曲线通过指定的点,即反算插值曲线的 B 样条控制顶点,称为 B 样条曲线的反算拟合问题,也称为逆过程或逆问题。

为了使一条 k 次 B 样条曲线通过一组数据点 $P_i(i=0,1,\cdots,n)$,反算过程根据型值点确定节点向量,然后得到各型值点位置处的基函数,构造总体方程组 $BV=P$,其中 B 为基函数值构成的矩阵,V 为控制顶点,P 为型值点,即建立型值点与控制点的位置向量之间的关系,求解方程组得到 V 值。

虽然控制顶点和节点决定 B 样条曲线的形状,但 B 样条曲线通常不经过控制顶点。实际上,常常需要所设计的三次 B 样条在给定的点上开始或终止,而且带有确定的切向量。也就是说,在边界上满足插值条件,而在其余部分则仍然逼近。一般使曲线首末端点分别与首末数据点一致,使曲线的分段连接点分别与相应的内数据点值 $t_{k+1}(i=0,1,\cdots,n)$ 一致。该 B 样条插值曲线将由 $n+k$ 个控制顶点 $P_i(i=0,1,\cdots,n+k-1)$ 定义,节点向量对应为 $T=[t_0,t_1,\cdots,t_{n+k+1}]$,定义域为 $[t_i,t_{i+k+1}]$。

4.2.3 非均匀有理 B 样条

B 样条方法在表示与设计自由型曲线曲面形状时显示了明显的优势,当然也存在某些不足,比如:当型值点分布不均匀时,难以获得理想的插值;不能贴切反映控制顶点的分布特点;B 样条曲线不能精确表示除抛物线外的二次曲弧(例如圆锥曲线),而只能给出近似表示。

此时,借助于非均匀 B 样条曲线,取得理想的插值曲线。借助于非均匀有理 B 样条方法(英文缩写为 NURBS)拟合控制点及构造复合曲线。

非均匀,是指节点向量(或者叫参数)的取值与间距可为任意值,这样可以在不同区间上得到不同的混合函数形状,为控制曲线型状提供了更大的自由。

有理,是指每段 NURBS 样条都可以用有理多项表达式来定义。

B 样条,即 B 样条基函数的线性组合。

曲线允差,是指样条曲线通过型值点的精度程度。允差越小,样条曲线与型值点越接近;允差为零,样条曲线将通过型值点。

NURBS 广泛应用于计算机辅助设计、制造和工程,并且是工业界广泛采用的标准,如初始化图形交换规范(IGES)。鉴于 NURBS 在形状定义方面的强大功能与潜力,在 1991 年国际标准化组织(ISO)正式公布的工业产品几何定义 STEP 标准中,将 NURBS 规定为自由型曲线、曲面的唯一表示方法。目前比较常用的样条曲线,包括贝塞尔曲线(Bézier Curve)、三次样条曲线(Cubic Spline Interpolation)和 B 样条曲线(B-spline),通过参数定义,都可表达成 NURBS 曲线的特例。

NURBS 曲线有三种等价的表达形式:有理基函数表示、有理分式表示、齐次坐标表示。

NURBS 曲线方程的分段有理 B 样条多项式基函数表达形式如下:

$$\begin{cases} P(u) = \sum_{i=0}^{n} v_i R_{i,k}(u) \\ R_{i,k}(u) = \dfrac{w_i N_{i,k}(u)}{\sum_{i=0}^{n} w_i N_{i,k}(u)} \end{cases} \quad (4.2.3)$$

式中 v_i——控制顶点；

w_i——权因子。

k 次 B 样条基函数是 $R_{i,k}(u)(i=0,1,\cdots,n)$，具有与 k 次规范 B 样条基函数 $N_{i,k}(u)$ 类似的性质。

三种表达形式是等价的，但作用和意义却有不同之处。有理分式表达式是有理基函数表达式的由来，此式说明 NURBS 曲线是 B 样条曲线的推广。有理基函数表达式说明，B 样条曲线性质的所有优点都在 NURBS 曲线中得以保留。最后要将 NURBS 插补算法落实到计算机的处理上，而 NURBS 齐次坐标表达式可以清楚地表明曲线的几何意义。齐次坐标表达式说明，NURBS 曲线是在高一维空间里，由带权的控制顶点定义的非有理 B 样条曲线，在超平面 $\omega=1$ 上的中心投影，这不但包含了 NURBS 曲线的几何意义，而且可以由此推出，非有理 B 样条曲线中大部分算法都可应用于 NURBS 曲线。NURBS 方法最重要的优点，是其统一表达自由曲线曲面，以及解析曲线曲面的能力。

4.3 参数曲面

4.3.1 参数曲面的定义

最简单自然的一种构造参数曲面的方法是采用矩形定义域和矩形网格线的分割，即采用两个一维分割的直积。如图 4.3.1 所示，设定义域 $R:[a,b]\otimes[c,d]$ 是 uw 平面上的一个矩形区域，在 u 轴和 w 轴上分别取定分割：

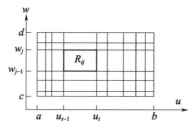

图 4.3.1 矩形域分割

$$\Delta u \quad a = u_0 < u_1 < \cdots < u_n = b \quad (4.3.1)$$

$$\Delta w \quad c = w_0 < w_1 < \cdots < w_m = d \quad (4.3.2)$$

由此可导出 R 上的一个矩形网格分割：

$$\Delta = \Delta u \otimes \Delta w \quad (4.3.3)$$

它将 R 分割成 $m \times n$ 个子矩形,如图 4.3.1 所示。其中 R_{ij}: $[u_{i-1}, u_i] \otimes [w_{j-1}, w_j]$。$R_{ij}$ 的两条邻边长分别为

$$h_i = u_i - u_{i-1}, i = 1, 2, \cdots, n \tag{4.3.4}$$

$$g_j = w_j - w_{j-1}, j = 1, 2, \cdots, m \tag{4.3.5}$$

直线 $u = u_i (i = 0, 1, 2, \cdots, n)$ 和直线 $w = w_j (j = 0, 1, 2, \cdots, m)$ 称为 Δ 分割的两族网格线,网格线的交点 (u_i, w_j) 称为 Δ 分割的节点,共有 $(n+1) \times (m+1)$ 个节点。

凡在 R 域上满足下述条件的函数 $X(u, w)$,称为双三次样条函数。

(1)每个子矩形域 R_{ij} 上,$X(u, w)$ 关于 u 和 w 都是三次多项式函数,即

$$X(u, w) = \sum_{e, f = 0}^{3} B_{ef}^{ij} (u - u_{i-1})^e (w - w_{i-1})^f \tag{4.3.6}$$

(2)整个 R 域上,函数 $X(u, w)$ 的偏导数

$$\frac{\partial^{(\alpha + \beta)} X(u, w)}{\partial u^\alpha \partial w^\beta}, \alpha, \beta = 0, 1, 2 \tag{4.3.7}$$

是连续的,简记为

$$X(u, w) \in C_2^4(R) \tag{4.3.8}$$

(3)给定一组数列 $\{x_{ij}\}$,$i = 0, 1, 2, \cdots, n, j = 0, 1, 2, \cdots, m$,$X(u, w)$ 在节点处满足插值条件:

$$X(u_i, w_j) = x_{ij} \tag{4.3.9}$$

4.3.2 Coons 曲面

如上所述,一个双三次曲面片是由参数空间相互正交的两组曲线集组成的,这两组曲线集分别由参数 u 及 v 来定义。一组曲线包括 $u = 0$、$u = 1$ 这两条边界曲线,以及无穷多条 $u = u_i$ 决定的中间曲线。与此类似,另一组曲线包括 $v = 0$、$v = 1$ 这两条边界曲线,以及无穷多条 $v = v_j$ 决定的中间曲线。采用 B 样条参数曲线的构造方法,B 样条参数曲面在自由曲面造型中广泛应用。而在造船业,船体表面除规则曲面外,还有单曲、双曲等更复杂的自由曲面,很难用数学函数表达整张曲面。Coons 曲面结合分片技术及参数方法,简化了船体自由曲面的构造。

双三次曲面片的代数形式如下:

$$P(u, w) = \sum_{i=0}^{3} \sum_{j=0}^{3} a_{ij} u^i w^j, u, w \in [0, 1] \tag{4.3.10}$$

式中:a_{ij} 为代数系数,也是空间中给定的 $(n+1) \times (m+1)$ 个网格点,通常称为 $P(u, w)$ 的控制顶点。

$$P(u, w) = a_{33} u^3 w^3 + a_{32} u^3 w^2 + a_{31} u^3 w + a_{30} u^3 + a_{23} u^2 w^3 + a_{22} u^2 w^2 + a_{21} u^2 w +$$
$$a_{20} u^2 + a_{13} u w^3 + a_{12} u w^2 + a_{11} u w + a_{10} u + a_{03} w^3 + a_{02} w^2 + a_{01} w + a_{00}$$

$$\tag{4.3.11}$$

这 16 项定义了曲面片上的所有点。因每个 a_{ij} 有三个分量 (x,y,z)，所以共有 48 个代数系数或有 48 个自由项。代数式的矩阵形式为

$$\boldsymbol{P} = \boldsymbol{UAW}^{\mathrm{T}}, \boldsymbol{U} = [u^3 \ u^2 \ u \ 1] \tag{4.3.12}$$

$$\boldsymbol{W} = [w^3 \ w^2 \ w \ 1] \tag{4.3.13}$$

$$\boldsymbol{A} = \begin{bmatrix} a_{33} & \cdots & a_{30} \\ \vdots & & \vdots \\ a_{03} & \cdots & a_{00} \end{bmatrix} \tag{4.3.14}$$

将式的代数形式用相应的几何形式表示，由曲面片的四个角点和八个切矢，可得到双三次曲面片的边界曲线为

$$\boldsymbol{P}_{u0} = F[P_{00} \ P_{10} \ P_{00}^u \ P_{10}^u]^{\mathrm{T}} \tag{4.3.15}$$

$$\boldsymbol{P}_{u1} = F[P_{01} \ P_{11} \ P_{01}^u \ P_{11}^u]^{\mathrm{T}} \tag{4.3.16}$$

$$\boldsymbol{P}_{0w} = F[P_{00} \ P_{01} \ P_{00}^w \ P_{01}^w]^{\mathrm{T}} \tag{4.3.17}$$

$$\boldsymbol{P}_{1w} = F[P_{10} \ P_{11} \ P_{10}^w \ P_{11}^w]^{\mathrm{T}} \tag{4.3.18}$$

四个角点处的扭矢是 $\dfrac{\partial^2 P(u,w)}{\partial u \partial w}$，$P_{00}^{uw}$ 是在 $u=0$、$w=0$ 处的二阶偏导数；P_{10}^{uw} 是在 $u=1$、$w=0$ 处的二阶偏导数；P_{01}^{uw} 是在 $u=0$、$w=1$ 处的二阶偏导数；P_{11}^{uw} 是在 $u=1$、$w=1$ 处的二阶偏导数。

从式(4.3.11)可知，$P(u,w)$ 的混合偏导数为

$$\frac{\partial^2 P(u,w)}{\partial u \partial w} = 9a_{33}u^2w^2 + 6a_{32}u^2w + 3a_{31}u^2 + 6a_{23}uw^2 + \\ 4a_{22}uw + 2a_{21}u + 3a_{13}w^2 + 2a_{12}w + a_{11} \tag{4.3.19}$$

则相应角点的扭矢为

$$P_{00}^{uw} = a_{11} \tag{4.3.20}$$

$$P_{10}^{uw} = 3a_{31} + 2a_{21} + a_{11} \tag{4.3.21}$$

$$P_{01}^{uw} = 3a_{13} + 2a_{12} + 2a_{11} \tag{4.3.22}$$

$$P_{11}^{uw} = 9a_{33} + 6a_{32} + 3a_{31} + 6a_{23} + 4a_{22} + 2a_{21} + 3a_{13} + 2a_{12} + a_{11} \tag{4.3.23}$$

由式(4.3.11)也可得到边界曲线的 12 个矢量：

$$P_{00} = a_{00} \tag{4.3.24}$$

$$P_{10} = a_{30} + a_{20} + a_{10} + a_{00} \tag{4.3.25}$$

$$P_{01} = a_{03} + a_{02} + a_{01} + a_{00} \tag{4.3.26}$$

$$P_{11} = a_{33} + a_{32} + a_{31} + a_{30} + a_{23} + a_{22} + a_{21} + a_{20} + \\ a_{13} + a_{12} + a_{11} + a_{10} + a_{03} + a_{02} + a_{01} + a_{00} \tag{4.3.27}$$

$$P_{00}^u = a_{10} \tag{4.3.28}$$

$$P_{00}^w = a_{01} \tag{4.3.29}$$

$$P_{10}^u = 3a_{30} + 2a_{20} + a_{10} \tag{4.3.30}$$

$$P_{10}^w = a_{31} + a_{21} + a_{11} + a_{01} \tag{4.3.31}$$

$$P_{01}^u = a_{13} + a_{12} + a_{11} + a_{10} \tag{4.3.32}$$

$$P_{01}^w = 3a_{03} + 2a_{02} + a_{01} \tag{4.3.33}$$

$$P_{11}^u = 3a_{33} + 3a_{32} + 3a_{31} + 3a_{30} + 2a_{23} + 2a_{22} + \\ 2a_{21} + 2a_{20} + a_{13} + a_{12} + a_{11} + a_{10} \tag{4.3.34}$$

$$P_{11}^w = 3a_{33} + 2a_{32} + a_{31} + 3a_{23} + 2a_{22} + a_{21} + 3a_{13} + \\ 2a_{12} + a_{11} + 3a_{03} + 2a_{02} + a_{01} \tag{4.3.35}$$

利用角点信息和调和函数定义边界曲线与跨界切矢,满足 16 个插值条件的双三次 Coons 曲面定义如下:

$$P(u,w) = [F_1(u) \ F_2(u) \ F_3(u) \ F_4(u)] \begin{bmatrix} P_{00} & P_{01} & P_{00}^w & P_{01}^w \\ P_{10} & P_{11} & P_{10}^w & P_{11}^w \\ P_{00}^u & P_{01}^u & P_{00}^{uw} & P_{01}^{uw} \\ P_{10}^u & P_{11}^u & P_{10}^{uw} & P_{11}^{uw} \end{bmatrix} \begin{bmatrix} F_1(w) \\ F_2(w) \\ F_3(w) \\ F_4(w) \end{bmatrix} \tag{4.3.36}$$

把上述各式写成矩阵形式,从而有

$$P(u,w) = F(u) C F(w)^{\mathrm{T}} \tag{4.3.37}$$

∵ $F(u) = UM, F(w) = WM$

∴ $P = UMCM^{\mathrm{T}}W^{\mathrm{T}}$

令 $A = MCM^{\mathrm{T}}, C = M^{-1}AM^{\mathrm{T}-1}$

A 为代数系数,C 为几何系数。

在 Coons 曲面的生成和表示中,调和函数 $F_1(u)$、$F_2(u)$、$F_3(u)$、$F_4(u)$ 起着重要的作用。矩阵左上角的四个元素是角点,左下角的四个元素是 u 的切矢,右上角的四个元素是 w 的切矢,右下角的四个元素是扭矢。它们的功能是将给定的四个端点向量加权平均,产生一条曲线段,或者把四条给定的边界曲线"混合"起来生成一张曲面。

4.3.3 B 样条曲面

基于 B 样条曲线的定义和性质,可以得到 B 样条曲面的定义。给定 $(m+1) \times (n+1)$ 个空间点列 $P_{ij}, i=0,1,\cdots,m; j=0,1,\cdots,n$,又分别给定参数 u 和 w 的次数 k 和 l 及两个节点向量:

$$U = [u_0, u_1, \cdots, u_{m+k+1}], W = [w_0, w_1, \cdots, w_{n+l+1}] \tag{4.3.38}$$

则

$$S(u,w) = \sum_{i=0}^{m} \sum_{j=0}^{n} P_{i,j} N_{i,k}(u) N_{j,l}(w) \tag{4.3.39}$$

定义了 $k \times l$ 次 B 样条曲面,$N_{i,k}(u)$ 和 $N_{j,l}(w)$ 是 k 次和 l 次的 B 样条基函数,u 和 w

为 B 样条基函数 $N_{i,k}(u)$ 和 $N_{j,l}(w)$ 的节点参数，由 $P_{i,j}$ 组成的空间网格称为 B 样条曲面的特征网格。上式也可以写成如下的矩阵形式：

$$S_{r,s}(u,w) = U_k M_k P_{kl} M_l^T W_l^T, r \in [0, m-k], s \in [0, n-k] \quad (4.3.40)$$

其中 $(r+1)$、$(s+1)$ 分别表示在 u、w 参数方向上曲面片的个数。

$$U_k = [u^k, u^{k-1}, \cdots, 1], W_l = [w^l, w^{l-1}, \cdots, w, 1] \quad (4.3.41)$$

$$P_{kl} = [p_{i,j}], i \in [r, r+k], j \in [s, s+l] \quad (4.3.42)$$

式中：P_{kl}——某一个 B 样条曲面片的控制点编号。

对于双三次 B 样条曲面：

$$M = \frac{1}{6} \begin{bmatrix} -1 & 3 & -3 & 1 \\ 3 & -6 & 3 & 0 \\ -3 & 0 & 3 & 0 \\ 0 & 4 & 1 & 0 \end{bmatrix} \quad (4.3.43)$$

可见，定义在 $k \times l$ 次的 B 样条曲面片仅与控制顶点阵列中的 $(k+1) \times (l+1)$ 个顶点有关，而与其他顶点无关。另外，B 样条曲面是由 $(m-k+1)(n-l+1)$ 个 B 样条曲面片拼接而成的，每两相邻曲面片间都自然达到了参数连续 C^{m-r} 或 C^{n-r}，r 是对应节点的重复度。常用的双三次 B 样条曲面如内节点的重复度均为 1 时，每两相邻曲面间都自然达到了 C^2 连续。

4.4 几何造型技术

几何造型技术又称为几何建模技术，是利用计算机以及图形处理技术来模拟物体的动、静态处理过程的技术，将物体的形状及其属性（颜色、材质、精度）存储在计算机内，形成该物体的三维几何模型，这个模型是对原物体确切的数学描述或是对原物体某种状态的真实模拟。这个模型将为各种不同的后续应用提供信息，例如：由模型产生有限元网格；由模型生成数控加工刀具轨迹，进行碰撞、干涉检验；由模型生成 VM、机床模型、刀具模型、夹具模型和零件模型。

通常把能够定义、描述、生成几何模型，并能交互地进行编辑的系统称为几何造型系统。

4.4.1 表示形体的模型

几何造型系统发展至今，先后出现了线框模型、表面模型、实体模型、特征模型等，这几种模型代表了几何形体在计算机内的不同存储方式，本节从工程角度出发，介绍这几种模型的原理与计算机表达。

1. 线框模型

线框模型易于理解，是表面模型和实体模型的基础。

线框模型是用顶点和棱边表示三维形体,其棱边可以为直线、圆弧、二次曲线及样条曲线。其计算机表示包括两方面的信息:一类是几何信息,记录各顶点的坐标值,即顶点表;另一类是拓扑信息,记录定义每条边的两个端点,即棱线表。实际物体是顶点表和棱线表相应的三维映像,其数据结构如图 4.4.1 所示。

线框表示形式是用直线或曲线段表示形体的边界,早在 20 世纪 60 年代就已采用,当时主要用于二维的绘图功能,如图 4.4.2 所示。随着三维立体造型技术的发展,线框表示形式存在如下弱点:

(1)可能会产生二义性的图形。

(2)在数据结构中缺少边与面、面与体之间关系的信息,易产生无意义的图形,不能反映图形和实物之间的关系。从原理上讲,此种模型不能消除隐藏线、计算物性、生成数控加工刀具轨迹、有限元网格剖分、物体干涉检验等。

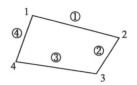

图 4.4.1 线框模型的数据结构原理

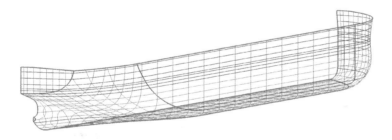

图 4.4.2 PIAS 线框造型

2. 表面模型

其数据结构是在线框模型的基础上再附加指针,使棱线有序地连接,其结构如图 4.4.3 所示(表面编号表示是第几个表面;表面特征是反映平面还是曲面)。

图 4.4.3 增加了指针的数据结构型

表面模型是用有连接顺序的棱边围成的有限区域来定义形体的表面,再用扫描或旋转等方法变成曲面定义形体。表面可以是平面,也可以是柱面、球面等类型的二次曲面,还可以是样条曲面构成的自由曲面。

表面模型是在线框模型的基础上,增加有关面边信息以及表面特征、棱边的连接方向等内容,记录边、面间的拓扑关系如图 4.4.4 所示。

图 4.4.4　PIAS 曲面造型

表面模型可满足消隐、着色、表面积计算、曲面求交及数控加工等的要求。

表面模型是将有向棱边围成型体的表面,用面的集合表示形体的模型,形体的边界全部可以定义,但形体的实心部分在边界的哪一侧是不明确的。

3. 实体模型

若要计算机处理完整的三维形体,最终必须使用实体模型,它与上述的表面模型的不同之处在于其解决了表面的哪一侧存在实体这个问题。在表面模型的基础上,可用三种方法来定义表面的哪一侧存在实体,如图 4.4.5 所示。

(1)给出实体存在一侧的一点。

(2)直接用表面的外法矢来指明实体存在的一侧。

(3)用有向棱边隐含地表示表面的外法矢方向,该方法被 CAD 系统广泛采用。

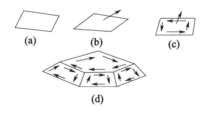

图 4.4.5　用表面定义边界后,实体模型中实体存在哪一侧的表示方法

根据实体模型,可以进行物性计算(如体积、质量、惯量)、有限元分析等应用。实体模型如图 4.4.6 所示。

图 4.4.6　PIAS 三维实体模型

4.4.2 形体的定义和性质

形体在计算机内通常采用五层拓扑结构来定义,如果考虑形体的外壳,则为六层结构,如图 4.4.7 所示,定义均在三维欧几里得空间 R 中进行。以下是定义形体所要用到的基本概念。

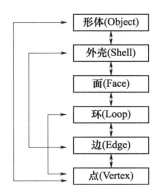

图 4.4.7　形体定义的层次结构

(1) 体。体是由封闭表面围成的三维几何空间。

(2) 面。面是形体表面的一部分,是平面(平面方程来描述)或曲面(隐式、显式或参数形式的曲面方程来描述)且具有方向性。面的方向用垂直于面的法矢表示,法矢向外为正向面,它由一个外环和若干个内环界定其有效范围,面可以无内环,但必须有外环。

(3) 环。由有序、有向边组成的面的封闭边界称为环,环又分为内环和外环。环中各条边不能自交,相邻两条边共享一个端点,环有内外之分。内环是在已知面中的内孔或凸台面边界的环,其边按顺时针走向;外环是已知面的最大外边界的环,其边按逆时针走向。

(4) 边。边是形体两个相邻面的交界,可为空间直线或曲线。一条边有两个端点定界,分别称为该边的起点和终点。

(5) 点。点用三维坐标表示,是几何造型中最基本的元素,包括端点、交点、切点和孤立点等。

(6) 体素。体素是有限个尺寸参数定义的体,如长方体、圆柱体、圆锥体、球体、棱柱体、圆环体等,也可以是一些扫描体或回转体。

(7) 壳。外壳是指在观察方向上所能看到的形体的最大外轮廓线。

(8) 几何信息。用来表示上述元素的几何性质和度量关系。

(9) 拓扑信息。用来表示上述各元素之间的连接关系。

(10) 欧拉形体。凡是满足欧拉公式 $V - E + F = 2$ 的形体称为欧拉形体,其中 V 为形体的顶点数,E 为边数,F 为面数。增加或删除点、边、面产生一个新的欧拉形体的处理叫作欧拉运算,这种运算提供了构造形体的合理方法。

4.4.3 实体几何造型方法

对于几何造型系统,不同的目的可采用不同的表示形式。下面介绍几种几何造型中常用的表示形式。

1. 参数形体及其调用形式

由于制造业中成组技术的发展,零件可以按族分类,这些族类零件可用几个关键参数来表示。对这些规范化的几何形体作变比或者定义不同的参数值,将可产生不同的形体。建立标准件或常用件图形库时,时常采用这种方法。

2. 单元分解形式

将形体分解为一系列单元,然后表示这些单元及其相互间的连接关系,如图4.4.8所示。将形体空间细分为小的均匀的立方体单元,用三维数组$C[I][J][K]$表示物体,数组中的元素与单位小立方体对应。当$C[I][J][K]=1$时,表示对应的小立方体被物体占据;当$C[I][J][K]=0$时,表示对应的小立方体没有被物体占据。

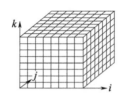

图4.4.8 立方体分解空间

单元分解通常用在结构分析中,尤其是用在有限元分析中。单元分解以固定形状(如正方形、立方体等)有规则地分布在空间网格位置上,这样,一个形体就可以是这些具有邻接关系的固定形状单元的集合,单元的大小决定单元分解形式的精度。这种单元分解有两个优点:易于存取给定点,且保证空间的唯一性。但也有缺点,如形体的各部分之间的关系不明确,就需要大量存储空间。根据基本单元的形状,又分为四叉树、八叉树、多叉树分解等情况。

3. 扫描变换表示形式

扫描变换表示是基于一个点、一条曲线、一个表面或一个形体沿某路径运动而产生形体。常用方法包括平移扫描法、旋转扫描法和蒙皮法。平移扫描法是将二维图形沿某一轨迹移动构造三维形体的方法。旋转扫描法是将二维图形绕某一轴线旋转构造三维形体的方法。而将二维图形沿任意曲线移动同时调整二维图形的尺寸甚至形状,这种构造三维形体的方法称为蒙皮法。

4. 构造实体几何法

构造实体几何法(Constructive Solid Geometry,CSG),是用简单实体通过集合运算交、并、差构造复杂实体的方法。严格来说,CSG法是由简单的正则集合,经过正则集合运算构成复杂实体的方法。用 CSG 法构造的实体模型,在计算机中是通过用 CSG 树的形式加以表达的,通常采用二叉树的形式加以描述。简单形体称为体素。常用的造型体素有长方体、圆柱体、球、圆锥、圆环、楔、棱锥等。此外,还可通过前述扫描法的表示形式作为输入来产生新的体素。

在实际应用中,往往把 CSG 法与下面将要介绍的边界表示法相结合。

5. 边界表示形式

边界表示法(Boundary Representation,B – rep),是以边界为基础定义和描述几何形体的方法。任何一个物体均可以表达为一个有限数量的边界表面的集合,这个集合是封闭的,边界表面由一组面构成。这些表面可能是平面,也可能是曲面,均有方向,明确地划分出物体的里面和外面。每个面由封闭的环确定其边界,每个环由一组边组成,每条边由两个顶点所界定,每个顶点由空间三个坐标值来确定,即按照物体、面、封闭环、边、点的层次,详细记录构成型体的所有几何元素的几何信息及其相互连接的拓扑关系。

4.4.4　特征造型法

随着 CAD/CAM 技术集成化的需要和设计自动化技术的提出,人们迫切需要一种更能完整描述几何实体的实体造型技术(几何信息、拓扑信息、工艺信息),特征造型技术正是为满足这一要求而提出来的。

应用特征造型技术具有很大的意义,它使实体赋于生命的特征,使产品设计工作在更高的层次上进行,设计人员的操作对象不再是原始的线条和体素,而是产品的功能要素,如螺纹孔、定位孔、倒角等。特征的引用直接体现了设计意图,使得建立的产品模型更容易理解和组织生产,设计的图样也更容易修改。它有助于加强产品设计、分析、工艺准备、加工、检验各部门间的联系,更好地将产品的设计意图贯彻到各个后续环节并及时得到其意见反馈,为开发新一代的基于统一产品信息模型的 CAD/CAPP/CAM 集成系统创造前提;它有助于推动行业内的产品设计和工艺方法的规范化、标准化和系列化,使得产品设计中及早考虑制造要求,保证产品结构有良好的工艺性;它将推动各行业实践经验的归纳、总结,从中提炼出更多规律性知识,以此丰富各种领域专家系统的规则库和知识库,促进智能 CAD 系统和智能制造系统的逐步实现。

1. 牛顿插值有哪些优点?
2. 埃尔米特插值公式与拉格朗日插值公式的构造方法有什么相同点和不同点?
3. 简述累加弦长参数样条曲线的构造方法。
4. 最小二乘法拟合曲线的步骤是什么?
5. 已知实验数据如下表所示,用最小二乘法求形如 $y = a + bx^2$ 的经验公式,并计算均方差误差。

i	0	1	2	3	4
x_i	19	25	31	38	44
y_i	19	32.3	49	73.3	97.8

6. 列举 B 样条的三种表达形式,说明各参数的意义。

7. 列出二次、三次 B 样条曲线的代数及几何表达形式,说明各参数意义。

8. 简述 B 样条曲线的性质。

9. 推导 B 样条基函数递推公式的计算过程。

10. 理解 B 样条的反算问题的解法。

11. 理解 NURBS 曲线的节点向量定义。

12. 理解 NURBS 曲线的节点插入算法。

13. 简述 NURBS 曲线 De－Boor 算法的几何意义。

14. 简述双三次 Coons 曲面的构成方法。

15. 简述 B 样条曲面的构成方法。

16. 简述几何造型技术包括哪些模型,各有何联系和区别。

17. 简述几何造型中有哪些常用的表示形式及各自特点。

18. 简述特征造型法的特点。

第五章 计算机辅助船舶总体设计

作为一种可移动的水上建筑物,船舶是由许许多多的子系统组成的一个大系统,各个系统之间既相互独立,又彼此关联。本章在简要介绍船舶总体设计的基本特点、阶段划分和相关计算机辅助设计软件的基础上,重点介绍船舶总体设计的主要任务,具体包括船舶主尺度的确定、船舶重量和容量的确定、船舶线型设计、船舶总布置和船舶性能计算校核。通过本章学习,力求掌握并理解船舶总体设计的基本任务,并能运用相关计算机辅助设计软件开展初步设计。

5.1 概 述

5.1.1 总体设计的任务及特点

狭义上讲,总体设计的任务主要包括主尺度确定、总布置设计、型线设计、各项性能计算等。广义上讲,总体设计也承担着与结构、舾装、轮机、电气等各系统协调的角色,相互关系如图5.1.1所示,需要统筹兼顾,权衡各主要功能和次要功能,从而达到最佳设计方案。总体设计对项目最终设计成败起着举足轻重的作用,因此在整个过程中需要贯彻系统工程的思想,时刻关注包括功能性、经济性、安全性、可靠性、节能环保性等预期的各项指标,同时不断地协调主要矛盾和次要矛盾。这就需要总体设计师不但要精通本专业的知识,也需要对其他各专业的知识的掌握达到一定的深度,同时具有开拓的思维,包括不断地学习最新科技并跟踪其发展趋势。

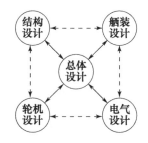

图 5.1.1 船舶设计关系框图

5.1.2 总体设计的阶段划分

船舶设计阶段一般可分为初步设计、详细设计、生产设计。根据船型的不同,初步设计往往又可分为概念设计、报价设计、合同设计。对于客船、工程船等船型,船东可能对自己所需要的船舶的功能、定位等不是十分清晰,这就需要进行概念设计,在这一阶段往往需要总体设计师联合船东完成意向船舶的初貌。如果项目比较复杂、涉及的面比较广(如涉及码头重建、国家政策等),往往会结合可行性研究一起进行。报价设计通常需要完成初步总布置图及简要规格书,包括主要的性能指标及设备型号,供船厂报价。合同设计是对报价设计提出的各项指标的进一步细化确认,最终通过签订船舶技术规格书来完成本阶段的工作,该规格书覆盖了目标船所有的技术指标、设备配备、工艺要求等,作为下一步详细设计的依据。船舶建造完成后,通常会通过倾斜试验、试航试验等来验证初步设计所设定的指标,并完成船东及船级社要求的完工文件,完成船舶的交付。因此也可以说船舶设计是以总体开头、并以总体结尾的一项系统工程。

船舶设计是多目标、多参数、多约束条件下的求解和优化问题,也是通过各个设计阶段不断地迭代和修正的过程,如图 5.1.2 所示。对于总体设计来说,最为重要的是初步设计,因为 80% 以上的设计指标取决于初步设计,一旦初步设计完成,后期很难再去做太大的修补。

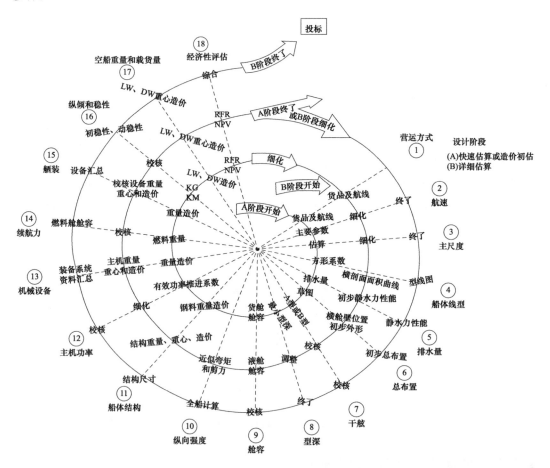

图 5.1.2　船舶设计螺旋图

5.1.3 总体设计软件

总体设计的内容有众多的书籍对此加以阐述,这里不再做过多的论述。本章重点针对总体设计涉及内容中需要计算机辅助的、当前计算机可以实施的和能够达到的程度加以阐述。

对于主尺度确定、重量估算、总布置设计,目前总体初步设计阶段最常用的软件仍是电子表格 EXCEL 和绘图软件 AutoCAD,结合其提供的 VBA、AutoLisp 等二次开发手段,可以解决大多数问题。对于稳性、快速性、耐波性、操纵性等专业领域,业界常用软件如表 5.1.1 所示。

表 5.1.1 船舶总体常用的设计软件

专业领域	软件名称	所属国家	可解决的问题
稳性	NAPA	芬兰	船壳建模及稳性计算,以及运动和阻力预测、结构建模及分析等
	MAXSURF	澳大利亚	船壳建模及稳性计算,以及运动和阻力预测、结构建模等
	Tribon	瑞典	船壳建模及稳性计算,主要侧重于三维生产设计
	COMPASS	中国	船壳建模及稳性计算,以及各种规范校核小程序
阻力	NAPA	芬兰	船壳建模,基于经验公式的阻力计算
	CAESES	德国	参数化船壳建模及自动变换
	Shipflow	瑞典	兴波阻力计算、黏压阻力计算、总阻力计算及流场可视化
	STAR CCM+	德国	总阻力计算及流场可视化
螺旋桨	NX	德国	建模格式丰富,二次开发强大,可直接用于加工制造
	PROE	美国	建模通用性强,建模逻辑清晰
	QCM	德国	性能分析高效、准确,但应用范围较窄
	STAR-CCM+	德国	性能分析准确,应用广泛,行业认可度高,但效率相对不高
	Patran & Nastran	美国	强度计算,行业认可度高,通用性强,前处理功能灵活性欠佳,支持二次开发
耐波性	Hydrostar	法国	势流
	SESAM	挪威	势流
	Fluent	美国	黏流
	STAR-CCM+	德国	黏流
	NUMECA	比利时	黏流
	OpenFOAM	开源	黏流
操纵性	ShipX-Maneuvering	挪威	操纵性数学模型
	SHIPMA	荷兰	操纵性数学模型
	STAR-CCM+	德国	计算流体动力学
	FLUENT	美国	计算流体动力学
	NUMECA	比利时	计算流体动力学

5.2 船舶主尺度的确定

5.2.1 主尺度粗估

一艘船的设计通常需根据任务书进行主尺度等相关主体要素估算。

对于载重量型船舶,首先根据载重量确定排水量,然后根据排水量初步拟定主尺度。在拟定主尺度时,应当将各方面对船长、船宽、吃水等尺度的限制约束条件考虑进去,随后初步校核各项性能。初期可通过回归公式来粗估主尺度,例如依据现役中小型化学品船的主尺度数据,可拟合得到"载重量–船长"公式,然后结合船东提出的载重量DWT,可初步选取需要的船长 L_{pp},即

$$\begin{cases} L_{PP} = 23.6\ln(\text{DWT}) - 104.8 & \text{DWT} < 10000 \\ L_{PP} = 2 \times 10^{-12}\text{DWT}^3 - 2 \times 10^{-7}\text{DWT}^2 + 8.5 \times 10^{-3}\text{DWT} + 44.75 & 10000 \leqslant \text{DWT} < 30000 \\ L_{PP} = 151.8e^{3E-06\text{DWT}} & 30000 \leqslant \text{DWT} < 50000 \end{cases}$$

(5.2.1)

对于布置型船舶,主尺度粗估通常结合总布置草图一同进行,根据载运能力(如集装箱数、车辆数、乘员人数)或容量(如总吨)结合回归公式或经验公式初步确定船长、船宽与型深,之后估算排水量,根据快速性等要求确定吃水和方形系数,随后初步校核各项性能。图5.2.1和图5.2.2为邮轮"总吨–总长"及"总吨–空船重量"关系的回归曲线,从相关系数 R^2 可看出参数之间具有较高的相关度,因此可用于设计初期主尺度的估算。

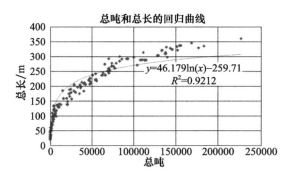

图 5.2.1 邮轮"总吨–总长"回归曲线

专业的航运服务公司(如 Clarkson、IHS Fairplay),已将目前全球绝大部分商船(包括在役及新下单船舶)和港口的主要信息制成了数据库。通过 IHS Fairplay 提供的软件 World Register of Ship,可以查询具有 IMO 登记号船舶的主尺度、载重量、航速、主辅机配置等主要参数;部分船级社的官方网站也可以查询入级船舶的部分信息,如图 5.2.3 为

CCS的船舶录。基于海量的最新数据,一方面大大增强了上述提到的回归分析方法的可靠性,另一方面也可以基于某型最优秀的船舶进行估算及优化。

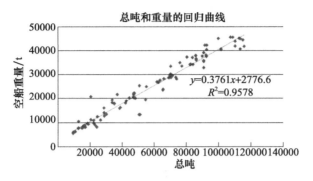

图 5.2.2　邮轮"总吨－空船重量"回归曲线

船舶登记号/船检号	19G8013	船名(中文)	中华复兴
船名(英文)	ZHONG HUA FU XING	船舶呼号	BOBW8
IMO No.	9849875	曾用名	
船旗国	China	船籍港	Yantai
船东	Bohai Ferry Group Co., Ltd.	管理公司	Bohai Ferry Group Co., Ltd.
船舶类型及用途	RO－RO Passenger Ship	下次特检日期	2024－10－31
总吨位	44403	净吨位	
载重吨	9356	船舶总长	212

图 5.2.3　CCS 船舶录

克拉克森航运数字服务,还会定期发布新造船的发展趋势报告等(图 5.2.4),这为新船型的研发带来了极大的方便,如设计方可以根据市场需求主动向船东推出新一代的船型,也就是所谓的"正向研发"。

中国造船概况,截至2020年11月1日											
	新签订单								手持订单		
	2019				2020年初至今				2020年11月		
	数量	百万载重吨	十亿美元	全球占比	数量	百万载重吨	十亿美元	全球占比	数量	百万载重吨	十亿美元	全球占比
总数	471	31.1	22.8	42%	251	16.4	9.7	52%	1,244	70.4	58.0	47%
散货船	165	18.3	5.7	60%	94	7.1	2.5	78%	339	36.0	11.0	63%
油轮	101	6.9	3.5	26%	66	5.9	2.6	38%	238	18.1	8.7	36%
集装箱船	60	3.2	2.7	40%	32	2.0	1.5	81%	169	8.9	7.0	45%
气体船	23	0.8	1.6	11%	14	0.7	1.3	20%	50	2.0	4.2	13%
海工装置~	26	1.1	5.7	99%	5		0.9		218	2.7	16.5	75%
其他	96	0.8	3.5	52%	40	0.8	0.8	86%	230	2.7	10.5	66%
交付量	616	37.7	19.4	38%	427	31.2	14.0	42%				

%Global in dwt terms. ~Offshore includes 'ship-shaped' offshore units only; for more detailed coverage of the full range of offshore sectors see Offshore Yard Monitor

图 5.2.4　克拉克森航运信息周刊－中国版

5.2.2 主尺度调整

主尺度初步确定后,在后续设计中还会根据需求不断地调整,在满足规范和船东要求的基础上,选择经济性最佳的方案。

主尺度调整通常结合总布置设计和性能计算进行。例如某滚装船经过总布置校核,会稍微增加船长来满足船东需要的车道总长度;根据阻力计算结果略微减少方形系数来达到所要求的航速;通过稳性计算的结果微调船宽来满足规范要求的破舱稳性等。

对于运输船,设计前期往往需进行船型经济性论证,主尺度的选择也会结合论证过程,采用参数分析法、正交设计法、层次分析法、模糊综合评判法等来进行。具体采用的算法有神经网络遗传算法(Neural Network Genetic Algorithm, NNGA)、退火算法(Anneal Arithmetic)、支持向量机算法(Support Vector Machine, SVM)等,这些算法都相对成熟且均已软件编程实现。

另外,主尺度选择还需要注意航道、港口、坞位等对船舶尺度的限制,例如巴拿马运河、苏伊士运河、基尔运河等对过泊船舶的尺度均有一定的要求(图5.2.5)。这些限制条件可以通过官方网站查询,也可以通过航运信息数据库来检索,例如,通过 IHS Maritime Ports & Terminals Guide 可查询各个港口的各个泊位尺度、水深、潮差、岸吊、拖轮等情况。

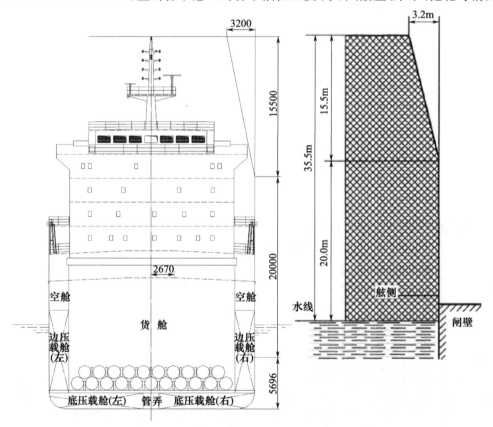

图 5.2.5 圣劳伦斯运河对尺度的限制

5.3 船舶重量和容量的确定

5.3.1 空船重量的确定

1. 空船重量估算方法

船舶重量包含空船重量和载重量。载重量包括载货量及油水等,一般在设计任务书中会直接或间接给出(如通过指定续航力、自持力来限定燃油和淡水)。空船重量包括结构重量、内外舾装重量、机电设备重量等。

空船重量的估算对总体设计来说,是一项非常重要且难度较大的工作,误差较大会影响航速、载重量等合同指标,甚至可能出现船舶无法交付的严重后果。

空船重量的估算与主尺度类似,通常基于经验公式、回归公式进行估算。对于结构重量,平方数法和修正的立方数法最为常用。式(5.3.1)是 d'Almeida 于 2009 年提出的集装箱船船体重量估算公式;对于主机重量,与装机功率 P_B 有较强的关联性,式(5.3.2)为中速机干重公式;对于内装重量(包括舱壁隔板、甲板辅料、家具等),表 5.3.1 给出了不同区域单位面积的内装重量范围。

$$W_H = 0.0293 \cdot L_S^{1.76} \cdot B^{0.712} \cdot D^{0.374} \tag{5.3.1}$$

$$W_{DE} = 0.009 \cdot P_B + 5.63 \tag{5.3.2}$$

表 5.3.1 不同区域单位面积的内装重量范围

处所	单位面积重量/(kg/m²)	处所	单位面积重量/(kg/m²)
旅客舱室 4 人间	65.3~72.2	私人卫生间	44.4~50.1
旅客舱室 2 人间	67.6~74.7	公共卫生间	38.9~43.0
坐席舱	68.6~75.8	沙龙-咖啡吧	46.6~51.5
船员舱室	44.9~49.6	自助餐厅	31.5~34.8
官员舱室	64.6~71.4	商店	56.5~62.4
接待室	28.8~31.8	—	—

需要特别注意的是,随着船舶设计技术、工艺水平、材料性能的不断提升以及船型特点的变化,前人总结的经验公式可能已经不适用于当前情况,因此不应轻易套用。设计师应根据近年来的实船数据,对经验公式中的各项系数进行调整或重新回归,这样才能得到较为可靠的结果。

2. 计算机辅助重量估算和管理

船舶设计中后期的主要工作,是对前期预估重量的统计计算和监控管理,包括根据结果进行设计修正和优化,这些都可以使用诸多辅助设计软件来完成。

重量统计计算方面,详细设计阶段可通过诸如 NAPA Steel、PIAS 等软件对船体进行三维建模来获得较估算更准确的结构重量(图 5.3.1);生产设计阶段,可以通过 Tribon、CADMATIC 等软件进行更为细致的放样来统计结构、管系和电缆等的重量。

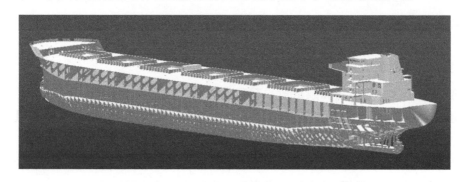

图 5.3.1　某 10 万吨级散货船 NAPA Steel 模型

从详细设计开始直至交船,通常采用电子表格对重量进行时时的跟踪。表格一般分 3~4 个层级,如空船重量的汇总表、各专业的汇总表、各专业的细项表等(图 5.3.2)。重量跟踪过程中,如发现超过警戒值(如空船重量上限)应立刻采取措施,包括对结构重量进行深入优化、采用轻质材料等。

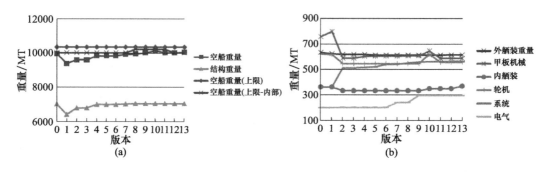

图 5.3.2　电子表格法跟踪船舶总重量(a)及各专业重量(b)

重量监控管理方面,可以采用电子表格或其他专业软件来实现。ShipWeight 是一款专业的船舶重量管理软件,主要用于重量的估算和监控,可以通过图形化表格化的形式对当前重量重心的状态给出实时显示和提醒,比较适合海洋平台、豪华邮轮等对重量重心较敏感的船舶的详细设计和生产设计。相较于电子表格,其优点是对空船重量的各个分项已做好了详细的分类,用户不必再去考虑如何分项。此外,该软件也提供了大量的重量估算方法,但前提是数据库中已经录入了一定数量的船舶数据(图 5.3.3)。

5.3.2　船舶容量的确定

1. 船舶舱容

船舶设计初期一般只计算货舱和液舱的舱容,主要包括不同装载量下的体积、体积心和自由液面惯性矩等要素。舱容是设计任务书要求的重要内容之一，如液货船的货舱容积未达到规格书的要求会被罚款甚至被弃船。此外，部分布置型船舶，如汽车运输船、海工作业船等，通常会以有效甲板面积（代表装车数量或作业区的有效面积）作为"舱容"的考核指标。

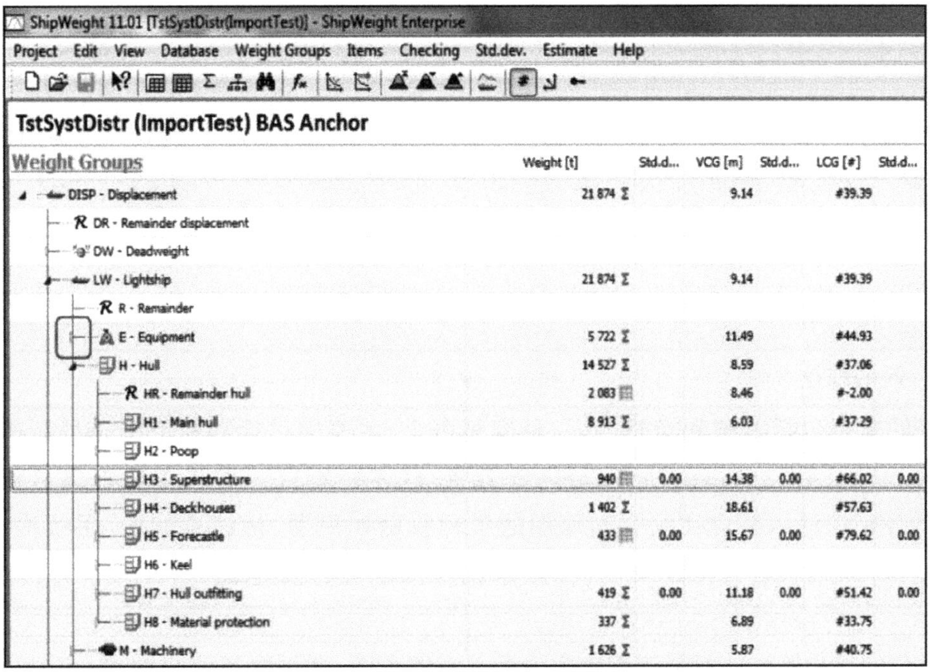

图 5.3.3　ShipWeight 的分项重量的录入界面

舱容要素的计算方法主要有两种：一是基于剖面的积分方法，即计算不同位置处的舱室横剖面的面积，沿纵向积分得到舱容、型心与惯性矩；二是通过实体属性计算，即建立舱室的三维实体模型，通过不同装载高度平面切割舱室实体，切割面以下实体的体积与体积心即为对应装载高度下的体积与型心。

目前，很多软件已经可以在三维船体型表面的基础上，通过参数化方法快速生成三维舱室模型（如 NAPA 软件，见图 5.3.4），并查询其容积、型心等数据。

```
ROOM R8.06
LIM #126 #138 0 HULL - 2.4
ADD #126 #138 8.4 HULL 2.4 9.2
SYM; OK
```

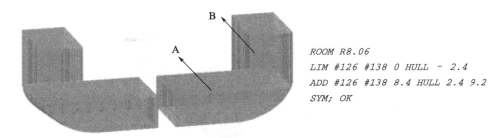

图 5.3.4　某压载舱模型（左）及相应的 NAPA 参数化快速生成舱室的命令代码（右）

注：第一行代码指定舱室名称；第二、三行代码创建 A 和 B；第四行代码对 A 和 B 做对称处理。

此外,对于复杂的几何体(如计算稳性的主船体,见图5.3.5),有的软件还能根据船体型表面曲率进行自适应分割插值积分,计算误差目前可以控制在0.01%~0.05%,完全满足工程需求。

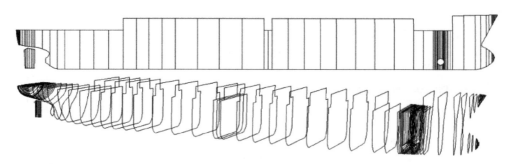

图5.3.5　船舶主船体模型

2. 船舶吨位

船舶吨位包括总吨和净吨,是一种容积概念,主要通过计算船上围蔽处所所占的空间容积来获得(有时还包括部分露天载货/载客处所),一般按主甲板以下和主甲板以上分别统计。吨位往往会和船舶的各种收费如税费、运河通航费、手续费、港务费等挂钩,因此船东会比较关注,一般来说在满足各种要求的条件下应尽可能减少吨位。

吨位的初步核算一般基于静水力表及总布置草图,通过电子表格完成,有时需要建立详细模型来计算吨位,并在后期设计阶段持续跟踪(图5.3.6)。这主要出于两个原因:一是港口码头的限制,如最大只允许停泊20000总吨的船;二是规范标准的限制,如5000总吨以上的液货船,规范标准往往会更严格,包括须满足的技术要求、设备配备和船员配备等。吨位详细计算可以通过具备舱容计算能力的辅助设计软件来完成,船级社软件(如COMPASS)一般也提供吨位计算功能。图5.3.7给出了某集装箱船的吨位计算范例。

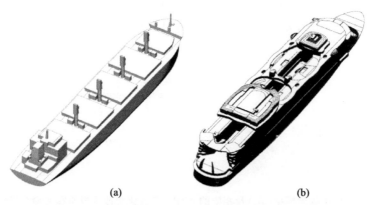

(a)　　　　　　　　　　(b)

图5.3.6　某散货船(a)和豪华邮轮(b)的吨位详细计算模型

图 5.3.7　某集装箱船的吨位计算范例

5.4 船舶线型设计

线型除了对船舶快速性起决定性的作用外,对总布置、稳性、耐波性、操纵性、整体外观等均有较大的影响,因此在设计初期就应对线型进行考虑并不断改进。线型可以通过多种样条曲线表达,目前主流为非均匀有理B样条(NURBS),它可以采用统一的表达式精确表达直线、圆弧、抛物线和样条曲线等各种曲线及其组合,第四章已详细论述。

相关辅助设计软件广泛应用二维和三维方法进行型线设计。二维软件主要扮演着"无纸化绘图板"的角色,例如中望CAD、AutoCAD等,其优点是能方便快捷地按设计者意图完成站线、水线、纵剖线的创建和修改,视图缩放、曲线拾取、特征点(端点、中点、切点等)捕捉等辅助功能十分强大;缺点是无法直观展示所对应的三维外形,且三向一致性难以保证。三维软件如NAPA、Tribon、CADMATIC、犀牛等解决了二维软件的这些难题,因此获得设计师青睐。有的软件还具备复杂组合曲线快速建模的能力,如图5.4.1所示。应用三维软件设计船体线型,主要有直接绘制法、母型改造法、参数化方法等三类方法。

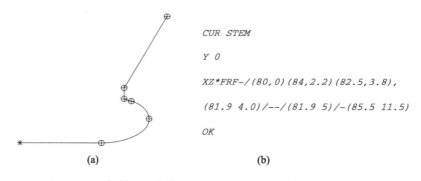

图 5.4.1 船舶艏柱曲线(a)及相应的NAPA快速建模代码(b)

5.4.1 直接绘制法

直接绘制时,各软件生成船体线型的方法基本一致,即首先确定边界线(如艏艉轮廓线、平边线、平底线等),形成船体控制网格,之后通过增加肋骨线等加密线进行更高精度的控制(图5.4.2(a)),最后反复调整各条曲线上的控制点达到要求的光顺度,并由软件生成曲面供进一步建模使用(图5.4.2(b))。

以下是采用NAPA软件生成图5.4.2(a)的船体网格线的代码示范。首先通过CURVE命令定义边界线FRF、STEM、FBF、FSF、DECKF及KNF,之后通过增加内部的控制线WLF1、WLF2、FRF2、FRF3、FRF5、FRF6、TF4来控制整个网格的精度,最后通过SUR-FACE命令将所有的CURVE整合在一起,即可形成艏部的船体曲面。艉部线型的绘制方法类似,最后将艏艉线型拼接而成得到整个船体的线型。

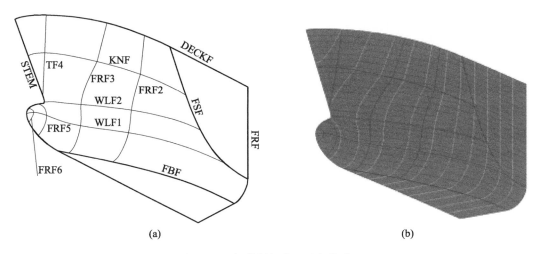

图 5.4.2 船体艏部线型及船体曲面

```
CURVE    FRF; X 62
YZ       (0,0), -/, (4.7,0), (6.5,1.8), /-, (6.5,11.5)
SC       , M


CURVE    STEM; Y 0
XZ       * FRF, -/, (80,0), 90/, (84,2.2), (82.2,4), 90/,
         (81.7,4.4), (81.9,5), /-, (85.5,11.5)


CURVE    FBF; Z 0
XY       FRF/Y=4.7, (65,4.65), STEM/X=80
SC       , P


CURVE    DECKF; Z 11.5
XY       FRF, -/, (72,6.5), (75,6.3), (84,2.5), -90/, STEM


CURVE    FRF5; X 82.5
ZY       STEM/Z<2, /25, (1.08,2.2), 152/, STEM/Z=#4


CURVE    FRF6; X 83.7
ZY       STEM/Z<2, (0.62,2.2), STEM/Z=#4


CURVE    FSF; Y 6.5
XZ       FRF/Z=1.8, /0, (65,2.2), 65/, DECKF/X=72
SC       , P
```

```
CURVE    KNF
XZ      (68,7.1),(85,8.5)
XY      FSF, -30/,(81,3.1), -90/, STEM
SC      , - //-


CURVE    FRF2; X 75
ZY      FBF,(4.2,2.2),(4.582,4.4),KNF,DECKF


CURVE    FRF3; X 79
ZY      FBF,(2,2.2),(2.05,4.4),KNF,DECKF


CURVE   TF4
YX      (81.9,0),(86,5)
ZY      STEM/Z=5, /75, KNF, DECKF


CURVE    FRF1; X 65
YZ      FBF, FSF


CURVE    FRF4; X 81
ZY      STEM, /12,(1.3,2.2),(1.07,3.35),(0.7,4.4),
        (0.69,4.9),KNF,DECKF


CURVE    WLF1; Z FSF/FRF1
XY      FSF/FRF1, FRF2, FRF3, FRF4, FRF5, FRF6, -90/, STEM


CURVE    WLF2; Z 4.4
XY      FSF, FRF2, FRF3, -32/, FRF4, -50/, STEM


SURFACE,   HULLF, P
THR   FRF, STEM, FBF, FSF, DECKF, WLF1, WLF2, KNF, FRF2,
       FRF3, FRF5, FRF6, TF4
```

不同的设计阶段精度的要求不同，常用的光顺手段包括移动、增减、删除曲线上的点，调整曲线上某点的切向，可以借助曲线曲面的曲率显示等来检查光顺性。另外在曲率较大的地方如艏艉区域往往需要增加更多的内部辅助控制线。各型线之间存在着一定的关联性，某个节点的变动会影响周围的曲面，因此光顺线型是一项费时费力的工作，其原理详见第八章，在此不再赘述。

5.4.2 母型改造法

船舶行业发展至今,基于母型进行改造是目前常用的设计方法。一般来说,母船的线型是优秀的,则在一定的范围内进行变换后的线型也是优异的。

母型改造法中常采用母型变换法,主要包括比例变换法和移动横剖面法。比例变换法是按船长、船宽、型深或吃水进行仿似变换,范例代码如图5.4.3所示,变换后的示意图如图5.4.4所示。移动横剖面法包括$1-C_p$法、Lackenby法、二项式法、迁移法等,可以使船舶棱形系数C_p、浮心位置和平行中体长度等变换到预定值。

```
TRANSLATION                        进入变换模块
RESULT VERION-B                    生成的新的方案名称
DIMENSION L=190 B=32.26 T=11.5     仿似变换
OK                                 母型改造完成
```

图 5.4.3　NAPA 中仿似变换示范代码

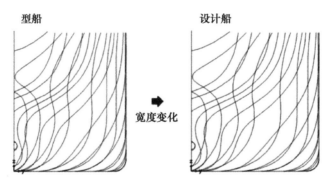

图 5.4.4　基于船宽的仿似变换

母型变换法从理论上说是数学模型法的一种,变换前后的横剖面曲线、水线等之间的关系可以用数学公式加以表达,该方法是完全依赖于母型对船型进行整体的变换,难以对局部进行把握和优化。

5.4.3 参数化方法

参数化方法一般分为两种:一种是完全用数学表达来描述船体曲线曲面,一般只能用于简单船型,如驳船、小水线面船等的线型生成,对于大多数船体表面较为复杂的船舶并不适用;另一种是借助曲线曲面技术进行参数变换,包括全局变换和局部变换,从而获得众多线型方案,并基于CFD结果甄选出性能优秀的方案。

全局变换适用于船体曲面由简单边界线和控制点构成的情况,如图5.4.5所示的船尾,通过给定控制点在各方向的变化步长和变化范围,使整个船体曲面随之变化,从而得到备选船型方案。这种方法得到的备选方案数量会随控制点增多成几何级数上升(往往会达万以上的量级),考虑到目前计算机的计算能力和船舶设计周期,很难在实际工程得以应用。

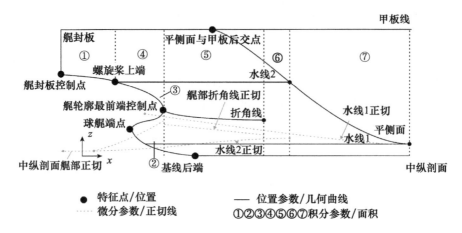

图 5.4.5　船舶艉部参数化模型

局部变换是目前最常用的方法,其仅对船体曲面的某个部位(如球鼻艏、进流段等)进行参数变换和优化,一般还会与母型变换结合使用。这种方法生成的备选方案一般在几百个左右,阻力性能优化计算的时间消耗为几小时,符合实际工程的需要。图 5.4.6 为利用 CAESES 软件对球鼻艏进行局部变换的几种方案,其实质是基于 NURBS 曲面的散乱点参数曲面拟合方法,通过局部控制点如最前端点、最高点等拟合出球鼻艏的形状,并对这些局部控制点进行变换。需要说明的是,局部变换得出的局部线型往往与相邻的其他部分不协调,因此还需要采用上述"直接绘制法"进行光顺处理。

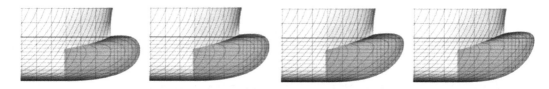

图 5.4.6　利用 CAESES 对球鼻艏进行局部变换

5.5　船舶总布置设计

总布置涉及船舶的方方面面,是一项解决各种矛盾、协调各专业设计的综合性工作。实用、经济、美观三者有机辨证的统一是总体设计的核心工作之一。总布置设计包括外形设计、主船体和上层建筑的划分、船舶浮态调整、舱室和设备布置、通道和出入口协调等。上层建筑、机舱内部的设计,涵盖了通道、防火、救生、艺术理念等各个方面,很难抽象出具体的设计数学模型,对设计师的经验要求较高,计算机目前只能辅助地做一些局部优化。

5.5.1 设备布置

大多数船舶初步设计阶段的总布置,目前仍然是基于 CAD 软件的二维平面设计。经过长期积累,各种型号的舾装件(家具、梯子、舱盖等)和设备(锚绞机、舵机等)已经形成数据库,可以在总布置设计时直接调用。

一些标准化设备也可以应用 VBA、AutoLisp、ARX 等工具进行二次开发,按指定的尺寸参数定制化绘制,供初步布置时使用。图 5.5.1 是基于 AutoCAD 二次开发的行业标准舾装设备库,可以指定参数后快速生成。图 5.5.2 是基于 AutoCAD 二次开发的盘梯的用户界面及产生的三维盘梯图,可以通过指定盘梯的高度、斜度、踏步尺寸等尺寸参数快速生成。此外,重量重心等参数也可以通过 CAD 软件提供的对象属性功能轻松获取。

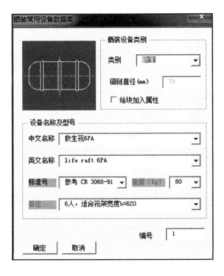
图 5.5.1 舾装常用设备数据库

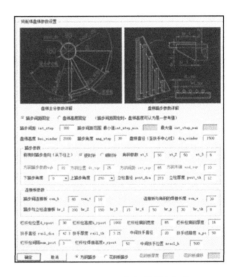
图 5.5.2 盘梯参数化设计

详细设计和生产设计阶段,可以对全船或局部区域如液货船的泵舱、集装箱船货舱间的通道等进行三维建模,实现干涉校核和布置优化。图 5.5.3 为带有艏罩的某多用途船,由于艏部空间非常有限,设计过程中可通过三维建模来解决布置问题。

5.5.2 分舱优化

船舶分舱设计通常需结合浮态调整和稳性计算。鉴于目前线型变换及舱室建模越来越便捷,加之对初步设计的要求越来越高,一般会直接通过建模计算来开展分舱优化工作,包括决定液舱数量、横舱壁位置等。

如图 5.5.4 所示的某滚装船货舱区域,可以基于稳性计算软件 NAPA 进行二次开发,将货舱区域的横舱壁数量和位置、边舱宽度、型深等设为变量,通过生成大量分舱方案并计算比较,以此来获得满足破舱稳性要求的最大装货量或最小弯矩的优化方案。

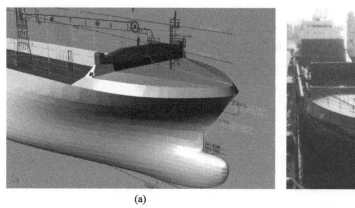

图5.5.3 利用犀牛软件进行艏系泊校核(a)及实船艏部照片(b)

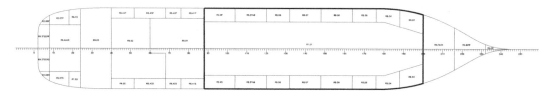

图5.5.4 分舱布置优化

优化模型如式(5.5.1)所示:优化目标 Max 为下货舱的面积 area 或车道长度,代表了最大的载货能力;约束条件 $A>R$ 表示计算所得的分舱指数 A 需大于规范要求的分舱指数 R;变量为货舱中间7个横舱壁的位置 $X_1 \sim X_7$,以及边舱的宽度 Y;$a_1<X_1<b_1$ 表示横舱壁 X_1 的位置范围,$X_2 \sim X_7$ 类似,$k_1<Y<k_2$ 表示边舱宽度的范围。

$$\begin{cases} \text{Max area}(\text{lower\_hold}) \\ \text{s. t. } A>R \\ a_1<X_1<b_1 \\ a_2<X_2<b_2 \\ \cdots \\ a_7<X_1<b_7 \\ k_1<Y<k_2 \\ X_1,X_2,\cdots,X_7,Y \in R \end{cases} \quad (5.5.1)$$

优化的具体做法是,通过二次开发按变量值分舱,之后调用破舱稳性计算模块,保存计算结果满足的方案并同时保存对应的货舱面积,再进行下一组分舱的计算,如此循环。这一思路相对简单,但实现起来却十分困难,因为即使 $X_1 \sim X_7$ 以及 Y 共8个变量,每个变量只有3个值,也将产生 $3^8=6561$ 种分舱方案,稳性(尤其是概率性破舱稳性)校核的计算量将大到基本不可能符合工程应用的需求。

这样的问题可以采用优化算法解决,其中具有代表性的是遗传算法,其流程简图如

图 5.5.5 所示。遗传算法是模拟自然界生物遗传和进化过程而形成的一种全局优化搜索算法：首先经过种群初始化得到一组初始种群，在种群中搜索局部最优解保存作为当前全局最优解；并对种群个体作选择、交叉、变异等操作得到下一代的种群，下一代种群中的局部最优解与当前全局最优解比较并取而代之；如此循环进化得到最终的最优解。

图 5.5.5　遗传算法优化流程简图

目前遗传算法在主尺度确定、舱室布置、浮态和稳性计算、结构优化、航线优化等方面得到了较为广泛的应用，部分计算软件（如 NAPA）已将遗传算法作为工具箱整合到其中，可以大大加快寻优速度，在较短的时间内得到更优的结果。

5.5.3　大型客船的总布置设计

大型客滚船、豪华邮轮等对外观十分重视，概念设计阶段通常先确定外观，包括艏部的外飘样式、烟囱的位置和形式、外形以及预想的涂装等（图 5.5.6），还包括船东重点关注的区域（图 5.5.7）。此时往往通过制作 3D 效果图来展示，并借此与船东反复交流后确定外观和布置。

图 5.5.6　豪华客船外观效果图

图 5.5.7　豪华客船大厅的手绘及效果图

对于 3D 效果图，业内常采用 3DMAX、犀牛 Rhinoceros 等软件来制作。近年来，3D 可互动模型（利用 Unity3D 等工具制作）和 VR 模型等更为先进的技术，也已经开始应用。

5.6 船舶性能计算校核

船舶性能主要包括稳性、快速性(包括阻力和推进)、耐波性、操纵性等,目前已经广泛借助计算机进行辅助设计与校核。

5.6.1 船舶稳性

稳性是船舶最重要的安全性能,IMO 和各船旗国对其均有强制性的要求,广义上通常包括静水下的浮态、完整稳性、破舱稳性以及干舷,未来也将涵盖考虑复杂风浪等因素的第二代稳性。稳性相关计算软件目前已经相对成熟,其中 NAPA、MAXSURF 两款软件因为用户界面友好、输入输出方便等在业界应用较为广泛。在计算稳性前一般需对船体及舱室进行几何建模(图 5.6.1)。

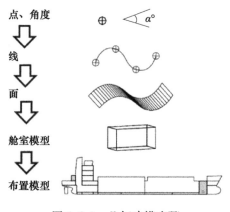

图 5.6.1 几何建模步骤

1. 完整稳性

完整稳性衡准包括适用于各类船舶的基本衡准和针对某一船型的特殊衡准(附加要求),主要是围绕着复原力臂曲线的要求,衡准值来自力学原理和历史上由于稳性不足导致的船舶事故统计。国际航行船舶适用 IMO 完整稳性规则,国内船舶则依据国内法规,二者的原理一致,但由于统计数据来源不同,要求值和条件参数有一定的差别。例如,对于风压衡准的风压值,IMO 规定为恒定值,而国内法规则按不同航区不同风力作用点取不同值(与距离水面的高度相关)。

完整稳性计算的一般过程是:先在布置模型上(图 5.6.1 最后一步所得)配载(包括重量项等),然后根据浮态平衡原理通过诸如逐步迭代法求得最终平衡水线位置,进而求得不同横倾角对应的复原力臂,形成复原力臂曲线,再从曲线上获取衡准所需的特征值(计算值),并与要求值比较后评判是否满足衡准要求。目前这一过程可以由软件完成。图 5.6.2 所示为某客滚船的计算示例,表 5.6.1 则为其计算及衡准结果。

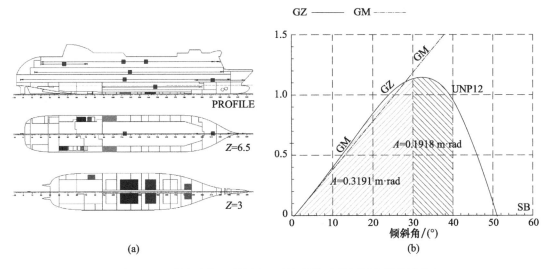

图 5.6.2 某客滚船配载图(a)及该配载下的复原力臂曲线(b)

表 5.6.1 某客滚船完整稳性衡准计算结果

衡准项	要求值	计算值	单位	满足	备注
(1)经自由液面修正的初稳性高	0.300	2.312	m	OK	基本衡准
(2)横倾30°之前复原力臂曲线下面积	0.055	0.319	m·rad	OK	基本衡准
(3)横倾40°或进水角之前复原力臂曲线下面积	0.090	0.511	m·rad	OK	基本衡准
(4)横倾角30°和40°之间复原力臂曲线下面积	0.030	0.192	m·rad	OK	基本衡准
(5)横倾角≥30°时复原力臂最大值	0.200	1.146	m	OK	基本衡准
(6)最大复原力臂对应角	25.000	32.267	(°)	OK	基本衡准
(7-1)风压衡准数(应能经受504Pa稳定横风与1.5倍阵风联合作用)	1.000	1.874		OK	基本衡准
(7-2)稳定横风下最大横倾角(应小于16°或甲板边浸没角度80%中的较小值)	7.991	5.848	(°)	OK	基本衡准
(8)乘客集中一侧时所产生的横倾角	10.000	2.799	(°)	OK	特殊衡准
(9)船舶转向所产生的横倾角	10.000	3.532	(°)	OK	特殊衡准

2. 破舱稳性

破舱稳性计算方法分为确定法和概率法。确定法按规范规定的破损范围和破损舱室组合(如1舱或2舱)所决定的破损状况对照破舱稳性衡准来进行校核。概率法是一种基于风险的方法,规定计算所得的分舱指数 A 不小于要求的分舱指数 R,即 $A \geqslant R$,其中 R 与船长、人数等有关,分舱指数计算如下:

$$A = \sum p_i s_i, s_i = K \cdot \left[\frac{GZ_{max}}{0.12} \cdot \frac{\text{Range}}{16} \right]^{\frac{1}{4}} \tag{5.6.1}$$

式中 K——与破损后的横倾角有关;

p_i——某一位置的舱或舱组的破损概率,通过规范公式直接计算(由统计回归所得);

s_i——该破损情况的生存概率,$0 \leq s_i \leq 1$;

GZ_{max}——最大复原力臂;

Range——复原力臂从 0 至最大值的横倾角范围,简称复原力臂范围,取不大于 16°。

从 s_i 的取值公式可见,分舱指数也是针对复原力臂曲线的要求。

概率法破舱稳性计算的一般过程是:先采用与完整稳性类似方法确定船舶破损后的平衡浮态,然后求得破损后的复原力臂曲线,再从曲线上获取衡准所需的特征值(计算值),并与要求值比较后评判是否满足衡准要求。以图 5.6.3 所示某客滚船的一种破损工况(下货舱与边舱破损)为例,破损概率 $p_i = 0.00511$,最大复原力臂 $GZ_{max} = 1.38$,复原力臂范围为 30.2°(实取 16°),生存概率 $s_i = 1$,则该种破损工况下的分舱指数贡献值 $A_i = p_i \cdot s_i = 0.00511$。

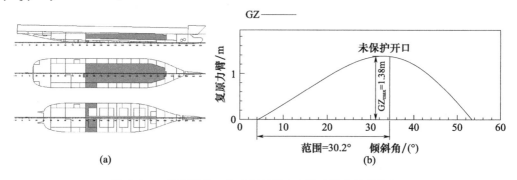

图 5.6.3 某客滚船一种破损情况(a)及破损稳性曲线(b)

确定性算法通常要核算十几种或几十种破损组合工况,概率法往往要计算几百种甚至几千种破损组合工况,没有计算机辅助几乎是不可能完成的任务。稳性计算软件的处理方法是:首先由用户定义舱室界限(图 5.6.4),软件会根据界限来判断每种破损涉及的舱室组合,其次逐个计算。对于一个常规货船,目前常见的台式计算机一般几分钟即可以完成计算,而对于大型豪华邮轮,往往需要几小时甚至十几小时才能完成计算。

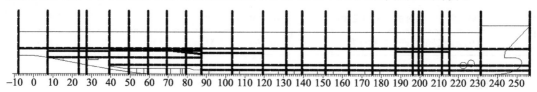

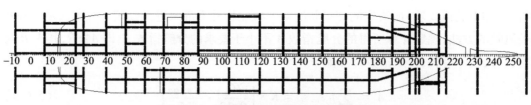

图 5.6.4 概率破舱计算的舱室界限划分

3. 干舷计算

船舶应具有足够的干舷,一方面可以保证有一定的储备浮力,另一方面可以减少甲板上浪以及降低甲板淹湿性影响。国际航行船的干舷需满足《1966年国际载重线公约》的要求,国内航行船舶需满足中国海事局法规要求,二者原理一致,要求略有不同。

干舷可以简单地认为是对船舶安全的初步要求,设计初期应对此进行考虑,后期还应结合稳性、抗沉性、结构规范计算等一同考虑。不同类型的船对干舷的要求不同,例如液货船属于 A 型船,由于货物的渗透率很低以及主船体的整体密性较好,因此其干舷要求低于属于 B 型船的散货船。

干舷的要求值通常由基本干舷和若干与船体形状相关的修正值累加得到,例如国际航行船舶的夏季干舷 F 按式(5.6.2)计算:

$$F = F_0 + F_1 + F_2 + F_3 + F_4 + F_5 + F_6 + F_7 + F_8 \tag{5.6.2}$$

式中　F_0——基本干舷;

　　　F_1——船长小于 100m 船舶的干舷修正值;

　　　F_2——方形系数对干舷的修正值,F_3、F_4、F_5、F_6、F_7、F_8 为其他修正值。

借助静水力表,利用电子表格即可完成干舷的计算。如图 5.6.5 所示,F_0 和 F_1 与载重线船长相关,F_2 取决于方形系数 C_B(C_B 较小则水线以下较瘦,水线以上较丰满,储备浮力较大,因此不需要对干舷进行修正,反之亦然),其他修正值的计算不再赘述。

4. 相关问题及发展方向

当前应用的稳性衡准尚未考虑复杂风浪因素,因此 IMO 于 2007 年启动了"新一代完整稳性衡准"的制定工作,即所谓的第二代完整稳性。第二代完整稳性衡准包括参数横摇、纯稳性丧失、瘫船稳性、骑浪/横甩和过度加速度。每个稳性衡准又分为第一层薄弱性衡准、第二层薄弱性衡准以及第三层直接计算评估。其中,第一层可以通过简单的公式直接计算,第二层是半经验半理论计算的结合,需要计算机辅助计算。目前,包括中船 702 所、CCS、NAPA 等均已开发了相应的计算程序。

第二代完整稳性的第一层及第二层衡准已经基本定型,临时草案于 2020 年 5 月发布,正在试用期,有望于 2025 年正式生效。第三层进展没有预想的顺利,最终生效日很可能会在 2030 年之后。从中也可以看出通过计算机来模拟复杂海况的难度,这也是未来的发展方向。

5.6.2　船舶快速性

船舶主尺度及有关参数确定后,需要确定所要求航速下的主机功率及对应转速,或者在已知主机型号及功率情况下确定可以达到的航速,即确定船舶的快速性。设计初期可以采用经验公式、图谱法或母型换算方法作粗略估算。

3. Calculation of Freeboard　干舷计算

Reg.28 Tabular freeboard　28　条 基本干舷

	L(m) 船长	Freeb.(mm) 干舷	
	187	3044.0	
	188	3062.0	
For this vessel, 对于本船	187.200	3048	F_0= 3048 mm

Reg.29 Correction to freeboard for ships under 100m in length　29条 船长小于100m的干舷修正

F1=7.5×(100-L) (0.5-E/L)

Where:E is effective length accroding to Reg.35 其中E为由35条计算的有效长度

Correction not applicable, because L>100m. 由于L>100m,不修正　　F_1= 0 mm

Reg30 Correction to freeboard for C_B　30条 方型系数的修正

Correction f1 修正系数 f1=(C_B+0.68) / 1.36　=　1.0505

F2=(f1-1)× F0　=　154 mm　　F_2= 154 mm

Reg.31 Correction for depth　31条 型深的修正

R=　250.0　(R=L/0.48 for L<120m,else 250　当L<120m时，R=L/0.48，否则R=250)

F3=(D-L/15)R=　1013 mm　　F_3= 1013 mm

Reg.33 Standard heights of surperstructure　33条　上层建筑的标准高度

Superstructure 上层建筑	standard height 标准高度	Raised quarter deck 升高甲板	standard height 标准高度
L= 75 m and smaller 当L<=75m	1.80 m	L= 30 m and smaller 当L<=30m时	0.90 m
L= 125 m and bigger 当L>=125m时	2.30 m	L= 75 m 当L=75m时	1.20 m
		L= 125 m and bigger 当L>=125m时	1.80 m
For this vessel ,对于本船 L= 187.2 m	2.300 m		1.800 m

Reg.35 Effective length of superstructure E　35条　上层建筑的有效长度

Forecastle 艏楼	effective L 有效长度	13.200	m	=	0.071	L
Raised quarter deck 升高甲板	effective L 有效长度	0.000	m	=	0.000	L
Poop 艉楼	effective L 有效长度	6.600	m	=	0.035	L
	Total 总计	19.800	m		0.106	L

Reg.37 Deduction for superstructures　37条　上层建筑对干舷的减除

100% deduction at L=	24	m	350 mm
有效长度为L时的减除	85	m	860 mm
	122	m and more	1070 mm

Deduction at 100% effective length of superstructure 上层建筑有效长度为L时的减除=1070　mm

Total effective length of superstructure type A and type B　上层建筑总的有效长度

	0.1	L	7	(%)
	0.2	L	14	(%)
For this vessel, 对于本船	0.106	L	7.4	(%)

NOTE: the effective length of the forecastle is more than 7% L, deduction is allowed.

（由于艏楼的有效长度不小于0.07L，所以允许减除。）

Deduction for superstructure 上层建筑的减除　-79　mm　　F_4= -79 mm

图 5.6.5　电子表格计算干舷(部分)

比较常用的经验公式为海军系数法,适用于设计船与母型船相差不大的情况下粗估设计船的航速或功率,如式(5.6.3)所示。

$$
\begin{aligned}
C_{\mathrm{ADM}} &= \Delta^{2/3} V^3 / P \\
V_D &= [P_D \times C_{\mathrm{ADM}} / \Delta_D{}^{2/3}]^{1/3} \\
P_D &= \Delta_D{}^{2/3} \times V_D{}^3 / C_{\mathrm{ADM}}
\end{aligned}
\tag{5.6.3}
$$

式中 Δ、V 和 P——母型船的排水量、航速和功率;

Δ_D、V_D 和 P_D——设计船的排水量、航速和功率。

举例来说,某客滚船的首制船排水量为 22300t,航速为 22.7kn,对应的装机功率为 23200kW,后续船欲在首制船的基础上增加载重量,相应的排水量达 22900t,装机功率保持不变。则对应的航速可以通过海军系数进行估算:

$$C_{ADM} = 22300^{2/3} \times 22.7^3 / 23200 = 339.45 \tag{5.6.4}$$

$$V_D = (23200 \times 339.45 / 22900^{2/3})^{1/3} = 22.57 \text{kn} \tag{5.6.5}$$

最可靠的快速性预报应通过模型试验获得,但模型试验的方法费时费力、成本较高,因此十多年来在模型试验之前往往采用 CFD(计算流体动力学)计算结合经验进行预报。主机功率可通过式(5.6.6)求得

$$P_B = P_E / \eta_H \eta_0 \eta_R \eta_S \tag{5.6.6}$$

式中 P_B——主机功率;

P_E——有效功率,是船舶阻力和航速的乘积;

η_H、η_0、η_R、η_S——船身效率、敞水效率、相对旋转效率和轴系效率。

上述除航速和轴系效率以外,其他系数均可通过 CFD 计算得到。

1. 船舶阻力

船舶在水面上航行时,会遭受来自空气和水对船体的阻碍,形成船舶阻力。空气阻力与船舶水线以上的船体外形密切相关,在总阻力中占比较少,本节主要关注水阻力。

水阻力又可以分为静水阻力和波浪增阻,通常把静水阻力分为摩擦阻力、兴波阻力和黏压阻力。摩擦阻力是指由于水的黏性在船体周围形成边界层,使得船体运动中受到黏性切力而形成的阻力,通常采用 1957 ITTC 平板公式计算。兴波阻力是指航行中兴起的波浪改变了船体表面压力分布,形成压差而产生的阻力。黏压阻力是指在船体曲率骤变处由于水的黏性而产生流动分离,从而引起船体前后压力变化所形成的阻力。波浪增阻通常采用模型试验或 CFD 数值模拟计算确定。

阻力计算的最终目的是获得快速性优异的线型,一般需和线型优化相结合,通常流程如图 5.6.6 所示。其中,CAESES 是一款具有强大几何功能的 CAE 软件,可导入 NAPA 的几何模型,亦可直接进行参数化建模,并在基础模型上进行几何变换,生成大量的待选方案,进而与下游的 CFD 软件如 Shipflow、STAR CCM + 等进行对接,对待备选方案进行 CFD 数值模拟计算和优选。

CFD 软件一般均包括前处理器、求解器和后处理器。前处理器的作用是生成计算网格、给定边界条件、确定求解方程;求解器的作用是进行数值求解;后处理器用来显示求解结果和结果再处理。目前较为成熟的有 SHIPFLOW、STAR CCM +、DAWSON、XFLOW、SWAN、FLUENT、CFX 等,其中 SHIPFLOW 是一款相当于数值水池的高度专业化的流体力学计算软件,可以给出波浪模式、压力分布、空间流线和波浪增阻、航行下沉和纵倾、船舶各阻力分量等。

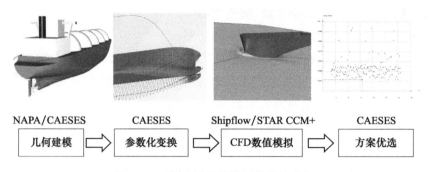

图 5.6.6　阻力计算及线型优化的流程

有多种理论模型和方法可用于 CFD 数值模拟求解阻力。以 SHIPFLOW 为例,它采用"ZONAL 法"进行模块化分析(图 5.6.7),先将整个船体流场划分为势流区(ZONE1)、边界层区(ZONE2)及湍流区(ZONE3)三个区域;再对每个区域采用相应的理论计算分别求解兴波阻力、摩擦阻力和黏压阻力;最后累加得到总阻力。

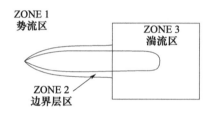

图 5.6.7　ZONAL 法计算求解示意图

图 5.6.7 中 ZONE1 为势流区,涵盖了整个船体和环绕它的自由液面。在该区域应用 Rankine 源法(假定流体无黏、不可压缩,流动无旋且有势),根据线性、非线性自由表面边界条件进行高阶面元法的势流计算,主要求解船舶的兴波阻力。

图 5.6.7 中 ZONE2 为边界层区,包括紧贴船体前部的薄层。在该区域应用边界层方法求出沿物面的边界层厚度分布,并对该区域使用动量积分法求出作用力,且需要使用 ZONE1 中得到的势流压力分布作为输入参数。计算既能从驻点开始(此时先计算层流再计算过渡流),也可直接从给定站开始解湍流方程。通过船体边界层的计算,可以得到前部 2/3 船体上的摩擦阻力。

图 5.6.7 中 ZONE3 为湍流区,包括船体的后部以及延伸到船体下游至整个流域的尾部。在该区域应用雷诺平均 Navier – Stokes 方程和 $k-\varepsilon$ 湍流模型进行求解。对于黏性流的计算,采用基于有限体积法的 RANS – XCHAP 求解模块,其中 RANS 方程的边界条件由 ZONE1 和 ZONE2 计算获得,方程中的对流项采用 Roe 平均策略(取二阶精度格式),其余各项采用中心差分离散并对离散方程迭代求解。求解得到船体表面的压力分布后,对船体湿表面积分即可得到船体所受到的黏性流体作用力,取其运动方向分量即为黏压阻力。

下面简单介绍一下如何应用相关专业软件,对排水量纵向分布、艏部排水量垂向分布、艉部伴流、尾封板最低点等进行优化。

(1) 排水量纵向分布优化。

采用 CAESES 经典方法 LKB,对船舶的浮心位置、最宽横剖面位置、最宽横剖面位置起始角和终止角等进行优化,生成大量方案,如图 5.6.8(a)所示,然后用 SHIPFLOW 计算各方案的兴波阻力,如图 5.6.8(b)所示,再从候选方案中选取兴波阻力系数最小的方案,图 5.6.8(c)展示了优化前后自由面兴波的差异,上半部分为优化前,下半部分为优化后。

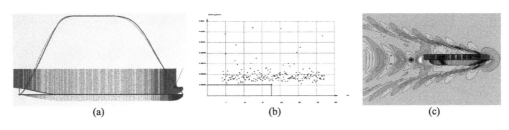

图 5.6.8　排水量分布优化

(2) 艏部排水量分布优化。

CASESE 经典方法 LKB 仅优化了排水量纵向分布,对艏部排水量的上下分布尚未充分考虑。为此,通过曲面 Delta – Shift 方法优化艏部形状(UV 度),即优化艏部排水量,如图 5.6.9 所示,在生成大量候选方案后,再用 SHIPFLOW 计算各方案的兴波阻力值并优选。

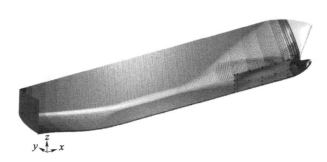

图 5.6.9　艏部优化

(3) 艉部伴流优化。

艉部伴流主要受到船体尾部线型的影响,采用 CASESE 对艉部线型变换(UV 度)得到若干方案,然后结合 SHIPFLOW 计算得到各方案的艉部伴流分布,并从中优选。如图 5.6.10 所示,优化后的船体尾部具有更好的桨盘面伴流(图 5.6.10(b)):其 0°附近的伴流峰值消失,高伴流区域明显收窄;330°附近的"伴流包"消失,高伴流区域亦减小,周向伴流更加均匀。

(4) 艉封板最低点优化。

合适的艉封板最低点对船体黏压阻力有一定的改善,采用 CASESE 变换得到若干方案,如图 5.6.10(a)所示,再用 STAR CCM + 计算阻力,结果如图 5.6.11(b)所示,最后综合考虑艉部布置、螺旋桨安装等要求,选取最佳的艉封板最低点。

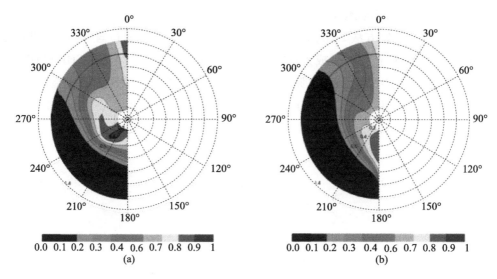

图 5.6.10 艉部伴流优化前(a)后(b)

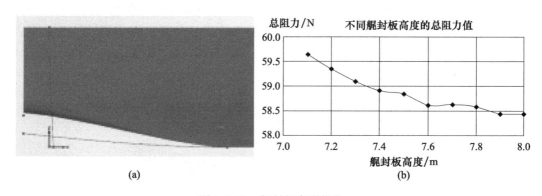

图 5.6.11 艉封板高度优化

2. 船舶推进

船舶推进主要解决推进器设计及推进相关问题的处理。螺旋桨是推进器的最主要形式，螺旋桨的空泡剥蚀、激振力引起的船体振动、重载或轻载等都属于推进方向需要处理的复杂问题。

螺旋桨需要满足快速性、空泡性能、脉动压力水平以及结构强度等几方面要求。对于快速性，需要评估敞水和自航性能，确保推进系统性能及设计方案稳定可靠；通过预报空泡性能及测定脉动压力，可以预估螺旋桨剥蚀的风险，以及由螺旋桨带来的船体振动风险；通过规范校核或有限元校核，可以确保螺旋桨桨叶具备足够强度。目前计算机辅助设计已在螺旋桨设计过程中全面应用。

螺旋桨水动力性能预报经历了升力线、升力面、面元法以及基于 RANS 方程的 CFD 方法几个阶段。面元法和 N-S 方程法作为螺旋桨设计与水动力预报的主流方法，可成功地预报螺旋桨在稳定流和非稳定流中的水动力性能，但这些方法都以势流为基础，计算过程忽略了黏性影响,对预报精度影响较大,基于 RANS 方程的 CFD 方法为这一问题提供了有效的解决方案。CFD 方法已成为 RANS 方程求解的主流研究方向,通过对湍流模式、网格生成、近壁面模型等关键问题不断改进,CFD 代码分析复杂流动的能力大幅提高。尽管如此,涉及物理模型的逼真度、数学理论以及如何选择基准检验/试验验证方案等复杂问题时,CFD 方法还存在一定的不确定性。

对于推进问题,计算机可以辅助完成螺旋桨建模、快速性评估、空泡性能预报、脉动压力预报和桨叶强度校核等难题。

(1)螺旋桨建模。

应用建模软件可以按点、线、面和体的顺序完成螺旋桨模型的创建,并用于后续分析计算。通常建模软件都带有二次开发能力,例如 NX 的 GRIP 语言,功能丰富且简单有效,可以大幅提高建模效率,图 5.6.12 即为该软件建立的某螺旋桨的三维模型。

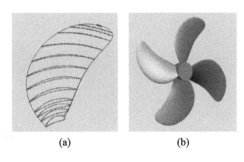

图 5.6.12　螺旋桨三维建模

(2)螺旋桨相关的快速性评估。

快速性主要包括螺旋桨的敞水性能,以及自航状态下的快速性。敞水性能预报通常采用相对旋转坐标系进行计算,计算过程中需要对螺旋桨的导边、随边及叶梢局部进行加密来准确捕捉曲面的形状。可将螺旋桨模型置于伴流中或置于船后进行自航模拟,计算筛选出最优方案。由于船后的螺旋桨来流存在相位问题,需要使其旋转起来才能准确监测其受力特征,所以自航模拟一般采用滑移网格技术来完成,将计算域分为固定域和旋转域两个部分。图 5.6.13 为某实船项目的螺旋桨自航模拟的网格细节。

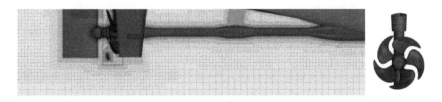

图 5.6.13　螺旋桨自航模拟

(3)螺旋桨空泡性能预报。

通过计算机辅助方法可以对螺旋桨空泡性能进行数值预报,也可以通过调整设计来规避有害空泡,相关工具软件分势流和 CFD 两种。势流软件主要采用涡格法等求解叶片表面的压力分布,并将压力低于汽化压力的部分确定为空泡发生的区域进行预报反馈。CFD 软件采用简化的空泡模型来实现空泡问题的模拟,其中描述球型气泡的 Rayleigh – Plesset 方程被普遍采用,简化方程如式(5.6.7)所示。

$$\frac{3}{2}\left(\frac{dR}{dt}\right)^2 = \frac{P_{sat} - P_\infty}{\rho_l} \tag{5.6.7}$$

式中　　R——气泡半径;
　　　　P——压力;
　　　　ρ——液相密度。

计算过程是求解流场中的速度及压力分布,然后通过体积分数来表征流体介质的气液转换。图 5.6.14 为某螺旋桨的空泡数值模拟与模型试验结果对比,从中可以看出两者的吻合度相当高。

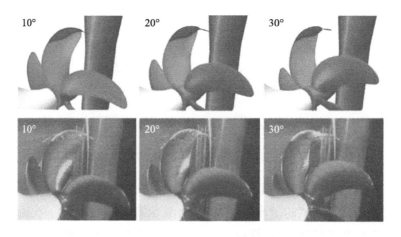

图 5.6.14　螺旋桨空泡数值模拟与模型试验结果对比

(4)螺旋桨脉动压力预报。

应用 CFD 进行螺旋桨空泡模拟的同时,可以监测螺旋桨上方船底板的受力,从而确定设计方案的脉动压力水平。螺旋桨梢涡细节的捕捉是关键,需要对叶梢部及附近卸出涡所在的空间位置加密来确保计算精度,较小的时间步长可以使计算结果更接近试验结果,但也意味着更高的计算成本。图 5.6.15 为某螺旋桨的脉动压力监测预报情况。

(5)螺旋桨强度校核。

通过计算机辅助软件实现螺旋桨有限元模型的建立和计算,以满足规范要求的强度。其步骤是通过规范公式计算出桨叶在计算工况下的载荷值,再通过前处理软件如 Hypermesh 或 Patran 等将螺旋桨几何体进行分割和加载,之后提交给 Nastran 等求解器求解,最终获得螺旋桨在对应工况下的应力和应变分布。图 5.6.16 展示了某螺旋桨的有限元强度校核情况。

图 5.6.15　螺旋桨脉动压力预报

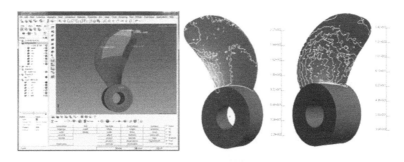

图 5.6.16　螺旋桨有限元强度校核

3. 相关问题及发展方向

对于船体阻力，目前 CFD 计算已经可以达到需要的精度，但对于黏压阻力计算的时间过长，尚不适合大量方案的计算。

对于船舶推进，脉动压力问题的高阶次值的准确模拟仍然具有一定挑战性，是未来几年的热点研究方向之一；导管桨、部分导管桨、前/后定子桨、端板桨、割划桨和 Z 形驱动桨等与船体相互作用的物理机理还不是很清楚，因而常规预报方法在预报精度上存在很大的误差；随着极地航线的兴起，冰区螺旋桨自然成为一个热点方向，与其相关的计算机辅助技术也将成为未来发展的一个趋势。

另外，由于船、桨、舵及其附体的共同存在，使得船体艉部流场变得异常复杂，已经不能简单地用螺旋桨的敞水性能来衡量桨的水动力性能，需要综合考察艉部流场状况、权衡影响，也就是说阻力和推进是密不可分、相互关联的，但目前考虑还不够充分，未来船舶设计应该朝着船、桨、舵、节能装置的一体化设计方向发展。

5.6.3　船舶耐波性

1. 概述

船舶耐波性是指船舶在波浪的扰动下仍能维持一定的航速在波浪中安全航行的性能，关注的是波浪中产生的摇荡运动、砰击、甲板上浪、失速、螺旋桨出水、作业中断、晕船等问题，一般会从保障安全、舒适和/或正常作业等几个方面提出要求，不同船型的侧重点有所不同，例如集装箱船会考察艏部砰击、甲板上浪、货物绑扎强度等；大型 LNG 运输船更关注液舱晃荡对舱壁的影响;客船主要关注乘客舒适性,对横摇幅度、加速度等有严格要求;科考船在保证一定舒适性下,要满足科考作业的要求。

船舶耐波性计算主要分为势流方法和黏流方法。

势流方法不考虑流体的黏性,具有计算量小、计算速度快的优点。大部分船舶耐波性问题中流体黏性可以忽略,因此势流方法成为船舶耐波性计算的主要方法。目前各计算软件对一阶运动问题的求解已相当成熟,某些软件可以用于二阶运动问题的求解,但不能有效模拟诸如横摇共振、液舱晃荡、两船旁靠等非线性问题中的黏性效应,一定程度上限制了其应用范围。

黏流方法考虑的流动问题更全面,为船舶耐波性领域中非线性问题的计算、预报及机理研究提供了强有力的手段,常见的计算软件有 Fluent、STAR CCM+、NUMECA 和 OpenFOAM 等。黏流方法存在求解速度慢、对计算机硬件要求高的问题,限制了其在工程中大范围应用。随着计算流体力学理论的发展和高性能计算机的普及,黏流方法将会越来越多地应用于耐波性问题的数值模拟中。

2. 计算机辅助耐波性计算的应用

数值模拟相对于模型试验具有周期短、成本低的特点,因此初步设计阶段常基于数值模拟来进行耐波性评估。以往过度关注静水中的快速性轻视耐波性的现象正在得到改变,船舶的耐波性将成为一个重要的考量指标。目前,计算机辅助设计已广泛应用于船舶运动预报、波浪增阻预报、客船乘客舒适度分析、海工船甲板作业率分析、液舱晃荡分析、动力定位分析及参数横摇计算模拟等耐波性预报和优化中。

耐波性计算的相关软件中,STAR CCM+ 是采用连续介质力学数值模拟方法的新一代 CFD 求解器,处理复杂曲面网格生成的功能尤为突出,因此在业界应用较为广泛。图 5.6.17 是 STAR CCM+ 的应用案例,其中 Exp 方点是模型试验数据,三角点是 CFD 计算数据,可以看到利用 CFD 方法能够可靠地预报船舶在不同波浪条件下的运动和增阻。

在捕捉如艏部拍击和波浪破碎的大幅波浪中运动的瞬时流动特征方面,CFD 也具有较大的优势,图 5.6.18 展示了 STAR CCM+ 模拟船舶在迎浪和斜浪中运动的瞬间流场。

3. 相关问题及发展方向

当前耐波性计算相关的工程实践中,势流方法应用最为广泛,基于势流方法的耐波性预报,如波浪增阻、运动响应等已较为成熟,逐渐成为船型设计开发的常规手段。黏流方法相比于势流方法而言,适用范围更广且更为精确,但对计算资源的需求更多,随着计算机软硬件技术的不断发展及相关理论的不断完善,黏流方法的应用将越来越普遍。另外,对于弹性细长体,考虑浮体弹性的水弹性问题也是耐波性研究的一个重要方向。

5.6.4 船舶操纵性

1. 概述

船舶操纵性主要计算船舶在驾驶者操控下保持或者改变其运动状态的性能,包含航

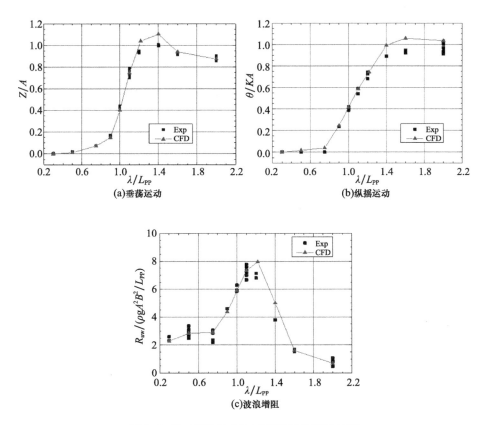

图 5.6.17 船舶运动和波浪增阻的预报结果

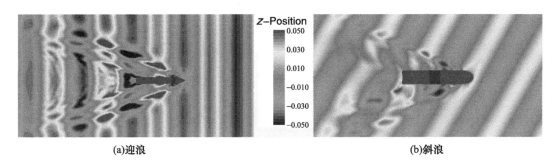

图 5.6.18 波浪中船舶运动的瞬间流场模拟

向稳定性、回转性、转首性、跟从性和停船性能等,目前采用的方法有经验公式、模型试验、数学模型仿真和 CFD 模拟。

基于数学模型的船舶操纵运动仿真软件从基本的运动定律出发,用反映船舶操纵运动过程中船体、螺旋桨以及舵的受力与船舶运动间关系的一组数学模型来描述船舶的操纵运动,并通过计算机对该数学模型进行数值求解,来仿真船舶在各种情况下的操纵运动。经过几十年的发展,许多学者提出了各种形式的船舶操纵运动模型,其中代表性的有两种:一种是阿柏科维茨(Abkowitz)1967 年在丹麦水动力研究所的一次讲学中提出的整体型模型,该模型的特点是水动力以泰勒级数的形式表示;另一种是日本操纵性数学模型研讨小组(MMG)1977年提出的MMG模型,该模型是分离型模型,其特点是以船体、螺旋桨和舵各自的水动力为基础,加上船-桨-舵相互之间的流体动力干扰。水动力系数的计算方法主要有回归公式、数值计算、约束模试验以及系统辨识等。此类仿真软件具有计算速度快、实时性好、考虑因素多等特点,但仿真的精度依赖于数学模型以及各水动力系数的准确性。

CFD模拟能够更加真实地考虑船舶操纵运动的实际情况,如转舵过程、船桨舵之间的干扰等,因此,成为近几年船舶操纵性研究的热点。CFD模拟船舶操纵运动的一个关键难点是如何处理船、桨、舵的动边界问题。在操纵运动中船体处于六自由度运动模式中,螺旋桨在随船体运动同时叠加旋转运动,舵在随船体运动同时叠加绕舵杆的旋转运动,这些运动边界对CFD求解器的处理动网格能力要求较高,在很大程度上限制了CFD在操纵性预报中的应用。此外,由于操纵模型试验中船模处于模型自航点,螺旋桨转速较自航试验大,这样在模拟操纵运动中CFD计算的时间步长难以放大,而整个操纵运动过程较长,造成数值模拟的计算量很大。

2. 计算机辅助操纵性计算的应用

图5.6.19为采用MMG模型仿真计算得到的某38000t散货船满载吃水设计航速±35°舵角船舶回转运动轨迹,以及10°Z形操纵运动艏向角与舵角示例。

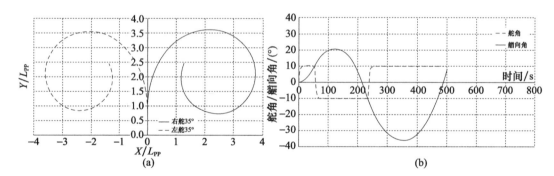

图5.6.19　±35°舵角回转运动轨迹(a)及+10°舵角回转运动轨迹(b)

CFD模拟操纵运动常采用重叠网格技术(Over-set),具有良好的适应性,能够在保证网格质量不变的情况下实现物体的大幅运动,在计算中可以对船、桨、舵分别划分网格,然后把多套网格叠加在一起进行计算,如图5.6.20所示。

由于螺旋桨旋转对模拟时间步长的限制,很多学者开发了螺旋桨的虚拟或简化模拟方法,如激励盘法。激励盘法用一个虚拟的螺旋桨盘面代替原来真实的螺旋桨,通过对其位置上的流体施加体积力,以体现螺旋桨对水流的抽吸作用。体积力的计算方式有多种,常用的是基于输入的敞水性征曲线计算。由于激励盘法不需要考虑真实的螺旋桨旋转,因此计算中运动可使用较大的时间步长,极大地减小了计算量。激励盘法结合重叠网格技术是目前常用的船舶操纵运动模拟技术手段,借此可实现Zig/Zag和回转运动,如图5.6.21所示。

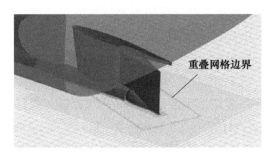 

图 5.6.20　舵旋转运动的重叠网格处理　　图 5.6.21　CFD 模拟操纵运动的瞬时流场

3. 相关问题及发展方向

CFD 操纵性模拟最大的难点是计算量大，常规的单机计算能力难以胜任，通常需要在大型计算机集群上进行数值模拟，因此在船舶设计优化阶段应用受限。另外，即使借助计算机集群也难以做到实时模拟，因此 CFD 操纵性模拟还未能应用到船舶驾驶模拟中。目前，CFD 操纵性模拟主要集中在静水中回转、Zig/Zag 和船舶倒车的操纵运动预报上，也有部分研究工作针对波浪中操纵模拟，但方法尚未成熟。

随着计算机技术和数值方法的发展，基于数值水池技术的船舶操纵性水动力系数计算以及操纵运动模拟越来越受到人们的重视，也取得了不少研究成果，这些技术的应用将进一步提升设计阶段船舶操纵性预报的精度。

5.7　总体设计的展望

如前文所述，总体设计作为船舶设计的龙头，需要统筹兼顾，抓住主要矛盾。当前的船舶设计主要还是各专业各自设计、优化，之后通过经验将其拼合，然而这样往往得不到最优的方案，甚至可能偏离最初的方向，这就需要一体化优化设计平台来进行整体的把握。另外，"低碳、零碳"将是未来船舶设计最为重要的目标之一，设计时需要更加偏重于这方面的考虑；数字化、智能化迅速发展不可忽视，短时间内可以通过大数据协助设计师做决策，长远来看可能对传统的船舶设计理念带来颠覆性的影响。

此外，从表 5.1.1 中也可以看出，当前几乎所有的总体设计软件均来自欧美，我国作为造船大国，未来需要在顶层设计的指导下，将大型造船企业、设计院所、高校联合起来，共同开发自己的船舶设计软件。

5.7.1　多学科与一体化优化设计

船舶设计是一个基于多目标、多参数、多约束条件下的多学科优化问题。部分软件已具备或提供了一些优化工具，如 NAPA 中内置了遗传算法，可以通过简单的二次开发确定横舱壁的位置，达到降低弯矩、减轻空船重量的目的。另外，以稳性计算为核心的软件，如 Maxsurf、NAPA 等也含有操纵性、耐波性计算等模块，但与专业软件相比功能相对薄弱，目前整体优化主要还是先在各软件内单独进行,输出结果经处理后再通过其他软件进行进一步优化。

图 5.7.1～图 5.7.3 是通过编程环境 Visual Studio 与专业软件 NAPA 相结合,实现了以稳性为衡准的主尺度及分舱的一体化设计。其中,图 5.7.1 为优化流程图,图 5.7.2 是通过 Visual Studio 设计的输入界面,用户可以在一定的范围内给出不同的尺度及货舱区的舱壁数量和舱壁位置,之后调用 NAPA 软件,在后台计算完成后自动保存;最后在 Visual Studio 中通过简单的编程处理,得到优选方案,并以表格或图形的形式显示,如图 5.7.3 所示。

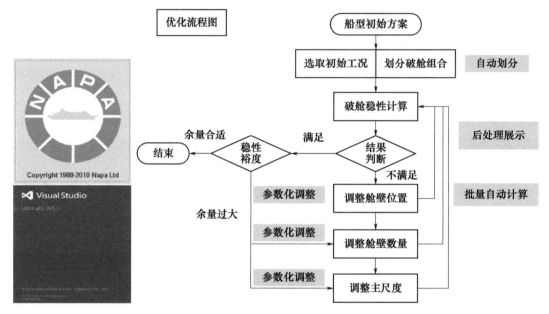

图 5.7.1 Visual Studio 开发环境 + NAPA 软件的流程图

图 5.7.2 主尺度方案界面(a)及分舱方案界面(b)

该平台可以进一步扩展,如将上述满足稳性要求且主尺度、分舱合理的线型保存为 iges 格式的文件,同时给出耐波性及阻力优化的衡准,结合 STAR CCM + 进行二次、三次优选等。

船舶设计未来的发展方向之一是基于多学科的一体化优化设计。例如以 CAESES 为基础,将线型、阻力、稳性、结构等软件串联起来(图 5.7.4),通过一个公共界面设置相关

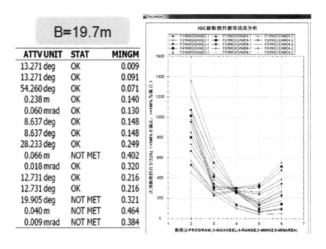

图 5.7.3　计算结果的表格及图形呈现

参数和最终的优化目标(如必需运费率 RFR),一体化完成船型全局优化。开发一体化设计软件并不存在太大的难度,例如目前工业界的功能强大的软件耦合器 iSight,已经可以整合一定数量的 CAD/CAE 软件,目前的问题之一是如何提高求解速度,这需要日益强大的计算能力及并行计算等相关技术的支持,也需要优化算法的改进。

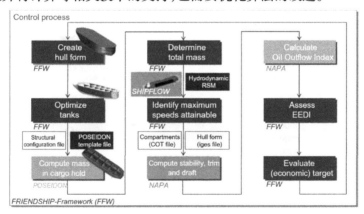

图 5.7.4　CAESES、NAPA、SHIPFLOW 及 POSEIDON 进行油船全局优化

一体化设计的另一个发展方向是包括从概念设计到生产设计的融合,各设计阶段将基于同一个模型、同一个平台进行,既可以弱化各设计阶段之间的交接从而缩短整体的设计周期,也可以保证设计数据的完整性,更加方便后续的优化迭代。当然,目前看来,还有较长的路要走。

5.7.2　船舶智能化的影响

1. 船舶智能化的特点及可解决的问题

船舶智能化是在综合传感、通信、信息、计算机等多种先进技术的基础上,结合船舶具体应用环境,构建基于大数据、信息物理系统和物联网等特征的智能系统,使船舶航行、管理与服务更高效、更低耗、更安全和更环保。

当前智能化的应用主要体现在数字化方面,数字化研究贯穿了船舶智能化发展的整个过程,大数据是智能化的基础。基于大数据的智能化应用,可解决许多棘手的问题,例如:

(1)通过分析船舶设备状态和备件情况,最优化备件配置。

(2)通过分析航速、气象、水文、靠泊港口日程,为船舶制定更经济安全的航线。

(3)通过分析船舶主机能耗、航速等数据,可为船舶设定更经济的航速。

(4)通过分析某航段所有船舶的历史流量和轨迹,为该航段设立助航设施提供参考。

(5)通过分析某航道所有船舶的位置,可提供实时交通流数据,为实行交通流管控提供依据。

2. 大数据在设计和营运中的应用案例

CFD 计算及模型试验已经广泛应用于船舶运动性能的评估,但由于海况的复杂性,往往很难模拟或试验出真实的结果。图 5.7.5 为某 40 万吨 VLOC 船在风浪中的实船失速数据,通过该数据可以更加合理地确定海况裕度,同时与 CFD 波浪增阻的计算结果对比并进行计算反馈,从而提升后续计算的可靠性。

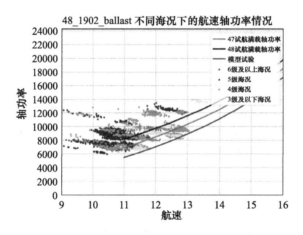

图 5.7.5　某 40 万吨 VLOC 船在风浪中的失速情况

图 5.7.6 和表 5.7.1 中,通过 AIS 抓取了 10 艘 PCTC 一年内的航线、吃水、航速统计数据,并以此来协助确定新船型的主尺度(和码头有关)、续航力和航速。

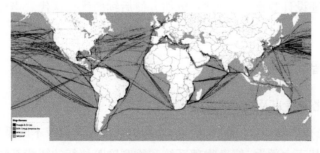

图 5.7.6　10 艘 PCTC 一年内的航线

表 5.7.1　10 艘 PCTC 一年内的航速及吃水统计表

吃水/m \ 航速/kn	0	1	2	3	4	5	6	7	8	9	10	11	12	13	14	15	16	17	18	19	20	>20	总计
<7	2.1%	0.0%	0.0%	0.0%	0.0%	0.0%	0.1%	0.0%	0.0%	0.0%	0.0%	0.0%	0.0%	0.0%	0.0%	0.0%	0.0%	0.0%	0.0%	0.0%	0.0%	0.0%	2.4%
7-7.5	4.6%	0.2%	0.1%	0.1%	0.0%	0.1%	0.1%	0.0%	0.1%	0.3%	0.3%	0.7%	0.8%	0.8%	0.3%	0.3%	0.3%	0.1%	0.1%	0.1%	0.0%	0.0%	9.6%
7.5-8	2.6%	0.6%	0.6%	0.3%	0.3%	0.1%	0.4%	0.2%	0.3%	0.3%	0.9%	0.6%	1.2%	2.1%	2.3%	2.5%	1.5%	0.6%	0.1%	0.1%	0.0%	0.0%	17.0%
8-8.5	4.7%	0.4%	0.4%	0.1%	0.1%	0.1%	0.4%	0.2%	0.3%	0.4%	0.7%	1.0%	1.2%	1.1%	1.7%	1.7%	1.1%	0.6%	0.1%	0.1%	0.0%	0.0%	16.3%
8.5-9	4.3%	0.3%	0.3%	0.1%	0.1%	0.1%	0.2%	0.5%	0.4%	0.4%	0.6%	0.8%	0.8%	1.6%	2.8%	5.3%	4.8%	2.4%	1.1%	0.3%	0.1%	0.0%	27.3%
9-9.5	2.9%	0.2%	0.2%	0.1%	0.1%	0.1%	0.2%	0.2%	0.2%	0.4%	0.8%	0.8%	1.0%	3.1%	5.7%	5.1%	2.4%	1.5%	1.0%	0.1%	0.0%	0.0%	24.7%
9.5-10	0.2%	0.2%	0.0%	0.0%	0.0%	0.0%	0.0%	0.0%	0.0%	0.0%	0.1%	0.0%	0.6%	0.8%	0.7%	0.3%	0.0%	0.0%	0.0%	0.0%	0.0%	0.0%	2.6%
小计	21.4%	1.8%	1.7%	0.7%	0.6%	0.6%	1.3%	1.2%	1.4%	2.5%	2.5%	3.4%	5.3%	9.8%	16.4%	15.1%	8.1%	4.0%	1.4%	0.6%	0.1%	0.0%	100.0%

图 5.7.7 为某 40 万吨 VLOC 船航行过程中的纵倾优化,通过压载水来调整纵倾以获得不同纵倾下的轴功率,从而获取最佳的纵倾值。长航程的纵倾优化测试表明其主机功率和每海里油耗降低约 4%～6%,经济效益非常可观。

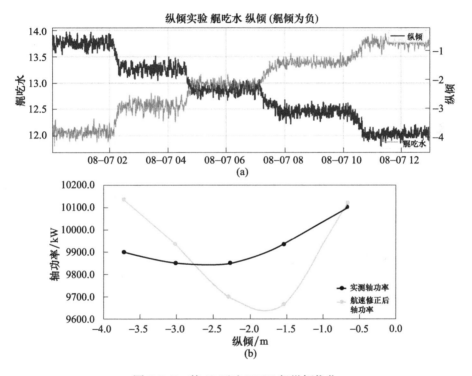

图 5.7.7　某 40 万吨 VLOC 船纵倾优化

3. 船舶智能化的发展趋势

无人化是船舶未来发展趋势之一。目前 IMO 已经开始着手制定海上自主船舶(MASS)的标准。MASS 的本质特征是高度自动化,部分自主决策甚至完全自主决策和执行,因此将对现行的规范公约带来颠覆性的影响,估算这项工作至少需要 20～30 年才可完成。

智能化与风险理念的结合将对船舶总布置产生较大的影响。如对于某船宽达 65m 的超大型矿砂船(图 5.7.8),为了满足规范的要求,驾驶桥楼需要延伸到船宽,而如果在甲板两舷加装摄像头并达到一定的冗余度,则可以考虑取消驾驶桥楼延伸从而节省钢料重量同时避免桥翼振动。事实上,目前已有船级社提出愿意和设计方一同通过风险评估来考虑接受这一替代方案。

目前,欧洲部分码头安装了自动系泊设备,如荷兰 CAVOTEC 公司的 MoorMaster(图 5.7.9)、芬兰麦基嘉公司的 MOOREX 等,理论上可使得船上的系泊设备大大减少、降低设备及人力成本,船首线型也可以更加削瘦以提高航速。在新船设计上,部分船东已考虑借助于智能化减少船员配额及上建内部处所。

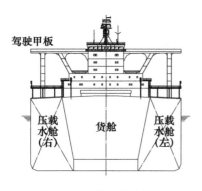

图 5.7.8 某大型矿砂船

图 5.7.9 MoorMaster 自动系泊系统

思考题

1. 主尺度确定及优化过程中,需要注意哪些限制条件?
2. 重量管理软件 ShipWeight 的主要功能是什么?
3. 什么情况下,需要在设计前期仔细校核船舶总吨?
4. 大型客船的总布置设计相对常规的货船有什么特殊点?
5. 做总布置时,进行局部三维设计的目的是什么?
6. 简述完整稳性的计算流程。
7. 破舱稳性分为几种?其区别在于何处?
8. 线型优化的目的是什么?
9. 计算机线型设计的理论基础是何种技术?
10. 举例说明参数化线型设计和阻力计算如何结合进行优化设计。
11. 船舶耐波性计算理论主要有哪两种?各自的特点是什么?
12. 螺旋桨设计相关主流软件都有哪些?各软件主要解决什么问题?
13. 目前操纵性预报方面有哪两种常用的计算机辅助设计方法?
14. 简述两个数字化及智能化在计算上的应用实例。

第六章 计算机辅助船舶结构设计

船舶结构设计是船舶设计中一个重要组成部分,结构设计的核心是保证船体结构的安全。本章简要介绍船舶结构设计的基本方法、流程、任务和计算机辅助船舶结构设计软件。通过本章学习,理解并掌握船舶结构规范计算和船舶结构三维建模方法,并能利用计算机辅助软件开展梁系计算、结构有限元分析、振动噪声分析等船舶结构直接计算。

6.1 概 述

6.1.1 结构设计任务

船舶结构设计的主要任务是根据总体设计确定的船舶主尺度、线型、分舱及布置,确定船舶各部分结构布置、骨架形式及构件尺寸,使船舶具备足够的强度抵抗货物、油水、设备等内部载荷及外部风浪载荷。船舶结构设计的先决条件是总体设计初步完成,包括船长、船宽、型深、结构吃水等主尺度确定,以及船体型线设计、船舶分舱、上层建筑层数确定及房间布置初步完成。

船舶结构设计的主要目标,是使船舶的总纵强度和局部强度满足船级社规范的要求、船东的使用要求以及船厂建造工艺的要求。结构设计的具体任务包括确定船底、舷侧、舱壁、甲板等板架结构的骨架形式、骨材间距,主要支撑构件(肋板、桁材、强框、支撑平台、强横梁等)的布置,并根据规范要求确定板材厚度、骨材规格及所用材料。在船舶技术规格书中,船东可能对船体结构提出规范以外的要求,如额外增加板厚,在结构设计中应一并考虑。

船舶结构设计主要输出图纸有舯横剖面图、基本结构图、外板展开图、货舱段结构图、机舱结构图、艏部结构图、艉部结构图、上层建筑及甲板室结构图、各类设备基座加强图等。此外,结构设计一般还需输出若干计算书,如结构规范计算书、总纵强度计算书、锚机及系泊加强计算书、振动计算书等。

6.1.2 结构设计方法及流程

早期的船舶结构设计完全基于经验公式手工计算和手工绘图,随着计算机技术的快速发展,引入了各种计算机辅助手段,使得船舶结构设计进入了更为快捷和精确的计算机辅助设计时代。首先,现代船舶设计已完全实现了基于计算机辅助设计软件绘图,告别了手工绘图的时代;其次,各船级社推出了基于其规范的计算机辅助设计软件,使船舶设人员不再需要逐一对照规范中的公式手工计算；再次，随着水动力计算、有限元分析等基于计算机直接计算技术的发展，船舶结构设计规范中对于复杂结构的设计要求采用直接计算方法变为可能，进而获得更准确、更安全的设计。

传统的船舶结构设计限于技术条件，只能通过三向二维视图来表达三维的船舶结构，设计者将三维的结构布置切成二维面来表达，需要时刻关注三向视图的统一性，大大加重了设计者的负担；此外，二维设计容易忽略构件间的空间干涉影响，导致结构设计不合理。近年，随着计算机三维技术的飞速发展，船舶设计已逐渐从二维设计向三维设计转变。人类的感官系统是基于三维世界的，相比于二维图形，人们对于三维模型的认知和处理更为清晰和准确。船舶结构的三维设计使设计完全基于三维模型，不仅方便设计人员进行构件布置的空间干涉检查，而且可以实现一模多用，通过三维模型直接生成二维图纸或生成有限元模型，减少了设计阶段的重复工作，提高了设计效率。

基于二维图纸的结构设计主要流程如下：

(1)根据总体设计确定的船舶主尺度，确定舯部区域主要纵向结构（舷侧外板、纵舱壁、船底、舱口围等）和横向支撑结构（肋板、强框架、主肋骨等）布置，根据规范要求确定板架形式和构件尺寸，得到舯横剖面图；

(2)根据总体布置和结构规范要求，布置除舯部区域以外其他区域的主要构件（舷侧外板、各层甲板、船底、纵舱壁等）并计算尺寸，得到基本结构图和外板展开图；

(3)根据总体装载工况数据，确定许用静水弯矩和静水剪力曲线，并建立船体各横剖面结构进行总纵强度计算；

(4)根据初步确定的船舯区域结构构件，建立三维有限元模型并计算，验证构件尺寸，并根据有限元计算结果，更新舯横剖面图和基本结构图中相应构件尺寸；

(5)根据详细的构件计算，确定各个分段结构详细布置和构件尺寸，得到各分段图纸；

(6)根据分段图纸，建立全船或局部有限元模型进行振动和噪声分析。

具体流程如图6.1.1所示。

基于三维模型的结构设计主要流程如下：

(1)根据总体设计确定的包含外壳板和甲板、纵舱壁、内底板、横舱壁等主要分舱板结构的三维几何模型，根据规范布置舷侧外板、各层甲板、船底、纵舱壁等主要板上骨材和主要支撑构件，并计算构件尺寸；

(2)根据总体装载工况数据确定许用静水弯矩和静水剪力曲线，从三维结构模型中导出各横剖面，导入规范计算软件进行总纵强度计算；

(3)根据三维结构模型生成有限元模型，进行有限元分析验证构件尺寸；

(4)根据详细构件计算确定三维模型各个分段结构详细布置和构件尺寸，添加筋、肘板、开孔等详细构件布置；

(5)从三维结构模型中导出全船或局部有限元模型进行振动和噪声分析；

(6)结构设计后，需回到总体设计中，校核船体空船重量及分布对其他方面的影响。

具体流程如图 6.1.2 所示。

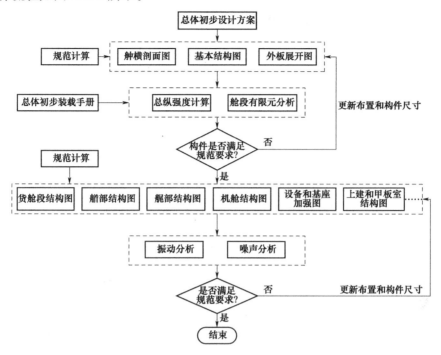

图 6.1.1　船舶结构二维设计流程

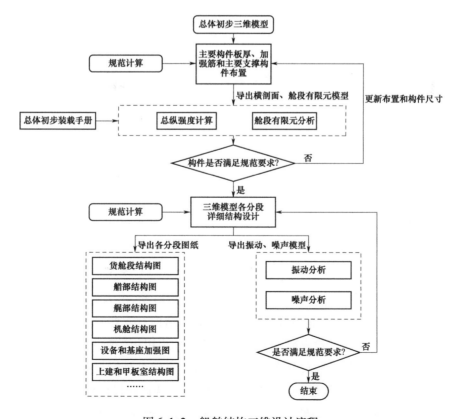

图 6.1.2　船舶结构三维设计流程

6.2 船舶结构三维建模

6.2.1 概述

船舶设计一般分为基本设计(方案设计)、详细设计(送审设计)和生产设计三个阶段,目前国内的生产设计都已采用三维设计,基本设计和详细设计还停留在二维阶段。二维设计的不足是众所周知的,随着制造行业,如建筑、航空、汽车、机械等三维设计的普及,从二维设计转向三维设计的时机已经来临。近年来,各大船舶设计单位、船级社、船厂和船舶软件公司正在尝试越过二维 CAD 图纸,直接三维模型送审,预示着三维设计是今后船舶设计的必然趋势。

船舶三维设计的软件主要有 Aveva Marine、Catia、NAPA、CADMATIC 等。Aveva Marine 在国内外船舶生产设计领域应用广泛,目前也在向详细设计和基本设计延伸。Catia 软件在航空航天、汽车等高端制造行业应用广泛,设计经验带到船舶设计领域,具有很强的竞争力。NAPA 软件主要用于船舶总体性能计算和结构基本设计,有其独特的优势。CADMATIC 平台包括 CADMATIC Hull 和 CADMATIC Outfitting 两个软件,分别用于结构和轮机、舾装、电气专业的设计。此外,国内开发的 SPD(东欣)软件,主要用于生产设计。

以上各大船舶设计软件,除 NAPA 外其他都偏重于生产设计,而用于生产设计的三维模型不能直接应用于规范计算和有限元计算。由于规范计算模型和有限元模型都要在实船的基础上作一定的简化,因此 NAPA 软件比较适合详细设计。不过,随着软件的进步,偏向生产设计的软件也会增加规范计算和有限元计算的功能模块。本章采用 NAPA 软件介绍船舶结构三维建模。

6.2.2 三维结构设计

目前结构建模一般用 NAPA Designer,总体性能计算还用老版的 NAPA,不过以后也要逐步转到 NAPA Designer 上来。NAPA 设计平台还有一个专门出图的模块 NAPA Drafting,其本质是 AutoCAD 加上一个与 NAPA DB 通信的模块,能够做到二维图纸实时更新。NAPA Designer 采用 Server DB 协同建模模式,允许多人同时建模。

1. 建模流程

NAPA Designer 结构建模的原则是:分区建模,先板后筋,由大到小,逐步深入。具体建模流程如图 6.2.1 所示。总体专业创建 NAPA DB,结构专业建模工作随之进行。先做建模之前的准备工作。首先检查船壳和重要参考面如主甲板、双层底、内壳等是否存在,如果有缺失,结构专业需要补充;其次检查肋位标尺、纵向纵骨标尺和垂向纵骨标尺。一般地,肋位标尺由总体专业创建,纵向纵骨标尺和垂向纵骨标尺由结构专业根据情况补上。之后是将 SYSDB 里的预先编好的配置表格模板复制到项目 DB 中来。最后将全船划分为不同的建模区域,通过建立 STR*STEEL 树将这些建模区域组织起来。

每个区域的建模工作又分为两个阶段,即大板架建模阶段和模型细化阶段。大板架建模阶段创建大的板架如外板、甲板、平台、双层底、肋板等,强构件如纵桁、强横梁、强肋骨等也在此阶段创建。创建筋、板缝、开孔和肘板等工作属于模型细化阶段。之所以要划分成两个建模阶段,一是符合逻辑,二是结构专业需先将平台、甲板、舱壁等建出,以便为轮机、舾装、电气等专业提供建模背景。

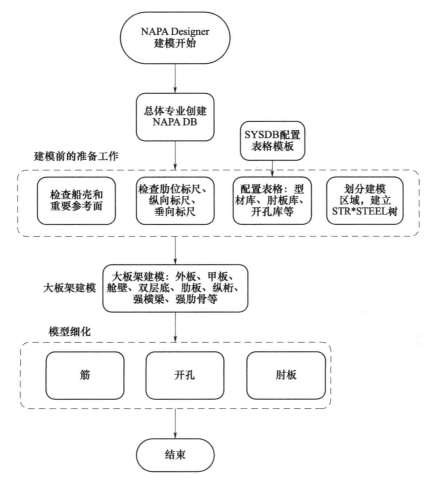

图 6.2.1　NAPA Designer 建模流程

2. 建模区域的划分

NAPA 三维建模区域的划分十分重要,构件的命名、构件的管理直接与其相关,好的区域划分可降低建模的复杂性,提高建模效率。对于散货船、集装箱船、油船、化学品船、多用途船等,货舱区可分成前中后三个区域(也可以分成前后两个区域),机舱可分成上中下和双层底四个区域,艉部分成上下两个区域,艏部分成上下两个区域,其他如艏楼、艉楼、上建各层甲板都自成一个区域。每一个区域都有唯一的区域代号,一般由两到三个字母组成。在正式建模之前,应该先建立全船建模的 STR*STEEL 树。

3. 构件的命名

构件的命名也很重要。NAPA DB 里面的每个构件的名字都是唯一的。建议的构件名称由三部分组成：区域代号 + 专用分类号 + 位置（序号）。如果是参考面，前面要加上"S."；如果是参考线，前面要加上"C."，以示区别。区域代号表明构件所属的建模区域，专用分类号主要说明构件的性质，如甲板、纵桁、纵舱壁、强肋骨等，位置（序号）则表明构件所处的位置，如#102、#L7 等。如果相同位置有两个或者多个相同性质的构件，则用"_1""_2"等加以区分。如"DKA_TBH#43"，表示 A 甲板位于#43 处的横舱壁。构件的名称不要超过 18 个字母。

4. 交互式建模和命令式建模

后续主要用命令方式来创建构件，而不用交互式建模，这主要是考虑到当前的交互式建模有比较大的局限性，只适用于较简单情况，不能创建复杂构件，而且修改起来不方便。交互式建模的优势在于所见即所得，直观性更好。最理想的方式是将两者混合起来，哪种方式建模方便就用哪种。交互式方式建模比较简单，参考 *NAPA Designer Help* 即可掌握。创建复杂构件要用到 PCURVE 语句，掌握 PCURVE 语法是 NAPA 建模的难点之一，由于篇幅所限，本教材没有介绍，感兴趣的读者可以参考 *NAPA Mannuals*。另外一种创建复杂构件的方法是用辅助线作构件边界，但辅助线修改起来不方便。

5. 其他

目前 NAPA 还不能创建实船上的所有结构细节，或者某些细节在 NAPA 模型中创建会花费大量时间，如肘板上加筋、筋的过渡、焊接角孔、流水孔、透气孔等。NAPA 定位于基本设计与详细设计，上述结构细节将在生产设计中完成。随着 NAPA 软件的逐渐完善发展和三维模型送审的要求，这些细节在将来可能都要在 NAPA 模型中创建出来。

6.2.3 结构三维模型的用途

NAPA Designer 船舶结构三维模型的用途很多，如三维模型送审、导出有限元模型、导出规范计算剖面、出二维 CAD 图纸、导出其他船舶三维软件、统计重量、模型三维展示等，下面从三维模型送审、导出有限元模型、导出规范计算剖面、导入其他船舶三维软件、统计重量五个方面介绍 NAPA 结构三维模型的用途。

1. 三维模型送审

三维模型送审是跳过船舶的二维图纸，直接送审三维模型，省去许多二维出图时间。船级社接纳的三维模型格式尚未统一，ABS 为 JT 格式，DNV-GL 为 OCX 格式，LR 为 3D-PDF 格式。

2. 导出有限元模型

如果采用二维结构设计，有限元模型从零开始建起，要耗费大量的人力和时间。当前要求的有限元分析区域越来越大，分析的部位也越来越多，采用 NAPA Designer 模型导出有限元模型的方式将很大程度上提高有限元的建模效率。

3. 导出规范计算剖面

NAPA Designer 提供导出船级社规范计算软件的接口,主要有:Mars2000(BV 船级社)、Nauticus Hull(DNV-GL 船级社)、SeaTrust-HullScan(KR 船级社)、Eagle UDM(ABS 船级社)、Ship3d(NK 船级社)等。

在实船设计中,对于纵骨架式、全部参与总纵强度的货舱区,从 NAPA Designer 模型导入规范计算软件计算是有优势的,导入的剖面能够节省一部分规范计算建模的工作量,但对于机舱、尾部、首部等区域,有很多构件只是部分参与总纵强度,导入规范计算软件后的修改工作量较大,究竟是否应用 NAPA Designer 模型导出规范计算剖面应根据具体情况、具体部位而定,不可一概而论。

4. 导入其他船舶三维软件

NAPA 结构模型可以导入其他船舶三维软件,如 CADMATIC Hull、CADMATIC Outfitting、Aveva Marine(Tribon)等。NAPA 结构模型导入 CADMATIC Hull 的接口是由 Numeriek Centrum Groninger(NCG)公司开发的。

虽然 NAPA 提供了导入到其他生产设计软件的接口,但导出的结构模型能否应用于生产设计使用还有待考证。与生产设计的模型相比,NAPA 模型显得粗糙,端部切口、板厚、飞边等细节都没有考虑。为了提高建模效率,NAPA 建模时常常将多块板建成一块板。导入生产设计软件之后的模型需要按照实际将其分割成多块板,这会带来大量的后续修改工作,但如果将这些结构细节在 NAPA Designer 中创建出来,又会影响 NAPA Designer 的建模效率。

5. 统计重量

对于船舶设计来说,结构重量占到空船重量的 60% 以上,是非常关键的数据。如果前期预估的结构重量不准确,则会影响到总体的载重量、完整稳性、破舱稳性,以及快速性等性能。传统船舶设计中,主要依据母型船估算结构重量,如果新船与母型船相差较大,则估算结果偏差也较大。虽然后期的生产设计能够提供一个比较准确的重量统计,但如进行较大调整则比较困难。NAPA Designer 建模较快,修改也很方便,因此能够提供一个比较准确的结构重量数据,并给出钢料清单。

6.3 船舶结构规范计算

6.3.1 概述

船舶结构计算主要分为两大部分,即规范计算和直接计算(包括梁系分析和有限元分析)。规范计算是依据船级社相应的规范公式、条文来计算构件的尺寸。通常,纵向连续构件的板厚、次要构件(如纵骨、横梁、扶墙材、肘板等)的尺寸主要依据规范计算;主要支撑构件(如纵桁、强肋骨、船底肋板等)的尺寸一般由直接计算决定。

主要的船级社规范有 ABS(美国船级社)规范、BV(法国船级社)规范、CCS(中国船级社)规范、DNV-GL(挪威-德国船级社)规范、KR(韩国船级社)规范、LR(英国劳氏船级社)、NK(日本船级社)规范、RINA(意大利船级社)规范等。此外,还有 IACS(国际船级社协会)针对散货船和油船推出的 CSR 规范(共同结构规范)。由于历史原因,各船级社规范之间,有的关系比较紧密,差别不大,有的却迥然不同,如 KR 规范和 NK 规范几乎一样,CSR 规范与 BV 规范比较接近,DNV-GL 规范又与 CSR 规范非常相似。

船级社结构规范大体上可以分为两大类:一类规范先分析工况,根据工况计算载荷,再计算构件尺寸,我们称之为"类 CSR"规范,属于这一类的规范有 CSR 规范、DNV-GL 规范、BV 规范;另一类规范先分析构件所处的部位和属性,如外板、主甲板、横舱壁等,再根据部位选择计算尺寸,我们称之为"非 CSR"规范。"非 CSR"规范很多,如 CCS 规范、LR 规范、ABS 规范、NK 规范等。船级社结构规范的主要内容见表 6.3.1。

表 6.3.1 船级社结构规范的主要内容及对照

项目	内容	
	类 CSR 规范	非 CSR 规范
总纵强度	静水弯矩及剪力、波浪弯矩及剪力、船体梁最小剖面模数及惯性矩、船体梁屈曲等	
载荷	载荷被分为总纵载荷、外载荷(海水相关载荷)和内载荷(如液舱压力)等	没有成体系的载荷章节,载荷概念散见于各个章节中,主要有甲板载荷和液舱载荷等
局部构件尺寸	构件被分为板、筋、主要支撑构件三大类,每一类都有统一的计算公式。 板:板厚; 筋:剖面模数、惯性矩; 主要支撑构件:剖面模数、惯性矩	按构件所处的部位和属性选取相应的计算公式,构件类型有外板、甲板、单层底、双层底、舷侧骨架、甲板骨架、水密舱壁、深舱、上层建筑和甲板室等
屈曲强度	通过"细长比"体现。 板的"细长比"是其短边与厚度的比值,筋的"细长比"是其腹板高度与厚度的比值,主要支撑构件的"细长比"与筋类似	部分规范与类 CSR 规范类似,部分规范无明确要求(规范中对板、筋的临界应力与工作应力的比值有要求)。CCS 规范中对基于有限元直接计算的屈曲强度也有要求。不仅对纵向连续构件有要求,横向构件也有要求
最小厚度	针对船底板、舷侧外板、主甲板、双层底、船底肋板、船底纵桁、水密舱壁、深舱舱壁等构件的最小厚度有相关要求,集中在一个章节之中	最小厚度散见于各个章节,部分不以最小厚度的名义出现
特定船型	除 CSR 规范之外都有相关要求,但各船级社的分类和要求不全相同,一般有单(双)壳油船、集装箱船、散货船、客船、滚装船、渡轮、矿砂船、拖轮等	
冰区	分为"瑞典-芬兰冰区"(Baltic Ice)和"极地冰区"(Polar Ice)两种,各个船级社规范要求基本相同	
代表船级社规范	CSR 规范、DNV-GL 规范	CCS 规范、LR 规范、ABS 规范

结构专业与其他专业有很大不同,其他专业在更换船级社时,往往只需要局部微调就能满足不同船级社的要求,结构专业却必须从头开始全船核算一遍。有时为了满足不同船级社规范和降低结构重量的要求,还要调整结构布置形式。同一构件尺寸按照不同的船级社规范计算时有的相差较小,有的相差较大。

船级社结构规范计算的方式有 EXCEL 表格手工计算和船级社规范软件计算两种。用 EXCEL 手工计算比较方便快捷,但只适用于比较简单的规范计算,而且要求编制人员对规范有较深的理解,对规范理解偏差时容易编错。对于 EXCEL 表格的使用人员来说,又有输入参数太多、使用方便性较差、检查比较麻烦的弊端。应用规范软件进行规范计算时,建模工作相对烦琐,耗时较长,但对规范的理解程度没有太高要求,计算结果相对可靠,后期修改、查看也比较方便。在实船设计当中,一般是以规范软件计算为主、EXCEL 表格手工计算为辅的,对于规范软件没有覆盖到的地方,用 EXCEL 表格手工计算加以补充。除非是对于非常简单的规范计算,EXCEL 表格可以覆盖大部分的计算内容,这时两者的主次关系可以颠倒过来。由于类 CSR 规范一般比较复杂,EXCEL 计算表格编写困难,计算工作一般是用规范计算软件完成的,EXCEL 手工计算的部分较少。

6.3.2 结构规范计算软件简介

船级社规范计算软件很多,每家船级社都有自己的规范计算软件,如 DNV – GL 船级社有 Nauticus Hull 和 Poseidon,LR 船级社有 RulesCalc,ABS 船级社有 Safehull、Eagle Containership,ABS 和 LR 两家船级社又联合开发了 CSR Prescriptive Analysis,以便对入级 CSR 的船舶进行规范计算。除上述规范计算软件之外,还有 CCS 的 Compass、BV 的 Mars2000、NK 的 PrimeShip – HULL、KR 的 SeaTrust_HullScan 等。

规范计算软件虽然很多,但其原理与流程是类似的:

(1)填入船舶的基本信息,如入级符号、主尺度和重要设计参数、肋位标尺等。

(2)创建数量不等的横剖面,每一个横剖面应能作为船体结构在一定长度范围内的典型代表,其中最重要的是舯横剖面,它是一艘船中间部分的典型代表。到了机舱、艏艉部,船体线型收缩,布置形式也不同,需要创建多个横剖面。创建横剖面的方式是先创建板架。板架是构件尺寸计算的依据,一般有船底板、舷侧外板、主甲板、双层底等多种类型。然后在板架上建出板和筋,输入板的厚度和材料属性,纵骨或横梁的定位、尺寸、材料和跨距等。最后建出分舱,以提供设计载荷。

(3)运行软件,校核计算结果。船体梁的总纵强度是首先要校核的,板和筋的计算结果一般以云纹图显示它们的实际使用值和规范要求值之间的差距。

图 6.3.1 显示了船体结构规范计算一般流程。好的规范计算软件往往建模方便,接口丰富,可以从外部导入模型,计算可靠,查看方便,中间计算结果详细,且指明相关的规范条款,方便查证。

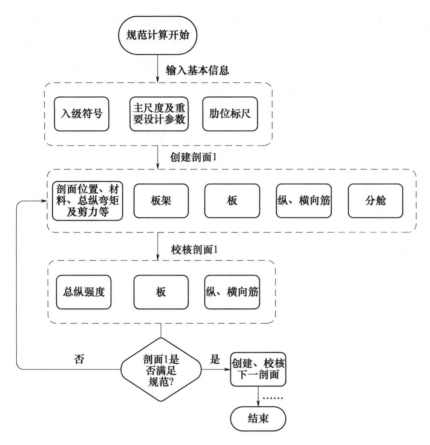

图 6.3.1 船体结构规范计算流程

下面简单介绍比较常用的规范计算软件：Mars2000、Nauticus Hull、Poseidon、RulesCalc、CSR Prescriptive Analysis，着重介绍各款软件的特色和适用范围。

1. Mars2000

Mars2000 是 BV 船级社的一款典型的规范计算软件，分为"Basic Data""Edit"和"Rule"三部分，体现了上述规范校核流程的三大步骤。与其他规范计算软件相比，Mars2000 有如下优点：非常小巧，整个程序安装包不到 10MB；建模方便，速度快，很快就能出结果；免费安装，很多 BV 船级社以外的船级社审图人员也安装了 Mars2000。如果是在方案设计阶段，往往用 Mars2000 可快速地建出舯横剖面，初步校核舯横剖面的强度，作为结构设计的基础，等到详细设计阶段，才根据船级社选择规范计算软件。

2. Nauticus Hull

Nauticus Hull 是原 DNV 船级社的主要规范计算软件，支持最新的 DNV–GL 规范，升级后的 Nauticus Hull 的界面改动很大，主要适用于除集装箱船、多用途船之外的船舶。Nauticus Hull 中还提供了许多规范计算表格，方便对不参与总纵强度的构件进行计算，具有较强的实用性。Nauticus Hull 还可以导出模型到有限元软件 Genie 中进行计算，且载荷和边界条件都可以一起导出，节省了一部分有限元建模时间。另外，Nauticus Hull 还可以导入 OCX 格式船体模型,节省了在 Nauticus Hull 中手工建模的工作。总体来说,对于入级 DNV – GL(集装箱船、多用途船除外)的船舶来说,用 Nauticus Hull 来做规范计算,还是比较有优势的。

3. Poseidon

Poseidon 是原 GL 船级社的规范计算软件,更新后支持 DNV – GL 规范,主要适用于集装箱船和多用途船。与大部分规范计算软件不同,其建模方式类似于三维,而一般规范计算软件是二维的,各个横剖面之间各自独立,没有联系。Poseidon 在建模时不仅要定义船舶在横剖面的形状,还要定义每个构件在纵向上的范围和形状,这样的建模工作会比一般规范计算软件复杂,但好处是模型创建完之后在每个肋位都可以作尺寸校核,计算非常精细。Poseidon 的外板线型一般从 NAPA 导出。另外,Poseidon 不仅可以做规范计算,还可以做有限元前后处理(建模、加载边界条件、查看结果),集装箱船的规范计算和有限元前后处理都可以用 Poseidon 完成,如果是入级 DNV – GL 的集装箱船或多用途船,用 Poseidon 是首选。

4. RulesCalc

RulesCalc 是 LR 船级社的船舶规范计算软件。RulesCalc 特色之处是其与 LR 规范结合比较紧密,能很方便地找出每一个计算结果的出处,对于理解 LR 规范较有帮助。

5. CSR Prescriptive Analysis

CSR Prescriptive Analysis 是 ABS 船级社与 LR 船级社联合开发的一款专门针对入级 CSR 船舶的规范计算软件。其与 Mars2000 的功能类似,但吸收了 Mars2000 的大部分优点,能给出比 Mars2000 更多的中间计算结果,部分计算结果比 Mars2000 更可靠,缺点是建模工作比 Mars2000 稍微复杂。对于入级 CSR 的船舶而言,CSR Prescriptive Analysis 也是一个不错的选择。

6.4 船舶结构直接计算

6.4.1 概述

船舶结构直接计算是通过计算机辅助建立梁系模型或有限元模型,施加相应的约束和载荷,并基于梁系理论、板壳理论或有限元理论求解得到结构位移和应力等响应,从而评估船体结构强度的方法。结构直接计算主要用于分析复杂板架结构的强度,以辅助确定板架结构尺寸。常用的直接计算方法主要包括梁系计算法和有限元分析法。

不同船级社规范中均有对船体复杂结构或复杂受力处进行直接计算的相关要求,本节后续内容主要以 CCS《钢制海船入级规范》(2021)为例(简称"CCS 规范")。

CCS 规范中规定,当支持横梁的甲板纵桁承受 2 个或 3 个集中载荷时,其剖面模数 W 应由直接计算确定;对于支持甲板纵桁的强横梁,或对支持强横梁的甲板纵桁,其尺寸应由直接计算确定。对于甲板设备(如锚机、系泊绞车、带缆桩、起重设备等)的支撑结构,应通过梁系或有限元直接计算确定构件尺寸。此外,对于双层底肋板、纵桁以及双壳内的强框架、水平桁等主要支撑构件的尺寸,通常也需要有限元直接计算确定。

CCS 规范中,对于船长 150m 及以上的双壳油船、集装箱船和散货船等船型,要求进行舱段有限元直接计算,以评估货舱区主要构件强度;对于强力甲板舱口宽度大于 $0.89B$ (B 为船宽),或结构布置为非常规形式的集装箱船,以及具有 4 个及以上液货舱或船长大于 200m 的薄膜型液化天然气运输船舶,要求进行全船有限元直接计算。

随着船东对舒适性要求越来越高,振动和噪声计算已经成为船舶设计阶段的必要工作。目前振动计算评估的国际通用标准为 ISO6954,噪声计算评估的国际通用标准为 MSC.337(91),各船级社也制定了相应的振动噪声相关船级符号,对应更为严格的评估标准,以 CCS 规范为例,对振动舒适性提供了"COMF(VIB n)"符号,对噪声控制提供了"COMF(NOISE n)"符号。

6.4.2 梁系计算

1. 梁系计算简介

梁系计算将船体加筋板、支柱等结构等效为交叉梁系,根据施加的外载荷及边界约束,通过建立平衡方程并用力法或位移法等经典结构力学方法求解得到各节点的位移响应,进而得到各梁变形及内部应力。梁系计算方法在船舶结构设计阶段主要用于承受多点载荷的强构件尺寸计算、锚机及系泊设备加强计算等。梁系计算结果理论上为精确解,但由于船上基本为加筋板架结构,将板架转为梁系模型时做了较多的简化处理,得到的计算结果实际为近似值。以下主要以 DNV 船级社的 3D–Beam 软件为例介绍梁系计算方法和流程。

2. 梁系模型创建

梁系模型由梁单元和梁单元之间的连接节点构成。对于常见的板架模型,需要将其拆分为若干根含带板的梁,次要构件的带板宽度取骨材间距,主要构件的带板宽度取构件的有效支撑宽度,CCS 规定的主要构件安装在平板上的带板有效宽度计算公式为

$$b_e = fb \tag{6.4.1}$$

式中 b_e——主要支撑构件带板有效宽度;

f——系数,$f = 0.3(l/b)2/3$,但不大于 1,l 为主要构件的跨长。

b——主要支撑构件所支承的面积的平均宽度。

3. 梁系载荷和边界约束施加

梁系模型的载荷主要有线载荷和点载荷两类。线载荷用于模拟板架结构承受的侧向压力,点载荷用于模拟板架结构承受的集中力或力矩。板架上承受的侧向压力与等效梁上的线载荷关系为

$$q = P \cdot b_p \tag{6.4.2}$$

式中　q——梁单元承受的线载荷；
　　　P——板架承受的侧向压力；
　　　b_p——梁单元带板宽度。

梁系模型中,边界约束作用于节点,可以约束节点 6 个自由度中的任意数量自由度。边界约束形式的选取应根据实际情况确定,常用的边界约束形式主要有简支和刚固两种。一般船舶构件之间的约束作用介于简支和刚固之间,即弹性约束。弹性约束的弹性系数较难确定,实际计算中通常将其简化为刚固或简支约束。对于简化为简支约束的模型,由于约束作用偏小,模型的变形偏大,计算结果偏于保守。一般而言,对于范围取得足够大的梁系模型,边界可作刚固处理,得到的结果接近真实情况。

典型的系泊计算梁系模型如图 6.4.1 所示。

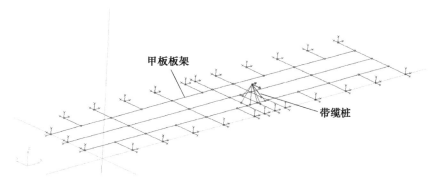

图 6.4.1　3D-Beam 系泊梁系模型

4. 梁系计算结果评估

梁系计算结果输出主要有节点位移、梁单元轴向应力、弯曲应力和剪切应力等。通过节点位移可以评估梁系模型的刚度,通过梁单元应力与规范许用值比较,可以评估结构强度是否满足要求。CCS 规范规定的用于评估锚机基座及支撑结构、起重设备基座及支撑结构的梁系模型许用应力见表 6.4.1。

表 6.4.1　CCS 规范梁系计算强度评估衡准

许用应力	锚机基座及支撑结构	起重设备基座及支撑结构
正应力 $[\sigma]$	$1.00 R_{eH}$	$0.67 R_{eH}$
剪应力 $[\tau]$	$0.60 R_{eH}$	$0.39 R_{eH}$

其中:R_{eH} 为材料屈服应力。

6.4.3　结构有限元分析

1. 有限元分析

有限元法(Finite Element Method,FEM)是随着计算机技术而迅速发展起来的一种数值计算方法,用于求解连续介质和场问题。有限元法最初在20世纪50年代作为处理固体力学问题的一种方法出现,随后被广泛地应用于求解热传导、电磁场、流体力学等连续性问题。

有限元法的基本思想是将连续的介质或场离散为有限个小单元体,单元体之间通过节点相互连接,用有限个参数描述每个单元体的物理特性,并通过单元体之间的连接关系和物理平衡关系建立整个连续体的平衡方程,进而通过求解得到连续体的物理响应。通常在描述单元体物理特性时,其位移函数需要作简化假设,因此有限元法计算得到的结果通常为近似解。当划分的单元足够小,数量足够多时,有限元计算结果可以逼近真实解。

有限元法的最大优势是可以处理任意复杂几何形状的连续体,非常适合用于飞机、汽车、船舶等复杂结构的计算。有限元模型可以包含多种单元形式,如梁单元、板单元、体单元等,而船体结构基本由加筋板构成,因此船舶有限元分析中以板梁模型为主。

常用的商业有限元软件见表6.4.2。

表6.4.2 常用商业有限元分析软件

软件名称	开发公司	软件说明
PATRAN/NASTRAN	美国MSC公司	主要用于线性有限元分析和动力计算,出身于NASA(美国国家航空航天局),在航空航天领域有着广泛的应用
ANSYS	美国ANSYS公司	融结构、流体、电场、磁场、声场分析于一体,擅长多物理场和非线性问题
ABAQUS	法国SIMULIA公司	擅长处理非线性问题,不但可以做单一零件的力学和多物理场的分析,同时还可以做系统级的分析和研究
HYPERMESH	美国ALTAIR公司	主要强项是前处理,其网格划分功能非常强大,在汽车行业使用比例非常高
FEMAP	美国SIEMENS公司	具有比较优秀的前处理能力,其基于Windows的特性为用户提供了强大的功能,并且支持VB语言进行二次开发

由于有限元分析已经纳入了规范要求的一部分,且随着规范的发展,计算工况和载荷越来越复杂,为了满足船舶设计和审图需要,各船级社相继推出了自己的有限元分析软件,其中一部分是船级社独立开发的软件,另一部分为基于商业软件的二次开发。各船级社有限元分析软件见表6.4.3。

表6.4.3 各船级社有限元分析软件

船级社	软件名称	软件说明
CCS	DSA	基于Patran二次开发
DNV	Genie/Poseidon	独立开发,Genie软件的工况和载荷需要在Nauticus Hull软件中辅助生成
BV	VeriSTAR	基于FEMAP软件二次开发
LR	ShipRight/FastTrack	独立开发
ABS	SafeHull	独立开发
NK	PrimeShip – HULL	基于PATRAN二次开发

有限元分析过程主要分为三步,首先根据设计图纸或三维模型创建三维有限元模型,然后根据规范要求创建计算工况,施加载荷和边界条件,最后计算并根据计算结果进行屈服、屈曲及疲劳强度评估。

船舶有限元分析按模型范围可分为舱段有限元分析和全船有限元分析,按网格大小可分为粗网格有限元分析、细网格有限元分析和超精细网格有限元分析(疲劳分析)。以下主要以散货船粗网格舱段有限元分析为例说明船舶有限元分析过程,软件采用 MSC 公司的 Patran/Nastran,其他类型的有限元分析可参见各船级社规范相应内容。

2. 有限元模型的创建

对于粗网格舱段有限元分析,模型宽度范围一般取全宽,对于模型和载荷左右舷对称的情况,也可取半宽模型;模型垂向范围取船底到主甲板,包括主甲板上的所有主要构件(如舱口围板);模型纵向范围一般有两种取法,一种取 3 个完整货舱,另一种取 1/2 个货舱 +1 个货舱 +1/2 个货舱。不同的模型纵向范围取法对应不同的载荷施加方法及边界约束方式。目前各船级社规定的舱段有限元分析模型纵向范围见表 6.4.4。

表 6.4.4　各船级社舱段有限元计算模型范围

规范	舱段模型范围
CCS	1/2 个货舱 +1 个货舱 +1/2 个货舱
DNV	3 个完整货舱
BV	3 个完整货舱
LR	1/2 个货舱 +1 个货舱 +1/2 个货舱
ABS	3 个完整货舱
NK	3 个完整货舱
CSR	3 个完整货舱

一般船体的内外壳板、舱壁板及强框架、纵桁、肋板、平面舱壁桁材、主肋骨和大肘板等主要构件的腹板用板单元模拟,各类板上的扶强材用梁单元模拟,并考虑偏心的影响。纵桁、肋板、肋骨和大肘板等主要构件的面板可用杆单元模拟。板单元应尽可能用四边形单元,长宽比通常应不超过 3,模型中应尽可能减少使用三角形板单元,在可能产生高应力或高应力梯度的区域内,板单元的长宽比应尽可能接近 1,并应避免使用三角形单元。当主要构件的开孔高度超过腹板高度的 1/3 时,一般通过移除开孔处的单元来模拟开孔,对于开孔小于主要构件腹板高度的 1/3 时,在有限元模型中可以忽略。

粗网格模型的单元大小一般取肋距/骨材间距,细网格模型细化区域单元大小一般取 50×50,不同的网格大小对应不同的应力评估衡准。疲劳模型的疲劳热点区域单元大小一般取板厚×板厚。典型的粗网格模型、细网格模型和疲劳模型如图 6.4.2 所示。

3. 计算工况的确定、载荷和边界约束的施加

计算工况包含两部分:第一部分是装载工况,即船内部货物或压载水的装载情况,包括满载货物工况、隔舱装载工况、压载工况等;第二部分是外载荷工况,即波浪方向和波峰

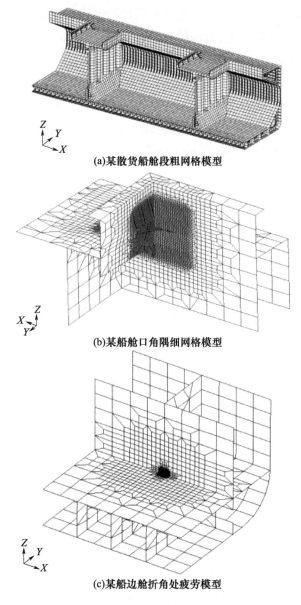

(a)某散货船舱段粗网格模型

(b)某船舱口角隅细网格模型

(c)某船边舱折角处疲劳模型

图 6.4.2 典型有限元模型

波谷位置,包括迎浪中拱、迎浪中垂、横浪、斜浪工况等。计算工况是装载工况和外载荷工况的组合。计算工况按船舶所处的状态又可分为航行工况和港内工况,航行工况主要考虑各种波浪的影响,港内工况主要考虑港内装卸作业的影响。

船级社规范对不同船型规定了不同的标准计算工况,这些标准计算工况是船级社在所有装载工况和外载荷工况的组合中,通过积累的历史经验及大量的计算分析筛选得到的,基本涵盖了船体结构在整个船舶生命周期中可能出现的危险情况。若在装载手册中出现标准计算工况以外的可能更危险的装载工况,也应加入有限元计算工况中。

有限元模型施加的载荷包括三部分,第一部分是内部货物或压载水载荷,需要同时考虑静载荷和船舶运动产生的动载荷。第二部分是舷外水压力,包括静水压力和波浪动压力。第三部分是端面弯矩,包括静水弯矩和波浪弯矩,端面弯矩用于模拟舱段模型前后端面之外的结构对计算舱段的作用力。

有限元模型的边界约束用于限制模型刚体位移和模拟边界位移特点。对于1/2个货舱+1个货舱+1/2个货舱舱段模型,约束分为局部载荷工况和总体载荷工况。CCS规范要求的散货船局部载荷工况和总体载荷工况约束分别见表6.4.5、表6.4.6和图6.4.3。总体载荷工况将模型两端面节点与中和轴处的独立点 H 通过多点约束(Multi – point Constrain,MPC)建立约束关系,端面弯矩施加在独立点上,通过MPC约束关系传递给端面各节点。典型散货船CCS规范舱段有限元模型约束如图6.4.4所示。

表6.4.5　CCS散货船有限元模型局部载荷边界约束

位置	线位移约束			角位移约束		
	δx	δy	δz	$\Delta\theta_x$	$\Delta\theta_y$	$\Delta\theta_z$
纵中剖面(半宽模型)	—	固定	—	固定	—	固定
节点 G(全宽模型)	—	固定	—	—	—	—
端面 A、B	固定	—	—	—	固定	固定
交线 C	—	—	弹簧	—	—	—

表6.4.6　CCS散货船有限元模型总体载荷边界约束

位置	线位移约束			角位移约束		
	δx	δy	δz	$\Delta\theta_x$	$\Delta\theta_y$	$\Delta\theta_z$
纵中剖面(半宽模型)	—	固定	—	固定	—	固定
节点 G(全宽模型)	—	固定	—	—	—	—
端面 A、B	相关	相关	相关	—	—	—
独立点 H(端面 A)	固定	固定	固定	固定	弯矩	—
独立点 H(端面 B)	—	固定	固定	固定	弯矩	—

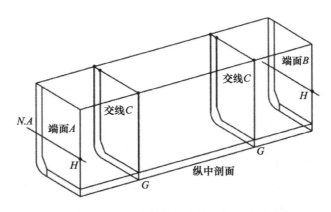

图6.4.3　CCS规范散货船有限元模型边界约束

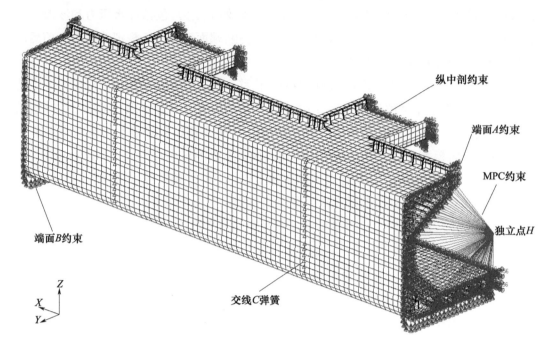

图 6.4.4 典型散货船 CCS 规范舱段有限元模型约束

对于完整 3 舱段模型,局部载荷和总体载荷共用一套边界约束,约束均施加在模型两端面内。对于完整 3 舱段模型,除了常规的载荷施加外,还需要做舱段剪力弯矩调整,使模型内部的剪力和弯矩分布更接近于真实情况,具体方法可参见各船级社规范。

4. 计算求解和强度评估

在有限元模型、工况、载荷和约束均完成后,可生成 Nastran 计算输入文件(文件后缀 bdf),提交 Nastran 计算,计算模式选线性静力分析(LINEAR STATIC)。在 Patran 中生成 bdf 文件时,可选两种结果文件格式,后缀分别为 xdb 和 op2。二者最大的区别是 xdb 文件在后处理时独立于模型数据库,在导入结果数据时只是建立了模型数据库与 xdb 文件的链接;而在导入 op2 文件结果时数据完全复制进入模型数据库,不再依赖原 op2 文件。

有限元计算结果中包括了节点位移、梁单元轴向和弯曲应力、杆单元轴向应力、板单元正应力、剪切应力和 von Mises 应力等。

有限元强度评估主要有四类,即屈服强度评估、屈曲强度评估、细网强度评估和疲劳强度评估。粗网格舱段有限元模型主要用于屈服强度评估和屈曲强度评估。

屈服强度评估主要内容为读取各构件应力水平,与规范许用衡准比较。对于局部载荷工况和总体载荷工况分开计算的模型,需要将局部载荷和总体载荷计算结果合成后,与规范许用衡准比较。粗网格屈服强度评估的许用应力衡准通常为材料屈服应力乘以一定的安全系数。板单元的应力评估一般采用单元中面应力,通常采用 von Mises 应力进行评估,部分规范对单元剪切应力和正应力水平也要求评估。规范的强度评估衡准与载荷和约束条件构成一套完整的体系,不同规范载荷计算和边界约束不尽相同,应力衡准也有所不同。

屈曲强度评估主要内容为将船体板架按扶强材、桁材、板材等相交构件划分为若干板格,根据板格的几何形状、约束、材料信息计算板格的抗屈曲能力,按照板格承受的正应力、剪切应力与板格的抗屈曲能力比较,判断板格是否发生屈曲。目前各船级社规范中计算板格抗屈曲能力的方法不尽相同,CCS 规范采用的是基于单板格弹性屈曲理论的评估方法。在船体屈曲强度评估中,最大的工作量在于划分板格并获取划分板格的几何形状、约束、材料信息及读取板格应力。船级社有限元分析软件中一般包含了自动划分板格并读取相应信息的功能。CCS 的有限元分析软件 DSA 自动划分板格的效果如图 6.4.5 所示。

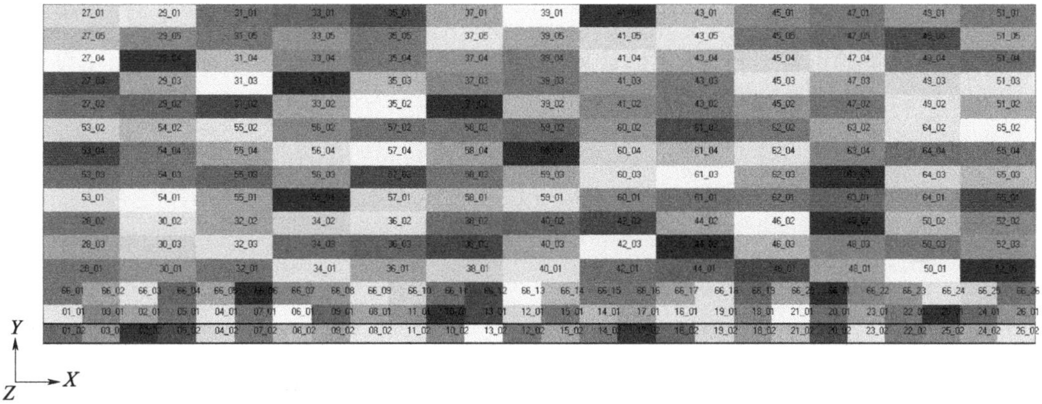

图 6.4.5 CCS – DSA 软件屈曲板格划分效果图

细网强度评估主要内容为对应力集中部位(如开孔、舱口角隅、肘板趾端)进行网格细化,计算应力水平并与细网格应力许用衡准比较。细网强度评估工况与粗网格屈服强度评估一致,但由于网格更精细,可以更为真实地反映应力集中情况。细网强度评估衡准的许用应力比粗网格屈服强度评估的许用应力高,且允许超出屈服应力。CSR 规范规定的 50×50 细网格应力评估衡准见表 6.4.7。

表 6.4.7 CSR 规范细网格应力评估衡准

位置	工况	
	航行工况	港内工况
邻近焊缝	$1.5R_Y$	$1.2R_Y$
不邻近焊缝	$1.7R_Y$	$1.36R_Y$

其中 R_Y 为名义屈服应力,取 $235/k$,k 为材料系数。对屈服应力为 235MPa 的钢材,k 取 1;对屈服应力为 315MPa 的钢材,k 取 0.78;对屈服应力 355MPa 的钢材,k 取 0.72。

疲劳强度评估主要内容为根据疲劳热点处应力水平,计算该处疲劳寿命与规范许用的疲劳寿命比较。疲劳强度评估关注构件的交变应力水平,即船舶在特定装载工况下受中拱波浪载荷和中垂波浪载荷的应力差。有限元疲劳强度计算工况和载荷水平与屈服强度评估不同,屈服强度评估主要考虑船舶生命周期中可能出现的最危险情况,而疲劳强度评估主要考虑船舶整个生命周期中经常出现的装载和载荷情况。不同规范对船体构件疲劳寿命要求略有不同,CCS规范对常规船型的疲劳寿命要求为20年以上。

6.4.4 振动噪声分析

1. 振动分析

船舶在海上航行中,主机运转会产生周期性不平衡力,激振力通过主机基座及主机横撑传递给船体结构,螺旋桨旋转也会对船尾部产生脉动压力,造成全船各部位产生不同程度的振动。当结构的固有频率与激振力频率接近时,可能出现严重的共振现象。当船体振动达到一定程度时,将会影响船上人员正常工作和生活,当振动较为严重时,还可能影响到机器和设备的正常运转,甚至造成船体结构和机械部件的疲劳损坏。因此在设计阶段对全船进行振动分析评估是十分必要的。

船舶振动分析通过建立全船有限元模型,计算得到船舶总体振动模态、局部振动速度和加速度响应。典型的全船振动分析有限元模型如图6.4.6所示。

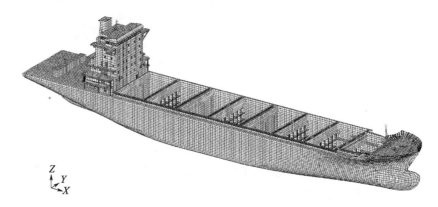

图 6.4.6　典型全船振动有限元模型

振动计算的输入条件主要有全船结构布置图、全船质量分布、螺旋桨脉动压力、主机激振力等。振动计算分析的主要流程为:创建全船有限元模型,调整质量分布,计算总振模态,施加螺旋桨、主机等激振力,计算并合成速度、加速度响应,评估是否满足衡准要求。

振动的主要评估位置包括机舱各平台、上建各层甲板等。

目前主流的商用有限元软件均可进行振动模态和响应计算,振动响应分析主要采用模态叠加法。对于局部振动超标的区域,一般可以通过局部加大构件,提高板架固有频率的方式解决;如果发生较为严重的全船或者上建总体振动,则需要调整整体刚度或者采用振动补偿器。

2. 噪声分析

船上各种设备的运转将产生不同程度的噪声污染,影响船上人员的工作和生活。船上的主要噪声来源有:

(1) 机械设备声源,包括主机以及发电机组、空调、风机、液压设备和带泵的设备等辅机。

(2) 流体动力声源,包括螺旋桨脉动压力、空泡、兴波、涡流等。

(3) 空气动力声源,主机进、排气,通风系统进、排气和涡流等。

噪声分析主要有两类计算方法,低频结构噪声计算一般采用有限元方法,中高频空气噪声计算一般采用统计能量法。噪声分析模型范围一般包括机舱、艉部和上建部分即可,典型的噪声计算模型如图 6.4.7 所示。

图 6.4.7　典型噪声分析模型

噪声分析的主要输入条件有:机舱、上建结构布置和舱室布置,舱室岩棉板、敷料等内装布置,各噪声源激励数据等。噪声分析的主要流程为:建立舱室几何模型,施加材料声学属性,施加噪声源激励,计算目标舱室的噪声值,评估是否满足衡准要求。噪声的主要评估位置为机舱及机舱各工作间、上建工作处所和生活处所。目前有多款商业软件可进行噪声计算分析,如 ACTRAN、VAONE、PRONAS 等。

对于噪声超标的舱室,通常可通过敷设隔声材料、采用隔声效果更好的材料、增加隔离空舱等手段减小噪声值。如果噪声过大,可考虑从源头减少噪声,如更换为噪声值更小的设备、为声源设备加设隔音罩等。

1. 船舶规范计算流程中板架有何作用?
2. 用 NAPA Designer 三维建模时,为什么要区分大板架建模和模型细化两个阶段?

3. 用 NAPA Designer 三维建模时,为什么要分区建模?

4. 用 NAPA Designer 三维建模时,交互式建模和命令式建模有何优点和缺点?

5. 在用梁系模型计算甲板板架时,强横梁/纵桁的带板宽度和纵骨/横梁的带板宽度分别应如何取?

6. 有限元分析的主要步骤有哪几步?

7. 在做 CCS 规范的舱段有限元分析时,总纵应力是如何施加到模型中的?与实际情况有何差别?

8. 有限元分析中常见的需要细网格分析或疲劳分析的节点有哪些?

9. 在有限元细网格应力分析中,为什么许用应力衡准比粗网格应力分析大?

下 篇

第七章　计算机辅助船舶机电舾设计

本章简要介绍船舶机电舾三维一体化设计的背景、现状和基本流程,较为详细地阐述船舶轮机、电气、舾装设计的基本原理以及主要参数的计算方法。通过本章学习,理解并掌握船舶推进装置、热源系统、电气系统、管路系统、防污染系统等主要动力装置和系统的计算、选型与布置,了解船舶舾装设计的主要内容,并能利用计算机软件辅助开展船舶机电舾设计。

7.1　概　述

7.1.1　船舶机电舾三维一体化设计背景

近年来,我国的造船行业蓬勃发展,在短短十几年间,已跃居成为世界第一造船大国。但从船型分布来看,我国所交付的船型多以散货船、油轮、集装箱船等附加值较低的船型为主,技术含量普遍不高,在技术上我国与世界造船强国日本、韩国还存在较大差距。

基于相同吨位的同类船型技术对比发现,日本、韩国较我国的船舶设计建造周期更短,空船重量更轻,技术指标也更为先进。其技术差距在设计阶段主要体现在日韩船厂都是采用一体化设计方式,图纸深度大,对设计余量的精细化控制程度高,同时对建造成本的把握更为精准。

以我国目前商船项目的造船模式为例,如图 7.1.1 所示,详细设计大多由科研院所完成,生产设计由船厂完成;部分项目即使详细设计和生产设计都由船厂完成,但也完全是由两个不同的业务部门承担,基本没有采用一体化设计模式。详细设计阶段以二维平面设计为主,大部分图纸借助 AutoCAD 软件完成设计和出图。由于二维平面图纸天然的局限性,很难清楚地反映每个剖面的具体布置,图纸深度很难达到施工要求;加之不同专业的设计分别在不同的图纸上完成,很难有效避免不同专业的互相干涉问题,图纸上很多未考虑到或未表达的问题不得不被遗留到生产设计阶段解决。而在生产设计阶段,详细设计发来的图纸需要通过人工方式对照进行三维建模,这就不可避免地会产生由于人为失误造成的模型与图纸不一致问题;另外,在生产设计中产生的调整与修改又很难反馈到详细设计图纸上,这种不同步的问题很容易产生错误,导致生产返工和资源浪费。因此,为保证设计不出大的纰漏,工程可以顺利开展,通常在设计的每一个环节都留有一定的设余量,最终各环节设计余量的不断叠加导致船舶的整体设计余量过大,造成建造成本上升,空船重量增加,市场竞争力下降。

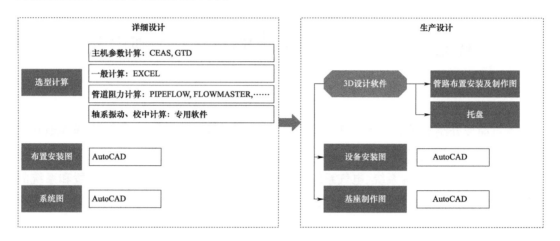

图 7.1.1　计算机辅助设计现状

三维一体化设计最大的优势是一套船舶设计模型贯穿整个船舶设计周期,将船舶设计的各个阶段有机地联系在一起,通过资源的有效共享和利用,达到精细化设计、集约化设计的目的,如图 7.1.2 所示。其主要特点体现在以下几个方面:

(1)一套设计模型贯穿整个设计周期,在合同设计、详细设计和生产设计等不同船舶设计阶段根据需要不断细化完善模型。在一体化设计模式下,不同设计阶段的分界面是相对模糊的,通常处在后面设计阶段的设计人员可以提前介入工作,并且任意阶段对模型的完善和修改都可以直接反馈到整个项目体系当中,这样便有效减少重复劳动,显著降低人为因素导致设计失误的概率,整体工程设计的周期也较常规设计模式得以缩短。

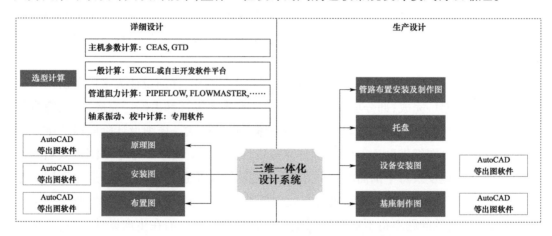

图 7.1.2　基于三维一体化设计系统的计算机辅助设计

(2)将三维设计应用于报价设计和详细设计阶段,替代传统的二维平面设计模式,使各个专业的设计人员可以在统一的平台上工作,有效避免各专业独立设计导致的互相干涉问题,有助于设计人员在早期发现并解决项目设计中存在的问题。

(3) 三维报价设计和详细设计可以在项目推进过程中向船东、船厂以更加直观的方式展示设计思路和设计效果,帮助船东船厂充分理解设计思想,避免由于理解方式不同导致的歧义。另外,三维一体化设计也是对设计手段和设计能力的有效提升,为获取更多的市场订单提供了有效的支撑。

(4) 数字孪生,一模多用。数字孪生这个概念在当今信息化蓬勃发展的年代已经并不陌生,但从船舶行业内部来看,离完全实现还有很大差距,数字孪生一直作为三维一体化设计的目标之一被重点关注。从字面意思来看,数字孪生即为在计算机中部署与实船一模一样的三维数字模型,并通过设计、运营、管理等阶段不断完善信息,最终得到具有广泛使用价值的数字孪生模型。例如,数字孪生模型可以对实船的各种性能指标进行 CFD 数值分析并用于指导和优化设计;数字孪生模型可以用于未来的智能船管控系统;数字孪生模型也可以帮助船东实现更便捷的运营管理;等等。未来数字孪生一模多用的发展前景可以说是无限的,而三维一体化设计正是实现数字孪生的基础所在。

由此可见,为从根本上提升我国的造船水平,由造船大国转变为造船强国,大力发展并采用三维一体化设计是一项非常迫切的生产需求,也是船舶行业发展的必然趋势。

7.1.2 船舶机电舾三维一体化设计流程

近年来,我国造船业先后引进了国外各类三维设计软件,如 Tribon、FORAN、NAPA、CATIA、CADMATIC 等。这些软件在技术上各有特点,但要适应我国本土企业要求,在使用过程中都需要做大量二次开发工作。同时,国内的一些科研机构和大型船企也相继投入开发自主的三维设计软件,如沪东中华的 SPD 和上海船厂的 SB3DS 等。

Tribon 是由瑞典 KCS 公司设计开发的一套用于辅助船舶设计与建造的计算机软件集成系统。Tribon 集 CAD/CAM(计算机辅助设计与制造)与 MIS(信息集成)于一体,并覆盖了船体、管系、电缆、舱室、涂装等各个专业,被 AVEVA 集团收购后,整合到了 AVEVA Marine 这一新产品中。

FORAN 是一个囊括了船体、轮机、电气、涂装、舾装各个专业的设计软件。在船舶设计和建造中,从开始的方案设计、初步设计和送审设计阶段,直到详细的施工设计阶段,FORAN 全过程提供了集成化的解决方案,包括船型尺寸、船型系数计算、船体结构、机械设备、舾装、电气设施、舱室设计等。

NAPA 是 NAPA 公司开发的船舶 CAD 软件,首次在船舶设计软件中采用三维技术,并在船舶初步设计和基本设计阶段提出了三维 NAPA 船舶模型的概念,这一概念已得到广泛认同。利用 NAPA Steel 设计师们可以在较短时间内迅速完成结构初步设计、重量和成本计算,生成可供送审的技术文件和图样,并根据需要生成结构有限元计算所需的网格模型。NAPA 公司提供了许多软件与 NAPA Steel 之间的接口,比如 Tribon 和 NUPAS – CADMATIC,可以实现模型、曲线、图表等的快速转换。

CATIA 是法国 Dassault System 公司的 CAD/CAE/CAM 一体化软件,居世界 CAD/

CAE/CAM 领域的领导地位,广泛应用于航空航天、汽车制造、造船、机械制造、电子\电器、消费品行业,它的集成解决方案覆盖所有的产品设计与制造领域。

CADMATIC 是由荷兰 Numeriek Centrum Groningen B. V 和芬兰 CADMATIC Oy 联合投资的。它是一个面向船厂提高设计制造效率的 CAD/CAE/CAM 解决方案,是新一代船体、轮机、管系、配件、舾装的开放软件,同时提供多种多样的产品信息。

SPD 是沪东中华专门针对国内造船业的特点,开发的新一代船舶三维设计软件,能满足船体结构、管系、风管、电气、铁舾件、涂装等专业三维全数字化设计的需求。通过三维模型对船舶产品进行性能、结构强度、工艺合理性和制造可行性分析。在统一平台下,SPD 可以提供船舶设计、生产和管理的整个生命周期的信息,可以帮助作出决策,更容易地进行异地协同设计和生产。

SB3DS 包括船体和舾装两大部分。船体部分包括型线处理、结构线生成、外板展开、零件生成、套料、加工计算及船体快速背景生成等模块;舾装部分包括管系三维建模与数据处理、管支架三维设计、风管三维建模与数据处理、电缆生产设计、设备三维建模与布置和铁舾装三维设计等模块。此外,该软件还可以针对船厂的生产与设计习惯进行定制开发。

现阶段,结合不同三维设计软件产品的应用技术特点以及单位自身特点,国内不少科研院所和船舶建造单位已经引进了适合自身发展需求的三维设计软件,并已踏上船舶三维设计软件的本土化发展道路,不断进行开发与迭代,逐步推进和实现三维一体化设计。

下面以 NAPA、CADMATIC 软件为例,介绍船舶三维一体化设计的大致流程,如图 7.1.3 所示。船舶设计通常分为报价设计(基本设计)、详细设计、生产设计等设计阶段,

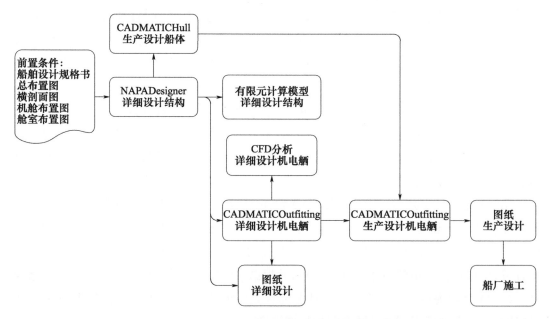

图 7.1.3　三维一体化设计大致流程

每个阶段的设计特点和侧重点也都不尽相同,三维一体化设计像一根纽带将各阶段有机地联系在一起。其中,不仅存在大量阶段间的协作迭代过程,也存在大量阶段内专业间的协作迭代过程,整个过程非常纷繁复杂。因此,流程图也仅能反映出一体化设计的大致过程,并无法具体到各个细节。

三维一体化报价设计在流程图中没有体现,这主要是因为报价设计通常是为签订合同服务的,并不是所有项目都存在此环节;另外,三维报价设计通常是用于展示和局部方案的核准,每个项目都有其独特的要求,通常差异也会比较大,因此三维报价设计的流程多种多样,并不具有代表性。流程图仅展示了常规项目自签订合同以后,从详细设计到生产设计的一体化设计流程。

详细设计以项目签订的合同文件为基础展开。通常合同文件包括详细设计规格书、总布置图和横剖面图等,机电舾的主要布置方案也被包含在总布置图中。但由于合同阶段的总布置图更侧重于大方案的布局,受到项目条件限制,很多技术细节并没有办法考虑。因此,在详细设计阶段,机电舾专业往往会基于技术细节重新对方案布局进行调整,部分项目甚至由于设计需要,最终的详细设计方案与合同签订时的总布置图相差很大。为减少重复劳动,提高三维一体化设计的效率,在前置输入条件当中除包含必要的合同文件以外,通常还需要包含详细设计阶段,轮机和舾装专业技术人员调整后的机舱布置图和舱室布置图。

三维一体化设计与常规设计流程上的一个较大不同点是船体专业先行。机电舾专业的相关三维设计都需要以船体背景模型为基础,而船体结构的模型设计也要借助机电舾专业的设计方案才能完成,船舶与机电舾专业的一体化设计是互相依赖、不断迭代、齐头并进的过程。但凡事总有起始点,才能进入循环迭代的过程。三维一体化设计的起始点定义为,在详细设计船体结构专业收到所有输入的二维设计前置条件后,开始 NAPADesigner 船体大板架建模的时间点,通常大板架建模需要持续 1~2 周的时间;而后,NAPADesigner 船体大板架模型将导入至 CADMATICOutfitting 模块开始机电舾专业的模型设计;之后 NAPADesigner 船体模型与 CADMATICOutfitting 机电舾模型将进入设计迭代过程,在此过程中设计模型不断的细化和完善,并同步在详细设计的关键性节点,完成模型方案评估和三维设计评审等工作。最终得到的 NAPADesigner 船体模型,将导出至结构有限元计算软件和结构其他计算软件中,进行数值计算与分析等;而 CADMATICOutfitting 机电舾模型,也可以导入 fluent、starccm+ 等软件中,进行流体 CFD 数值模拟分析等;另外,详细设计阶段的 NAPADesigner 船体模型与 CADMATICOutfitting 机电舾模型,还可以用于导出设计图纸,送审船东、船检审查等。

以上详细设计流程进行到一定阶段以后,生产设计便可以提前开展相关工作,而不需要等待详细设计的图纸完成;同时,生产设计可以借助详细设计已完成的模型进行工作,省去了对照图纸进行重新建模的环节,从而有效缩短了整个项目的设计周期。由于 NAPA 平台更适用于详细设计,对生产设计阶段支持有限,因此通常考虑将 NAPADesigner 模型导入CADMATICHull模块中,进行船体生产设计;而CADMATICOutfitting模块的机电舾模型可以直接供生产设计使用。在生产设计环节,设计人员将详细设计导入的模型进一步细化和调整,最终形成完工模型,并输出生产设计图纸供船厂施工使用。生产设计完善好的细化模型,也将同步反馈给详细设计,促进详细设计水平的进一步提升。

三维一体化设计的核心设计理念,是项目横向协同设计和纵向协同设计的总和。横向协同设计是指在项目任一设计阶段各专业间的协同设计,即利用三维设计平台,实现典型区域综合布置,避免专业间干涉,最终达到优化船舶设计的目的;纵向协同设计是指项目的各个设计阶段间,共用同一套不断细化和完善的模型,以减少重复劳动,降低人为因素影响,提升各阶段设计人员交叉协作的能力,最终有效提升设计质量并同步缩减设计时间。除此以外,关于三维一体化设计的技术延伸也让人备受关注,例如三维一体化模型用于三维审图、CFD计算、有限元计算以及智能船系统等,都是未来发展的方向。

7.2 轮机设计主要理论

7.2.1 轮机主要设备选型

1. 主机选型

主机是指船舶上用于主推进发动机的统称,船舶主推进又可分为常规动力推进、电力推进、核动力推进等多种形式,因此主机的概念是广义的,并且有可能随着船舶技术发展而发生变化。现阶段船舶主推进还是以柴油机常规动力推进为主,根据船型的不同,动力系统的配置又可以分为单机单桨、双机双桨等形式。

柴油机根据其转速不同,又可以分为高速机、中速机和低速机。其中,高速柴油机主要应用于超小型船舶和快艇推进;中低速柴油机则被比较广泛地用于中大型船舶动力推进装置当中;相比中速柴油机,在大型和超大型船舶上,低速柴油机由于其更好的经济性,应用更为普遍。

下面以某大型船舶为例,介绍低速柴油机作为船舶主机使用时的主机选型大致流程,如图7.2.1所示。

首先在项目合同阶段,由总体专业基于目标船舶的吨位、服务航速、装载工况等技术指标评估确定该船舶所需要的合同最大持续运行功率(CMCR)和目标转速范围,通常此过程需要基于母型船数据以及设计人员的经验完成。

得到预估的最大持续运行功率和转速范围以后,就可以根据柴油机厂家提供的功率转速参数匹配相应的机型。关于柴油机的选型可详见《船舶设计实用手册(轮机分册)》相关章节内容,本书不再赘述。

主机选型主要考虑的因素包括主机燃油消耗率、主机布置空间等,还应根据项目具体要求进行不同工况下的油耗对比、不同工况下的废气蒸发量对比、价格对比、营运成本对

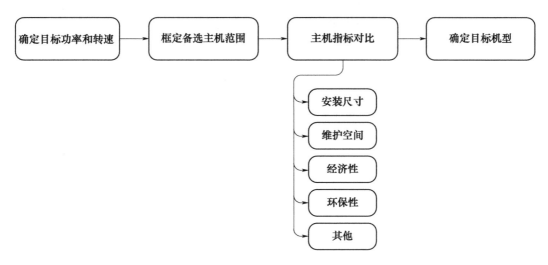

图 7.2.1 大型船舶柴油机主机选型常规流程

比等。尤其需要注意的是,主机选型不仅要关注主机本身,更要综合考虑其对船舶性能、发电机和锅炉等辅助设备性能的影响。最后,在综合考虑所有因素后,确定主机机型,完成主机选型工作。

由于船舶辅助设备参数大多需要基于主机参数进行计算,因此主机选型工作通常在项目合同设计的前期完成。

(1)主机燃油消耗率及参数计算。

主机的燃油消耗率是主机选型中最重要的指标之一。各大低速柴油机厂家为了快速响应用户需求,提供基于项目的技术参数,纷纷推出了主机燃油、滑油、空气、冷却水、排烟等相关参数的快速计算程序。其计算结果将为船舶辅助设备和系统计算选型提供依据。

比较典型低速主机计算程序有 MAN 的 CEAS 和 WINGD 的 GTD,下面主要对 MAN – CEAS 计算程序进行简要介绍。

①打开 MAN – CEAS 程序网站,链接为 https://www.man – es.com/marine/products/planning – tools – and – downloads/ceas – engine – calculations。

②如图 7.2.2 所示,选定要计算的机型、缸数、排放方式等,进入下一步。

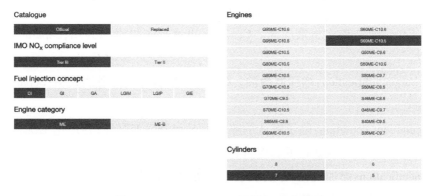

图 7.2.2 MAN – CEAS 计算机型选择页

③如图7.2.3所示,选择主机规格配置后进入下一步。

Turbocharger efficiency:增压器效能。

TierⅢ technology:NO_x排放 TierⅢ技术。SCR为选择性催化还原;EGR为废气再循环。

SCR system:SCR系统分为高压和低压,高压SCR安装在增压器前,低压SCR安装在增压器后。

Fuel sulphur content:燃油含硫量。

Scrubber type:脱硫装置类型。

Cooling system:冷却系统分为淡水冷却和海水冷却,常规选择淡水。

Propeller type:螺旋桨型式。FPP指定距桨,CPP指可调桨。

Engine layout:主机的功率及转速。SMCR为最大持续运行功率点,NCR为优化持续运行功率点,填写NCR与选型SMCR的功率比值。

Scrubber specification:脱硫装置规格。

图7.2.3　MAN-CEAS计算主机规格配置

④ 如图7.2.4所示,选择主机参数配置后进入下一步。

Hydraulic system oil:主机液压油。Common表示与主机滑油共用;Separate表示与主机滑油独立。

Turbocharger lubrication:增压器滑油。Common表示与主机滑油共用;Separate表示与主机滑油独立。

Customambient condition:除了默认的热带工况和ISO工况外,客户化工况也会被包含在计算结果中,一般使用默认最低温度进行计算。

Fuel specification:燃油规格,分别表示TierⅡ和TierⅢ模式下使用的燃油含硫量。

Project:输入项目名及作者。

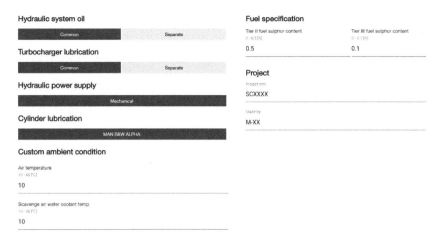

图 7.2.4　MAN – CEAS 计算主机参数配置

⑤ 如图 7.2.5 所示，选择匹配的主机增压器型号后进入下一步。可选增压器主要包含 MAN、ABB、MHI 三个主流厂家的产品。如无特别指定，一般选择 MAN 同品牌产品进行计算。

图 7.2.5　MAN – CEAS 计算主机增压器选型

⑥ 到此参数输入部分完成，点击下一步即可开始计算。完成后如图 7.2.6 所示，点击相应的按钮可以实现报告的下载及跳转。

图 7.2.6　MAN – CEAS 计算结果下载

⑦ CEAS 报告包括了主机在不同工况下的油耗、泵及冷却器的容量、辅助系统参数、维修起吊参数等。

WINGD – GTD 计算程序与 MAN – CEAS 最大的不同是,GTD 是应用程序而不是网页,因此 GTD 需要定期地进行版本更新,否则便无法保证计算结果是最新的官方数据。和 CEAS 相比,GTD 的优势在于响应速度快、不需要依赖网络。GTD 可从 WINGD 官网下载(https://www.wingd.com/en/engines/general – technical – data – (gtd)/)。图 7.2.7、图 7.2.8 所示为 GTD 的主界面。

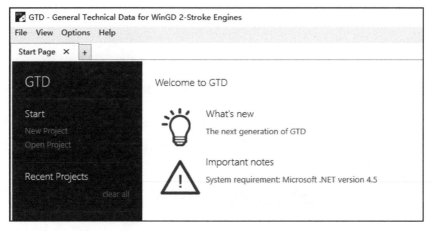

图 7.2.7　WINGD – GTD 主界面

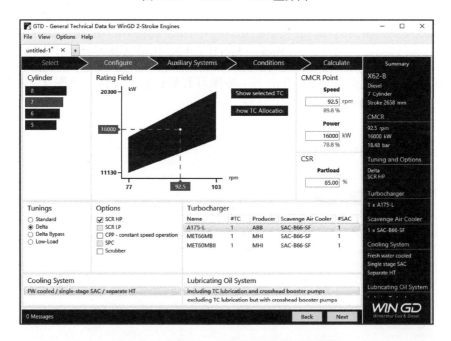

图 7.2.8　WINGD – GTD 主机机型配置参数

与 MAN 的计算网页相比,尽管交互界面不同,但具体的计算过程和选项类似。读者可对照 GTD 的软件界面和帮助文件自行学习使用。本书不再赘述。

(2)航速、功率、油耗表计算。

航速、功率、油耗表是船舶最重要的技术性能文件之一,基本的计算方法如下:①在航速-功率表中(表7.2.1),查找需要计算的航速下的功率;②在主机负荷-油耗表中(表7.2.2),查找对应功率下的油耗率;③计算对应航速下的日油耗。其中,输入数据包括航速-功率表、主机负荷-油耗率表。

表7.2.1 航速-功率表

航速/kn	主机功率/kW	航速/kn	主机功率/kW
11	5294	13.5	9356
11.5	5956	14	10429
12	6690	14.5	11604
12.5	7489	15	12885
13	8374	15.5	14258

表7.2.2 主机负荷-油耗率表

主机负荷/% SMCR	主机功率/kW	主机转速/(r/min)	主机油耗率/(g/kW·h)	主机负荷/% SMCR	主机功率/kW	主机转速/(r/min)	主机油耗率/(g/kW·h)
100	13700	97.0	162.9	60	8220	81.8	154.1
95	13015	95.4	161.7	55	7535	79.5	155.2
90	12330	93.7	160.8	50	6850	77.0	156.5
85	11645	91.9	159.2	45	6165	74.3	157.8
80	10960	90.0	157.9	40	5480	71.5	159.2
75	10275	88.1	157.1	35	4795	68.4	160.6
70	9590	86.1	154.7	30	4110	64.9	162.2
65	8905	84.0	153.1	25	3425	61.1	163.7

计算表及公式如表7.2.3所示。

表7.2.3 计算表及公式

项目	符号	单位	取值或公式
主机型号			给定
主机合同最大持续功率(CMCR)	P_E	kW	给定
航速	V	kn	给定
主机功率	P	kW	由航速功率表查取
主机负荷率	L	%	$L = P/P_E$
主机油耗率	S_F	g/(kW·h)	由主机负荷-油耗率表查取
主机日油耗	S_D	t/d	$S_D = P \cdot S_F \cdot 24/10^6$

EXCEL 编制的计算表示例如表 7.2.4 所示。

表 7.2.4　EXCEL 编制的计算表示例

	A	B	C	D
1	项目	符号	单位	取值或公式
2	主机型号			7S60ME-C10.5
3	主机合同最大持续功率(CMCR)	P_E	kW	13700
4	航速	V	kn	12
5	主机功率	P	kW	6690
6	主机负荷率	L	%	= D5/D3
7	主机油耗率	S_F	g/(kW·h)	156.8
8	主机日油耗	S_D	t/d	= D5*D7*24/1000000

以上为特定航速下的计算方法,在实际工作中,常需要提供给客户不同吃水下多个航速的功率油耗表。由于上述方法涉及航速-功率表和主机负荷-油耗率表的插值计算,手动插值的效率很低。因此,通常采用 EXCEL 相应公式编制自动插值,并进行插值计算,从而提高计算效率。

为此,需要将主机的功率-油耗表输入 EXCEL 表,如表 7.2.5 所示,其中负荷率/功率必须按升序排列。

表 7.2.5　EXCEL 中输入的主机负荷-油耗率表

	A	B	C	D
13	负荷率	功率	转速	油耗率
14	25	3425	61.1	163.7
15	30	4110	64.9	162.2
16	35	4795	68.4	160.6
17	40	5480	71.5	159.2
18	45	6165	74.3	157.8
19	50	6850	77	156.5
20	55	7535	79.5	155.2
21	60	8220	81.8	154.1
22	65	8905	84	153.1
23	70	9590	86.1	154.7
24	75	10275	88.1	157.1
25	80	10960	90	157.9
26	85	11645	91.9	159.2
27	90	12330	93.7	160.8
28	95	13015	95.4	161.7
29	100	13700	97	162.9

主机油耗率的插值计算的基本思路如下：
①查找所需计算功率在主机负荷油耗率表中的位置，包括功率和油耗率。
②将该功率和油耗率位置上下的两个值作为一个高度为2、宽度为1的数组。
③进行线性插值计算得到该功率的油耗率。

将用到以下函数：
TREND 函数：沿线性趋势返回值。
＝TREND(known_y's,[known_x's],[new_x's],[const])，其中 known_y's,known_x's 为对应的值集(数组)，详见 EXCEL 帮助文件。这两个数组可以使用 OFFSET 和 MATCH 函数共同构建。
OFFSET 函数：返回对单元格或单元格区域中指定行数和列数的区域的引用。
OFFSET(reference,rows,cols,[height],[width])，各参数详见 EXCEL 帮助文件。
MATCH 函数：在范围单元格中搜索特定的项，然后返回该项在此区域中的相对位置。
MATCH(lookup_value,lookup_array,[match_type])，各参数详见 EXCEL 帮助文件。
编制计算表和相应公式如表 7.2.6 所示。

表 7.2.6　主机油耗的插值计算表和相应公式

	A	B	C	D
1	V/kn	ME Power/kW	主机油耗率/(g/kW·h)	主机日油耗/(t/d)
2	11	5294	=TREND(OFFSET($A$13,MATCH(B2,$B$14:$B$29,1),3,2,1),OFFSET($A$13,MATCH(B2,$B$14:$B$29,1)1,2,1)B2,TRUE)	=B2*C2*24/1000000
3	11.5	5296	=TREND(OFFSET($A$13,MATCH(B3,$B$14:$B$29,1),3,2,1),OFFSET($A$13,MATCH(B3,$B$14:$B$29,1)1,2,1)B3,TRUE)	=B3*C3*24/1000000
4	12	6690	=TREND(OFFSET($A$13,MATCH(B4,$B$14:$B$29,1),3,2,1),OFFSET($A$13,MATCH(B4,$B$14:$B$29,1)1,2,1)B4,TRUE)	=B4*C4*24/1000000
5	12.5	7489	=TREND(OFFSET($A$13,MATCH(B5,$B$14:$B$29,1),3,2,1),OFFSET($A$13,MATCH(B5,$B$14:$B$29,1)1,2,1)B5,TRUE)	=B5*C5*24/1000000
6	13	8374	=TREND(OFFSET($A$13,MATCH(B6,$B$14:$B$29,1),3,2,1),OFFSET($A$13,MATCH(B6,$B$14:$B$29,1)1,2,1)B6,TRUE)	=B6*C6*24/1000000
7	13.5	9356	=TREND(OFFSET($A$13,MATCH(B7,$B$14:$B$29,1),3,2,1),OFFSET($A$13,MATCH(B7,$B$14:$B$29,1)1,2,1)B7,TRUE)	=B7*C7*24/1000000

续表

	A	B	C	D
8	14	10429	=TREND(OFFSET($A$13,MATCH(B8,$B$14:$B$29,1),3,2,1),OFFSET($A$13,MATCH(B8,$B$14:$B$29,1)1,2,1)B8,TRUE)	=B8*C8*24/1000000
9	14.5	11604	=TREND(OFFSET($A$13,MATCH(B9,$B$14:$B$29,1),3,2,1),OFFSET($A$13,MATCH(B9,$B$14:$B$29,1)1,2,1)B9,TRUE)	=B9*C9*24/1000000
10	15	12885	=TREND(OFFSET($A$13,MATCH(B10,$B$14:$B$29,1),3,2,1),OFFSET($A$13,MATCH(B10,$B$14:$B$29,1)1,2,1)B10,TRUE)	=B10*C10*24/1000000
11	15.5	14258	=TREND(OFFSET($A$13,MATCH(B11,$B$14:$B$29,1),3,2,1),OFFSET($A$13,MATCH(B11,$B$14:$B$29,1)1,2,1)B11,TRUE)	=B11*C11*24/1000000

（3）主机选型的布置要求。

随着船舶设计和建造技术的发展，通过不断的船型优化，船舶性能指标不断提高。为了保证船舶快速性的同时满足更大的载重量需求，船舶艉部线型被设计得越来越瘦，并且机舱长度也在不断被缩短。另外，由于线型收窄的原因，越靠近机舱艉部，机舱空间的利用率越低。因此，在船舶设计的允许范围内，通常将主机尽可能靠机舱后端布置以获得更大的空间利用率。此外，主机定位时还需要考虑到人员检修通道的布置、结构加强的布置、轴系设计以及主机的安装施工等要求。在完成主机定位后，基于主机自身的长度，还需要核实机舱前端剩余的空间，是否可以满足主机扭振减振器安装与布置、二阶力矩补偿器（内置式）安装与布置、海水箱与海水总管布置、压载水管布置、冷却海水管及泵的布置等。机舱整体布置如图7.2.9所示。

核实机舱高度是否可以满足主机布置要求：

①主机底部空间的高度。通常受制于船舶推进效率的影响，推进轴系在螺旋桨处的高度是被总体专业限定的。而主机端受主机油底壳高度的限制及SOLAS规范的相关要求，其最小安装高度也是确定值。因此，当推进轴系的主机端最小高度要求高于螺旋桨位置的高度要求时，仅能通过设计斜轴系来满足要求，这势必会给整个推进系统的设计、计算和安装带来不便。因此在主机选型期间应尽可能避免此类问题的出现。

②主机顶部空间的高度。柴油机吊缸是柴油机检修和维护非常重要的一部分，对于大型船舶，通常会在主机上方配有电动行车用于主机吊缸操作。大型低速柴油机气缸及缸套尺寸较大，因此需要在主机上方留有足够的操作空间。一般在设计中基于主机厂家提供的最低起吊高度要求进行吊缸高度设计检查。

2. 发电机组选型

发电机组是指在船舶上安装并用于发电的设备，一般情况下分为主发电机组和应急发电机组,部分特殊船型还有可能配备额外的装载发电机组等。

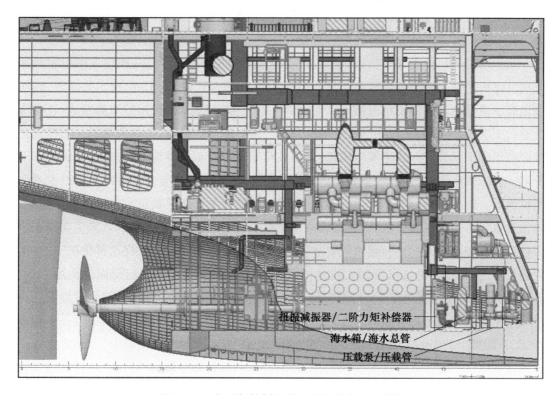

图 7.2.9　大型船舶低速柴油机主机布置示意图

主发电机组接入船舶主配电系统,用于船舶在各工况下的全船供电。而应急发电机组接入船舶应急配电系统,主要用于主配电板失电时的应急供电。通常,应急发电机组容量配置较小,仅能用于满足船舶在应急条件下的供电需求。

主发电机组的选型大致流程如图 7.2.10 所示。

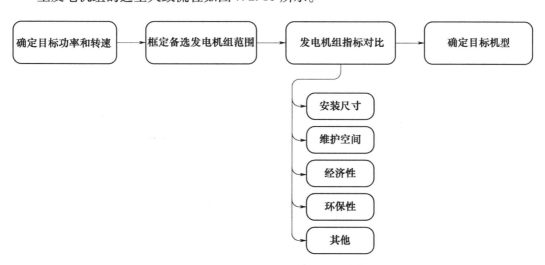

图 7.2.10　主发电机组选型大致流程

发电机组的选型通常需要基于全船电力负荷计算结果来进行,电力负荷计算书由电气设计专业完成,一般包含海上航行、进出港、装卸货、停泊和应急航行等多个不同工况下的总耗电量计算。这部分内容在电气部分有详细的介绍,此处不再赘述。

基于电力负荷计算书的结果,确定主发电机组的容量及数量。一般主发电机组选用柴油发电机组或是轴带发电机与柴油发电机组组合的型式;随着LNG技术的发现,现阶段也有不少选用双燃料发电机组的实船案例。对于常规船舶而言,出于节能考虑,正常海上航行工况下,考虑同时使用的主发电机数量应尽可能少。例如,常规散货船一般考虑正常航行工况下仅开启一台主发电机组;而集装箱船不带冷藏集装箱时,考虑正常航行工况开启一台主发电机组;带冷藏集装箱时,基于冷藏箱的耗电量,考虑开启两台及以上主发电机组等。此外,对于装有轴带发电机的船舶,一般会考虑在船舶正常航行工况下,仅靠轴带发电机为主配电板供电,不使用柴油发电机组,从而达到更加节能的效果。在船舶进出港工况下,按照国际公约,通常需要进行大量的压载水处理和交换,在这种情况下,对于大吨位货船而言,电力负荷会随大排量压载泵及压载水处理装置的启用而急剧增大;此外,部分船舶还配备侧推装置,在此工况下也会产生非常大的电力负载,因此常规设计中进出港工况通常会考虑开启两台及以上的主发电机组。船舶主发电机组的配置是多种多样的,不同类型的船舶工况要求不同,不同船东也往往有不同的使用需求,因而无法以固定的主发电机配置方案去适应实际项目,只能具体项目具体分析,针对每个项目的技术特点和要求给出最适合的配置方案。对于应急发电机组的容量选择比较容易,一般满足应急工况下的供电需求即可。

通常,国内外各大发电机厂商的产品序列中,都能找到与目标主发电机组容量相匹配的产品,因此往往还需要对各适配机型进行进一步的筛选和对比,确定最终配置方案。由于船舶机舱在主机布置好以后,留给主发电机布置的整体空间较为有限。对于主发电机组的布置,除了要考虑其自身尺寸以外,还需要考虑安装维护空间及检修通道的布置等。典型发电机区域的布置如图7.2.11所示。

多台柴油发电机组通常沿船宽方向并排布置,中间留有检修通道;在柴油发电机组的首末两端,按设备厂家的要求预留足够的电机拆卸空间及柴油机空冷器拆卸空间;在每台发电机组的上方布置有吊梁及手拉葫芦,用于柴油机的吊缸检修操作。在船舶设计中,部分船舶由于发电机尺寸较大,层高相对较低,容易出现发电机组吊缸高度难以满足的问题,因此在选型阶段需要核实吊缸高度是否满足设计要求。

对于轴带发电机用作主发电机的情况,也同样需要基于设备厂家要求,考虑轴带发电机的空间布置及吊运等问题,其过程与柴油发电机类似,本书不再赘述。

除了安装及维护要求以外,经济性也常常是重点考虑的指标之一,经济性主要考量的是发电机组的油耗、设备价格和成本回收期等。

由于主发电机组对机舱的整体布置和辅助设备参数影响较大,因此主发电机组的选型工作通常也在合同设计较早阶段完成。

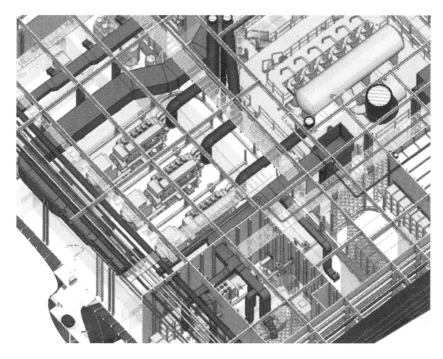

图 7.2.11　典型发电机区域布置

3. 锅炉选型

船用锅炉从使用介质角度主要分为蒸汽锅炉和热油锅炉两类。蒸汽锅炉是通过加热水产生蒸汽的装置,饱和蒸汽压力通常为 0.6~0.8MPa,温度为 165~175℃。蒸汽锅炉使用水作为工作介质,具有维护方便、成本低的特点,被广泛应用于各种常用船型上。热油锅炉是以热媒油作为工作介质,通过加热热媒油使之达到指定温度的设备。热油系统一般分为高温热油系统和低温热油系统。高温热油系统,压力通常为 0.7~0.8MPa,热油温度为 220~260℃;低温热油系统,压力通常为 0.4~0.5MPa,热油温度为 140~180℃。由于热油可视为不可压缩介质,其管路系统的稳定性较好,且高温热油可以用于加热诸如沥青等高温货物,而蒸汽则无法满足加热要求。但热油锅炉系统造价较高,且热水柜、空调等设备不能使用热油直接加热,而须配备中间淡水加热系统。因此,热油锅炉仅在部分附加值较高船型,以及沥青船等特种船型上得到较广泛的应用。

锅炉从介质加热的方式上又可以分为燃油锅炉、废气锅炉、废气经济器和组合锅炉。燃油锅炉是指通过燃烧船用燃油进行介质加热的锅炉,考虑到船舶经济性,通常航行中不作为主要锅炉使用。废气锅炉是指利用船舶主机、发电机工作时产生的排气废热进行介质加热的锅炉,通常低速柴油机排气温度在 200℃ 以上,中速柴油机排气温度在 300℃ 以上,完全可以满足蒸汽及低温热油的加热需要。废气锅炉由于其废热回收利用的特性,大幅节约运营成本,在船舶设计中应用非常普遍。废气经济器与废气锅炉在原理上类似,但由于废气经济器没有气包,不能直接产生蒸汽,水介质在废气经济器中被加热以后,需要通过泵组循环至废气锅炉中产生蒸汽。组合锅炉一般是指燃油锅炉和废气锅炉的组合体。由于船舶在某些特定的工况下必须使用燃油锅炉进行加热,例如停泊状态下主机已停车不再产生废热,或是主机负荷较低时废气热量不足以满足加热需求等工况,所以在船舶设计中通常会同时配备燃油锅炉和废气锅炉的相关功能;而更多的时候出于节约空间和节约制造成本的角度,会使用组合锅炉代替独立的燃油锅炉和废气锅炉。

锅炉选型主要分为两个方面,即锅炉配置型式和锅炉主参数计算。

锅炉配置型式一般由设计人员基于布置可行性、经济性等方面考虑给出推荐,最后由船东进行确认并写入船舶建造规格书内。一般常规大型船舶的锅炉配置主要有组合锅炉、燃油锅炉&废气锅炉等型式,废气锅炉也可以分为仅接入主机、接入主机和1台发电机、接入主机和2台发电机等,最终分析具体情况后确定。

配置型式确定后,锅炉主参数计算便可基于锅炉配置展开。主参数计算主要包括两个方面:一是在船舶建造规格书中规定的工况下,基于排气废热,废气锅炉所能达到的容量;二是在不同工况下的全船蒸汽耗量计算或是全船热油耗量计算。

废气锅炉的最大蒸汽产量与废气温度和废气量密切相关,其计算方法详见《船舶设计实用手册(轮机分册)》,对于单一工况的计算可采用表7.2.7所示的过程,EXCEL算例表7.2.8所示。

表7.2.7 废气锅炉最大蒸汽产量的计算

项目	符号	单位	取值或公式
废气量	q_{mg}	kg/h	由柴油参数计算结果查取
废气比热	C_g	kJ/(kg·K)	1.055
废气进锅炉温度	t_1	℃	由柴油参数计算结果查取增压器后温度 −2℃
废气出锅炉温度	t_2	℃	饱和蒸汽温度 +16℃且不低于165℃
废气锅炉散热损失	Φ	%	4%~5%
废气锅炉使用压力所对应饱和蒸汽焓	i''	kJ/kg	由饱和水蒸汽表查取
废气锅炉给水温度对应焓	i'_w	kJ/kg	由饱和水蒸汽表查取
最大蒸汽产量	q_{mb}	kg/h	$q_{mb} = \dfrac{C_g(t_1-t_2)(1-\Phi)}{(i''-i'_w)}$

表7.2.8 废气锅炉最大蒸汽产量计算的EXCEL算例

	A	B	C
1	项目	单位	取值或公式
2	废气量	kg/h	58700
3	废气比热	kJ/(kg·K)	1.055
4	增压器后温度	℃	217
5	废气进锅炉温度	℃	=C4−2

续表

	A	B	C
6	给水温度	℃	60
7	饱和蒸汽压力(绝对)	bar	8
8	饱和蒸汽温度	℃	170.4
9	废气锅炉使用压力所对应饱和蒸汽焓	kJ/kg	2767
10	废气锅炉给水温度对应焓	kJ/kg	251.09
11	废气出锅炉温度	℃	=MAX(C8+16,165)
12	废气锅炉散热损失	%	4%
13	最大蒸汽产量	kg/h	C2*C3*(C5-C11)*(1-C12)/(C9-C10)

其中,饱和蒸汽温度、废气锅炉使用压力所对应饱和蒸汽焓、废气锅炉给水温度对应焓均由饱和水蒸气表查询,可采用以下方法实现自动查表功能。

第1步:将饱和水蒸气表输入 EXCEL 表格,如表7.2.9、表7.2.10 所示。

表7.2.9 饱和水蒸气表(按压力排列)

	A	B	C	D
1	饱和蒸汽压力/bar	饱和蒸汽温度/℃	液体焓/(kJ/kg)	蒸汽焓/(kJ/kg)
2	0.01	7	29.34	2514
3	0.05	32.9	137.8	2562
4	0.1	45.8	191.8	2585
5	0.2	60	251.5	2610
6	0.3	70	289.3	2625
7	0.4	75.9	317.7	2637
8	0.5	81.3	340.6	2646
9	0.6	86	359.9	2654
63	20	212.4	909	2797
64	21	214.9	920	2798
65	25	223.9	962	2801
66	26	226	972	2801
67	30	233.8	1008	2802
68	31	235.7	1017	2802
69	40	250.3	1087	2800
70	41	251.8	1095	2800

表 7.2.10 饱和水蒸气表(按温度排列)

73	饱和蒸汽温度/℃	饱和蒸汽压力/bar	液体焓/(kJ/kg)	蒸汽焓/(kJ/kg)
74	0	0.006108	0.04	2501
75	0.01	0.006112	0.000614	2501
76	1	0.006566	4.17	2502.8
77	2	0.007054	8.39	2504.7
78	3	0.007575	12.6	2506.5
79	4	0.008129	16.8	2508.3
80	5	0.008718	21.01	2510.2
81	6	0.009346	25.21	2512
82	7	0.010012	29.41	2513.9
83	8	0.010721	33.6	2515.7
139	350	165.37	1672.9	2566.1
140	360	168.74	1763.1	2485.7
141	370	210.53	1896.2	2335.7
142	371	213.06	1916.5	2310.7
143	372	215.62	1942	2280.1
144	373	218.21	1974.5	2238.3
145	374	220.84	2039.2	2150.7

第 2 步:使用 VLOOKUP 函数,通过饱和蒸汽压力在表 7.2.9 中查找对应的饱和蒸汽温度、蒸汽焓;通过饱和蒸汽温度在表 7.2.10 中查找对应的液体焓。

VLOOKUP 的语法如下:

= VLOOKUP(查找值、包含查找值的范围、包含返回值的范围中的列号、近似匹配(TRUE)或精确匹配(FALSE))

因此,单元格 C8~C10 中将使用公式如表 7.2.11 所示。

表 7.2.11 使用自动查表功能计算废气锅炉最大蒸汽产量

	A	B	C
1	项目	单位	取值或公式
2	废气量	kg/h	58700
3	废气比热	kJ/(kg·K)	1.055
4	增压器后温度	℃	217
5	废气进锅炉温度	℃	= C4 − 2
6	给水温度	℃	60
7	饱和蒸汽压力(绝对)	bar	8
8	饱和蒸汽温度	℃	= VLOOKUP(C7,Sheet7! A2:D70,2,0)

续表

	A	B	C
9	废气锅炉使用压力所对应饱和蒸汽焓	kJ/kg	=VLOOKUP(C7,Sheet7!A2:D70,4,0)
10	废气锅炉给水温度对应焓	kJ/kg	=VLOOKUP(C6,Sheet7!A74:D145,3,0)
11	废气出锅炉温度	℃	=MAX(C8+16,165)
12	废气锅炉散热损失	%	4%
13	最大蒸汽产量	kg/h	=C2*C3*(C5-C11)*(1-C12)/(C9-C10)

对于废气锅炉而言,一般情况下会考虑尽可能的有效利用废热,使废气锅炉容量最大化,但废气锅炉的容量越大往往意味着锅炉的尺寸越大,成本越高,不仅可能会影响设备布置,也有可能在热带工况下,由于废气热量过多导致锅炉超压,还会引起设备采购成本的上升。因此废气锅炉的容量并非越大越好。通常,在实际设计中建造规格书规定的工况下,基于全船蒸汽或热油耗量,使废气锅炉的容量尽可能满足正常航行需求即可。近年来由于新船型对于船舶油耗的要求越来越高,尤其对于低速主机,经常会选用长冲程和超长冲程主机降功率使用,其排气温度很低,导致能够利用的废热很少,常常出现废气锅炉容量无法满足正常航行工况需要的情况。作为补充方案,也经常会考虑把主发电机的一台或两台一并接入废气锅炉以获得更多的废气热量。

对于燃油锅炉而言,单个燃油锅炉燃烧器的参数覆盖范围较大,燃油锅炉的容量相比锅炉体积不敏感,对锅炉布置的影响也几乎可以忽略不计。通常,燃油锅炉的容量选择应在不包括废气锅炉的情况下满足船舶最大蒸汽或热油耗量需求。

对于组合锅炉而言,由于组合锅炉兼具了燃油锅炉和废气锅炉的特点,将两者相结合,并充分考虑锅炉安装与布置要求即可。

对于锅炉的布置通常需要考虑安装空间、锅炉侧向拉撑的焊接位置、锅炉燃烧器的检修维护等。典型的船用组合锅炉布置如图7.2.12所示。

4. 其他主要设备选型

在船舶设备设计选型过程中,主机、发电机及锅炉作为船舶最主要的设备优先被选定。其他主要辅助设备根据其用途不同大致可分为两类:一类是为船舶动力装置正常运转服务而配备的,例如冷却器、燃油供油设备、燃油分油设备等,通常归入动力系统设备;另一类是由于特定的使用需要或法规要求而配置的,例如压载水设备、舱底水设备、淡水设备、消防设备、黑灰水设备等,通常归入船舶系统设备。不同设备的选型计算方法都有各自特点,本节仅以典型的中央冷却水系统设备选型为例进行介绍,旨在供读者熟悉和掌握在船舶设计过程中设备选型的一般方法。

通常船舶上需要使用冷却水进行冷却的设备主要包括柴油机的缸套、空冷器及滑油冷却器,以及空压机、空调冷藏压缩机组、柜式空调压缩机组、中间轴承、低硫油冷却器、大气冷凝器等。由于海水带有盐分,易于腐蚀管路,出于对设备的保护,通常冷却水系统中

图 7.2.12　典型的船用组合锅炉布置

的设备用户均要求采用淡水作为冷却介质。其中,柴油机的缸套冷却水温度要求一般为 80~90℃,称为高温冷却水(对于柴油机而言为了防止缸套水温度过高,影响柴油机正常工作,缸套冷却水的温度传感器一般安装在柴油机出口,所说的缸套冷却水温度通常是指柴油机出机温度,而进机温度可基于柴油机换热量进行反算,通常在 70~75℃);其他设备一般使用 40℃ 及以下温度(通常指进机温度)的冷却水即可满足要求,称为低温冷却水。高低温冷却水系统一般为相对独立的冷却水系统,通过柴油机的缸套水冷却器完成热量交换。高温冷却水系统主要基于柴油机厂家的相关要求进行设计;低温冷却水系统由于包括诸多冷却水用户而通常被设计成中央冷却的型式,即所有冷却水用户共用一套中央冷却器及中央冷却水泵,通过中央冷却水泵使低温冷却水在用户和中央冷却器之间不断循环,源源不断地将用户处产生的热量与冷却海水在中央冷却器中完成热交换,最后将冷却海水排出舷外。中央冷却器的淡水侧用于冷却水系统设备用户的内循环,海水侧用于不断地从舷外吸入和排出海水带走淡水侧产生的热量。中央冷却器采用耐海水腐蚀的材料制成,板式换热器通常采用钛制换热板片。整个冷却水系统的典型流程图如图 7.2.13 所示。

中央冷却水系统的设备选型,主要包括中央冷却器的换热量计算、冷却海水泵排量及压头计算、低温冷却淡水泵排量及压头计算等几个方面。整个系统的中央冷却水供给温度一般通过中央冷却器后的温度控制阀自动控制,使每个用户的冷却水进机温度相对恒定,保证设备持续健康运转,设备进机温度即为温度控制阀的设定温度,在实际设计中一般低温冷却淡水比冷却海水温度高 4℃ 左右为宜,而热带工况下海水的设计温度通常为32℃,因此低温冷却水以 36℃ 设计居多。但近年来,出于对柴油机经济性的考虑,越来越多的柴油机厂家建议将低速柴油机主机空冷器冷却水进机温度降低,以获得更低的扫气温度,从而相应地降低油耗。在实船项目中,也出现过不少将主机空冷器冷却水温度控制在最低 25℃,甚至更低的案例(最低要求不低于 10℃)。

第七章 计算机辅助船舶机电舾设计

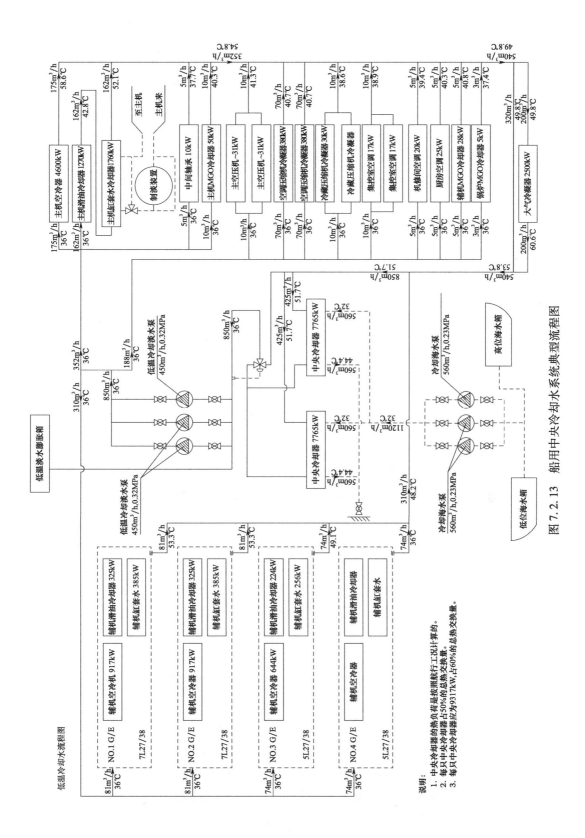

图 7.2.13 船用中央冷却水系统典型流程图

对于冷却水系统的所有用户,设备厂家会提供所需要的冷却水流量(通常为m^3/h)及最大热交换量(通常为kW)。基于系统中设定好的冷却水进机温度,可以方便地根据式(7.2.1)计算得出各设备冷却水出口温度。同时,根据每个分支上的总流量及总换热量之和,也可以方便地利用式(7.2.1)计算此分支上混合后冷却水温度。

完成所有支路的相关计算以后,基于能量守恒原理,将各分支上的总流量及总换热量相加,利用式(7.2.1)计算可得整个系统的总冷却水换热量、冷却水流量以及混合后冷却水回流温度。在实船设计中,中央冷却器常规配置2台,每台留有0～15%的裕量,即每台的换热量占总冷却水换热量的50%～65%。

低温冷却淡水泵与船舶重要设备的正常运行密切相关。为保证系统工作的稳定性和可靠性,低温冷却淡水泵在设计时需要考虑冗余,即当一台低温冷却淡水泵出现故障时,应能保证不影响整个系统正常工作。对于低温冷却淡水泵组的配置,一般有两台(每台100%)及三台(每台50%)等方案,通常可基于布置空间、经济成本、船东需求等方面进行考虑。低温冷却海水泵的选型也同样存在与低温冷却淡水泵类似的冗余设计要求,配置也存在两台(每台100%)及三台(每台50%)等方案。对于低温冷却海水泵排量计算,常规按照与淡水侧4℃左右温差考虑,基于能量守恒定律,中央冷却器海水侧换热量与淡水侧相同,基于式(7.2.1)计算可得低温冷却海水泵排量。通常计算得出的低温冷却海水泵的排量比低温冷却淡水泵排量略大。

$$t_2 = \frac{3600 \times Q}{C \times \rho \times \nu} + t_1 \tag{7.2.1}$$

式中 t_2——设备冷却水出口温度(℃);

Q——设备最大热交换量(kW);

C——冷却淡水的比热容(kJ/(kg·K)),对于淡水通常取值为4.2;

ρ——冷却淡水的密度(kg/m^3),对于淡水通常取值为1000;

ν——冷却淡水的体积流量(m^3/h);

t_1——设备冷却水进口温度(℃),通常淡水取值36。

关于低温冷却水泵的压头选择,冷却海水泵通常需要考虑泵到中央冷却器,再到排舷外口的最大高度差,以及管道的局部阻力和沿程阻力,满足冷却海水能够从舷外正常排出即可,对于常规大型船舶来讲,一般冷却海水泵排出压力取值0.2～0.25MPa;冷却淡水泵通常需要考虑泵到冷却水用户最高点处的高度差,以及管道的局部阻力和沿程阻力,区别于冷却海水系统,低温冷却淡水系统的管道分支较多,管道阀门附件数量较多,管道长度较大,管道阻力整体偏大且大部分设备对于冷却淡水进机压力也有一定要求,基于以上因素,对于常规船型,低温冷却淡水泵排出压力取值一般为0.3～0.35MPa。对于个别船型,也有增加冷却淡水增压泵的案例,例如在驾驶室增加淡水冷却的柜式空调。对于大型船舶,驾驶室与冷却淡水泵的高度差往往超过30m,再加上沿程阻力将远超冷却淡水泵的排出压力,如果不设置增压泵,系统将无法正常工作。此类特殊问题恰恰是在详细设计中需要设计师重点关注的问题。

对于中央冷却器、滑油冷却器、缸套水冷却器等设备的具体尺寸和板片数量等详细参数一般由设备厂家基于最大换热量和设备进出口温度进行计算后确定。

对图 7.2.13 中所示的船用中央冷却水系统采用 EXCEL 计算表的各参数进行计算的示例如表 7.2.12 所示。

表 7.2.12　船用中央冷却水系统的 EXCEL 算例

	A	B	C	D	E	F	G	H	I
1	冷却水用户	数量/台	运行数量/台	单位换热量/kW	单位冷却水量/(m³/h)	总换热量/kW	总冷却水量/(m³/h)	冷却水进口温度/℃	冷却水出口温度/℃
2					回路-1				
3	主机空冷器	1	1	4600	175	=C3*D3	=B3*E3	36	=F3*3600/4200/G3+H3
4	主机滑油冷却器	1	1	1270	162	=C4*D4	=B4*E4	36	=F4*3600/4200/G4+H4
5	主机缸套水冷却器	1	1	1760	162	=C5*D5	=B5*E5	=14	=F5*3600/4200/G5+H5
6	中间轴承	1	1	10	5	=C6*D6	=B6*E6	36	=F6*3600/4200/G6+H6
7	主机MGO冷却器	1	1	50	10	=C7*D7	=B7*E7	36	=F7*3600/4200/G7+H7
8	主空压机	2	2	31	5	=C8*D8	=B8*E8	36	=F8*3600/4200/G8+H8
9	空调压缩机冷凝器	2	2	380	70	=C9*D9	=B9*E9	36	=F9*3600/4200/G9+H9
10	冷藏压缩机冷凝器	2	1	30	5	=C10*D10	=B10*E10	36	=F10*3600/4200/G10+H10
11	集控室空调	2	2	17	5	=C11*D11	=B12*E11	36	=F11*3600/4200/G11+H11
12	机修间空调	1	1	20	5	=C12*D12	=B12*E12	36	=F12*3600/4200/G12+H12
13	厨房空调	1	1	25	5	=C13*D13	=B13*E13	36	=F13*3600/4200/G13+H13
14	辅机MGO冷却器	1	1	28	5	=C14*D14	=B14*E14	36	=F14*3600/4200/G14+H14
15	锅炉MGO冷却器	1	1	5	3	=C15*D15	=B15*E15	36	=F15*3600/4200/G15+H15
16	汇总					=SUM(F3:F15)	=SUM(G3:G15)-G5	36	=F16*3600/4200/G16+H16

续表

	A	B	C	D	E	F	G	H	I
17	大气冷凝器（串联）	1	1	2500	200	=C17*D17	=B17*E17	=/16	=F17*3600/4200/G17+H17
18	旁通管路	1	1			0	=G16-G17	=/16	=F18*3600/4200/G18+H18
19	汇总回路-1	1	1			=SUM(F16:F18)	=G16	36	=F19*3600/4200/G19+H19
20									
21					回路-2				
22	辅机 NO.1	1	1	1627	81	=C22*D22	=B22*E22	36	=F22*3600/4200/G22+H22
23	辅机 NO.2	1	1	1627	81	=C23*D23	=B23*E23	36	=F23*3600/4200/G23+H23
24	辅机 NO.3	1	1	1124	74	=C24*D24	=B24*E24	36	=F24*3600/4200/G24+H24
25	辅机 NO.4	1	0	1124	74	=C25*D25	=B25*E25	36	=F25*3600/4200/G25+H25
26	汇总回路-2					=SUM(F22:F25)	=SUM(G22:G25)	36	=F26*3600/4200/G26+H26
27									
28	项目	数量/台	每台容量/%	总换热量/kW	总冷却水量/(m³/h)	每台换热量/kW	每台冷却水量/(m³/h)	进口温度/℃	出口温度/℃
29	中央冷却器	2	50%	=F19+F26	=G19+G26	=D29*C29	=E29/B29	=D29*3600/4200/E29+129	36

7.2.2 轮机主要技术参数计算

1. 机械设备估算书

机械设备估算书是轮机专业极其重要的一份设计辅助计算类图纸，它以主机、主发电机组选型数据及项目基本要求为主要输入参数，计算燃油舱、燃油日用舱、滑油舱、气缸油舱、油渣舱、舱底水舱等舱柜的最小需求容量；计算燃油供给泵、燃油输送泵、应急柴油泵、燃油分油机、滑油分油机、造水机、板式冷却器、压缩空气瓶、空压机、机舱风机、废气锅炉、焚烧炉、大气冷凝器等设备的选型参数；计算海水总管、舱底水主管及支管等主要管路的设计尺寸；对于特殊配置的船型还有可能包含尿素舱计算、NaOH 舱计算、SCR 空压机计算等内容，涵盖轮机专业大部分主要设备选型及主要技术参数计算，是撰写简要规格书和详细规格书、完成机舱布置和总布置的重要依据之一。

机械设备估算书在实际项目中的设计迭代流程如图 7.2.14 所示。

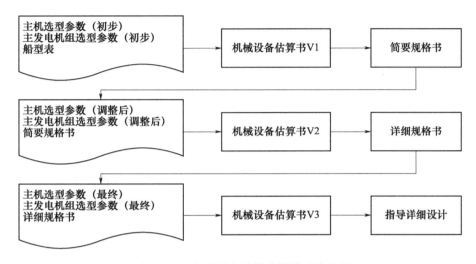

图 7.2.14　机舱设备估算书设计迭代流程

从流程图可以看出，主机与主发电机组的选型参数是机械设备估算书的输入条件。所谓的选型参数不仅是柴油机型号，还包括柴油机型号所对应的多个水、电、油、气等参数。这些参数通常是由柴油机生产厂家提供的。对于中高速柴油机而言，由于其产品标准化程度较高，相同机型技术参数也是相对固定的，柴油机厂家通常会为每个机型编制一套指导文件，船舶设计人员直接查阅对应机型的指导文件即可得到所需要的数据；对于低速柴油机而言，出于对性能、经济性、排放等因素的考虑，同一机型在不同项目上往往会选定不同的最大持续运行功率点（SMCR 或 CMCR）和优化持续运行功率点（NCR 或 CSR），并且优化方式也不尽相同，对于某些船型还可能配置有脱硫脱硝（Scrubber 或 SCR）等附加设备，这些因素都有可能对低速柴油机的技术参数产生较大影响。因此低速柴油机需要基于项目进行计算后确定技术参数。

机械设备估算书相关计算的详细实现，读者可参考《船舶设计实用手册》及《计算机辅助船舶设计实例教程》。

2. 油舱容量计算

船舶油舱主要包括燃料油舱、滑油舱和废油舱等类型。燃料油舱主要用于储存供船舶主机、辅机、锅炉燃烧使用的燃料油，燃料油通常又可分为重质燃油（HFO）、船用柴油（MDO）、船用轻柴油（MGO）、低硫重质燃油（VLSFO）、超低硫重质燃油（ULSFO）等，相关油品标准可以参见 ISO8217；燃料油舱基于不同的用途又可分为燃料油储存舱、燃料油澄清舱、燃料油日用舱等。滑油舱主要用于储存供主机、辅机等设备润滑的润滑油，通常又可分为主机滑油、辅机滑油、主机气缸油等；滑油舱基于不同的用途又可以分为滑油储存舱、滑油澄清舱等。废油舱主要用于收集燃油、滑油系统产生的废油并通过焚烧炉焚烧或是储存用于排岸,基于不同的用途可分为燃油泄放舱、滑油泄放舱、油渣舱、废油舱等。

船舶上配置的燃油油品一般基于设备使用要求、油品价格、法规要求等因素进行考虑,一艘船舶通常配备两三种燃油,以应对不同工况下的要求。例如,有些锅炉设备厂家要求必须使用轻油作为点火油供设备启动;又例如法规要求在硫排放控制区内船舶废气含硫量必须不大于0.1%,致使必须使用硫含量不大于0.1%的燃油或是使用高硫油并加装硫排放后处理设备(SO_x Scrubber),等等。

根据 MARPOL 附则 VI 修正案 MEPC176 的最新要求,2020 年 1 月 1 日以后全球范围使用的燃油含硫量不大于0.5%,SECA 硫排放控制区内不大于0.1%的相关要求。在新造船中,如果考虑使用硫含量3.5%的 HFO,则必须在航行期间不间断地使用 SO_x Scrubber 进行脱硫,否则无法满足排放要求。考虑到 SO_x Scrubber 的安装、维护及运行成本、VLSFO(含硫量0.5%)与 HFO(含硫量3.5%)的价差以及技术进步带来的产品淘汰等因素,如今使用 HFO 加装 SO_x Scrubber 的方案几乎不被市场接受,取而代之的是采用 VLSFO(含硫量0.5%)、ULSFO(含硫量0.1%)和 MGO(含硫量0.1%)三种油品的项目几乎覆盖了绝大多数非双燃料项目。其中 VLSFO 在全球范围内公海航行使用,ULSFO 在硫排放控制区内使用,而 MGO 在设备冷启动和应急工况使用。

在船舶设计中,燃料油舱的容量计算通常包括续航力计算、低硫油储存舱容量计算、燃料油日用舱容量计算等。

续航力计算是指在一定的基准条件下,船舶不补充燃油的情况下能航行的最远距离,单位一般为海里。在船舶设计中,船舶的航线、加油地点等信息往往在开始设计之前就有了基本的规划,续航力一般作为合同指标之一体现在建造规格书内。续航力计算一般是基于续航力、服务航速和设备的油耗,倒推所需要多少燃油的过程。对于柴油机而言,总油耗可以按额定工况进行计算;对于其他设备可按实际使用情况计算总油耗,然后将各设备在续航力要求工况下的总油耗相加,即可得到满足续航力要求的总燃油量;最后,基于燃油密度和油舱装填率、预留裕量等系数换算出所需要的燃料油舱容积。计算流程如表7.2.13 所示。

表 7.2.13 油舱容量计算

项目	符号	单位	取值或公式
总续航力	S	n mile	根据说明书要求
服务航速	v	kn	根据说明书要求
主机服务功率	P_M	kW	根据说明书要求,为服务航速对应值
主机单位油耗率	g_M	g/(kW·h)	根据说明书要求,为服务航速对应值
主机油耗率公差	T_M	%	根据说明书要求,为服务航速对应值
基于续航力工况的主机总油耗	G_M	t	$G_M = \dfrac{P_M \cdot g_M \cdot (1+T_M) \cdot S}{v \cdot 10^6}$

续表

项目	符号	单位	取值或公式
发电机服务功率	P_A	kW	常取发电机额定功率的70%
发电机单位油耗率	g_A	g/(kW·h)	如无发电机资料,可取210
发电机油耗率公差	T_A	%	一般为5%
正常航行时运行发电机组数量	N	—	一般为1台
基于续航力工况的发电机总油耗	G_A	t	$G_A = \dfrac{N \cdot P_A \cdot g_A \cdot (1+T_A) \cdot S}{v \cdot 10^6}$
锅炉等其他设备油耗	G_O	t	通常续航力计算不予考虑
基于续航力工况的总油耗	G	t	$G = G_M + G_A + G_O$
燃料油密度	γ	t/m³	通常 HFO = 0.98,MDO = 0.83
装载率	L	%	常规取值98%
残余量系数	C	%	常规取值2%~3%
续航力要求的最小总舱容	V	m³	$V = \dfrac{G}{\gamma \cdot (L-C)}$

本计算的 EXCEL 编制比较简单,本书不再赘述。

3. 轴系设计计算

船舶轴系是船舶动力装置中的重要组成部分,承担着将主机发出的功率传递给螺旋桨,再将螺旋桨产生的轴向推力传递给船体,以实现推动船舶航行的目的。船舶轴系是从主机动力输出端法兰至艉轴末端(含)为止,连接主机和螺旋桨的轴及其轴承的统称。

在船舶设计中,轴系的总体布置以及相关零部件的尺寸选取通常都需要根据计算确定,大多数轴系相关计算是基于船级社规范要求进行的。对于大型船舶典型轴系而言,如图 7.2.15 所示,轴系设计计算一般包括轴系强度计算、螺旋桨无键连接计算、液压螺母推力计算、轴承压入力计算、轴系校中计算、轴系扭振计算、轴系横振和纵振计算等。

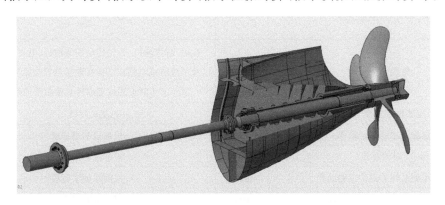

图 7.2.15 大型船舶典型轴系布置示意图

(1)轴系强度计算。轴系强度计算是指按照船级社规范要求,基于轴系所能传递的最大扭矩和轴系所选用材料的物理特性,计算出所需要的最小中间轴和艉轴轴径、轴系连接法兰尺寸及法兰连接螺栓直径等设计参数的计算过程。其计算公式在船级社规范中已明确提出，但不同船级社在系数选取上可能略有差异，在实际项目中应以船舶实际入级的船级社要求为准进行计算。

（2）无键连接计算。在大型船舶设计中，螺旋桨与艉轴采用无键连接型式安装非常普遍，即把螺旋桨桨毂内表面和相应的艉轴配合段外表面设计成锥形，在螺旋桨安装时通过液压油泵对螺旋桨桨毂内油槽中的液压油加压，使桨毂内径不断膨胀变大，以便将螺旋桨安装到位，随后卸载液压油，使桨毂再次收缩抱紧艉轴。螺旋桨无键连接计算的主要目的是计算当轴系传递船舶最大扭矩时，螺旋桨桨毂与艉轴不发生相对滑动的螺旋桨最小推入量；同时计算基于材料强度，螺旋桨桨毂在安装时不被损坏的最大推入量。过小的推入量可能会导致螺旋桨与艉轴发生相对滑动甚至脱落，过大的推入量可能会导致螺旋桨桨毂开裂损坏。根据设计经验，为保证船厂顺利安装和测试，通常最小推入量与最大推入量的差值应不小于2mm。螺旋桨无键连接计算主要是基于船级社要求进行计算的，各大船级社的相关要求可以直接查阅相对规范条文，表7.2.14根据CCS规范编制。

表 7.2.14 螺旋桨无键连接计算

项目	符号	单位	取值或公式
在35℃时防止滑移的摩擦安全系数	S_F		应不小于2.8
自由航行时船舶发出的持续推力	T		$T = 1762\dfrac{N_e}{V}$
功率为N_e时船速	V	kn	根据船模试验报告
结合面的摩擦系数	μ		对于用油压方法，桨毂用青铜、黄铜或钢制造时，摩擦系数为0.13
结合面上的切向力	F_V	N	$F_V = \dfrac{2000 \cdot C \cdot M_e}{d_1}$
对应于N_e和n_e的额定扭矩	M_e	N·m	$M_e = \dfrac{60000 \cdot N_e}{2\pi \cdot n_e}$
常数	C		$C=1$对汽轮机、齿轮传动的柴油机、电力驱动装置以及用液压或电磁或高弹性联轴器直接驱动的柴油机；$C=1.2$对上述规定以外直接驱动的柴油机
螺旋桨轴端锥度	K		$K \leq 1/15$
传递到螺旋桨轴的额定功率	N_e	kW	根据说明书要求
传递N_e时的转速	n_e	r/min	根据说明书要求
螺旋桨毂与螺旋桨轴的理论接触面积	A	mm²	根据螺旋桨资料
套合接触长度范围内轴的平均直径	d_1	mm	根据螺旋桨资料
桨毂的平均外径	d_2	mm	根据螺旋桨资料
螺旋桨轴材料的泊松比	μ_1		取0.30
螺旋桨材料的泊松比	μ_2		对铜质一般可取0.34

续表

项目	符号	单位	取值或公式
螺旋桨轴材料弹性模量	E_1	N/mm²	取 20.6×10^4
螺旋桨材料弹性模量	E_2	N/mm²	对铜质一般可取 11.77×10^4 N/mm²
螺旋桨套合时的温度	t	℃	按计算需要选取
螺旋桨轴材料的线膨胀系数	α_1	1/℃	取 11×10^{-6}
螺旋桨材料的线膨胀系数	α_2	1/℃	对铜质一般可取 18×10^{-6}
螺旋桨材料的屈服点	R_{eH}	N/mm²	根据螺旋桨资料或按《材料与焊接规范》中的 $R_{P0.2}$ 选取
	B		$B = \mu^2 - \dfrac{S_F^2 K^2}{4}$
在35℃时最小表面压力	P_{35}	N/mm²	$P_{35} \dfrac{S_F T}{AB}\left(-\dfrac{S_F K}{2} + \sqrt{\mu^2 + B\left(\dfrac{F_V}{T}\right)^2}\right)$
在35℃时最小推入量	S_{35}	mm	$S_{35} = P_{35} \dfrac{d_1}{K}\left(\dfrac{1}{E_2}\left(\dfrac{K_2^2+1}{K_2^2-1} + \mu_2\right) + \dfrac{1}{E_1}(1-\mu_1)\right)$
温度t($t<35℃$)时的最小推入量	S_t	mm	$S_t = S_{35} + \dfrac{d_1}{K}(\alpha_2 - \alpha_1)(35 - t)$
温度t时相应最小表面压力	P_t	N/mm²	$P_t = P_{35}\dfrac{S_t}{S_{35}}$
温度t时最小推入负荷	W_t	N	$W_t = AP_t\left(\mu + \dfrac{K}{2}\right)$
温度0℃时最大许用表面压力	P_{max}	N/mm²	$P_{max} = \dfrac{0.7 R_{eH}(K_2^2 - 1)}{\sqrt{3K_2^4 + 1}}$
温度0℃时最大推入量	$S_{max,0}$	mm	$S_{max,0} = \dfrac{P_{max}}{P_{35}} S_{35}$
温度35℃时最大推入量	$S_{max,35}$	mm	$S_{max,35} = \dfrac{P_{max}}{P_{35}} S_{35} - \dfrac{35(\alpha_2 - \alpha_1)d_1}{K}$

本计算的 EXCEL 编制比较简单,本书不再赘述。

(3) 轴系校中计算和轴系振动计算。轴系校中计算、轴系扭振计算、轴系横振和纵振计算通常需要利用专业软件建模计算后完成。轴系扭振计算、横振和纵振计算主要用于评估轴系振动、计算船舶转速禁区、是否需要配置减震器等。轴系校中计算主要用于计算各轴承处的工作负荷、轴系安装时的开口位移值等,并通过调节轴承高度合理分配各轴承负载,以达到合理校中的目的,确保船舶在各种工况下所有轴承的工作负荷都位于合理范围内。在实船项目上,这部分计算通常由主机厂或高弹联轴器厂完成,比较常用的计算分析软件有 DNV 推出的 Nauticus Machinery 等,图 7.2.16 展示了使用 Nauticus 软件建立的轴系校中计算模型。

图 7.2.16　Nauticus 轴系校中计算模型

4. 管路阻力计算

船舶轮机设计中的管路阻力计算通常属于流体计算范畴,绝大部分计算可以通过经验公式法完成。然而,对于较为复杂的管路系统流阻计算,则需要采用 CFD 数值模拟计算。常用的一维流体 CFD 管道系统计算软件包括 PIPEFLOW、FlowMaster(FloMASTER)等。由于 CFD 分析通常需要建模、模型后处理、迭代计算等步骤,计算周期往往很难满足实船项目要求。因此,在实船项目中,往往仅针对风险性较大的问题采用 CFD 分析方案,基于流量、流速确定管径的设计方法可以满足常规设计中的绝大部分需要。轮机专业比较典型常用的管路阻力计算包括机舱通风阻力计算和柴油机排气背压计算等。

机舱通风阻力计算的主要目的是基于通风布置方案,计算整个通风系统的最大阻力,从而判断风机的风压是否满足送风要求。通风阻力主要包括管道摩擦阻力和局部阻力,管道摩擦阻力可通过经验公式(7.2.2)计算或是查表获得,详见船舶设计手册相关章节。

$$\Delta P_f = f\left(1000\frac{L}{D_h}\right)\frac{\rho V^2}{2} \tag{7.2.2}$$

式中　ΔP_f——摩擦损失(Pa);
　　　f——摩擦系数,可通过经验公式计算;
　　　L——风管长度(m);
　　　D_h——水力直径(mm);
　　　V——流速(m/s);
　　　ρ——密度(kg/m³)。

局部阻力损失是空气流经通风附件时产生的,可按式(7.2.3)进行计算,其中局部阻力系数可通过查表获得,详见船舶设计手册相关章节。

$$\Delta P_j = \varepsilon\frac{\rho V^2}{2} = \varepsilon P_v \tag{7.2.3}$$

式中　ΔP_j——局部阻力损失(Pa);
　　　ε——局部阻力系数,可通过查表获得;
　　　V——流速(m/s);
　　　ρ——密度(kg/m³);
　　　P_v——动压(Pa)。

在进行机舱通风阻力计算时,首先应绘制基于单个风机的风管布置单线图,同步确定阻力最大的支路并编号,如图 7.2.17 所示;其次按照编号顺序,分别对每个管段进行摩擦阻力和局部阻力计算,并得出相应的阻力损失;最后将各个管段的阻力损失相加,即可得到风机的总阻力损失。

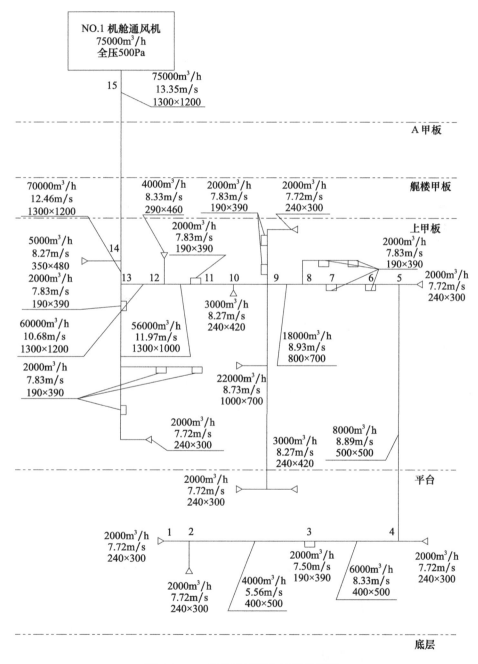

图 7.2.17　机舱通风阻力计算单线图

此外,机舱通风阻力计算也可以基于 CFD 数值分析法来实现。首先,基于三维建模软件完成风管布置的三维建模,效果如图7.2.18(a)所示;其次,在CFD数值分析软件中完成网格划分、设定边界条件等工作;最后,利用CFD数据分析软件进行计算并输出计算结果,得到风管压力分布及其他必要参数,如图7.2.18(b)所示。

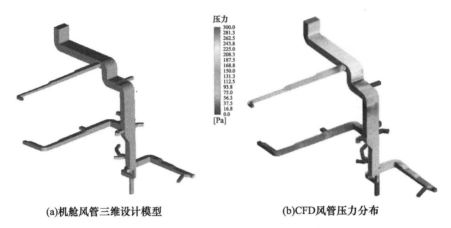

(a)机舱风管三维设计模型　　(b)CFD风管压力分布

图7.2.18　基于CFD数据分析的机舱通风阻力计算

排气背压阻力计算的目的是基于排气管系的布置方案,计算整个排气管系的最大排气阻力,从而判断排气系统的设计是否满足主机、发电机、焚烧炉等设备的排气背压要求。如计算得到的实际排气背压大于设备本身的排气背压要求,则会导致废气无法从排气管顺利排出,设备无法正常工作,如今越来越多的船加装了脱硫、脱硝等废气后处理设备,大大增加了排气阻力,设计风险越来越大。因此,排气背压阻力计算是现阶段船舶设计中必须要考虑的重点内容之一。

船舶上设备的排气管一般是独立布置的,因此在排气背压计算时按设备分别进行计算即可。排气背压计算是管路阻力计算的一种,管路总阻力等于各直管段摩擦阻力与所有附件的局部阻力之和。直管段摩擦阻力计算可通过式(7.2.4)计算,详见《船舶设计手册》相关章节。

$$P_1 = \lambda \frac{l}{d_i} \frac{V^2 \rho}{2g} \tag{7.2.4}$$

式中　P_1——直管摩擦阻力(Pa);

　　　λ——管子摩擦阻力系数,查表获得;

　　　l——管段长度(m);

　　　d_i——管子内径(m);

　　　V——管内流体流速(m/s);

　　　ρ——密度(kg/m³);

　　　g——重力加速度(9.81m/s²)。

附件局部阻力可通过式(7.2.5)计算,详见《船舶设计手册》相关章节。

$$P_2 = \zeta \frac{\rho V^2}{2g} \tag{7.2.5}$$

式中 P_2——局部阻力(Pa);

ζ——局部阻力系数,可通过查表获得;

V——流体流速(m/s);

ρ——密度(kg/m^3);

g——重力加速度($9.81m/s^2$)。

在进行排气背压阻力计算时,首先应基于排气管的布置和排气阻力分段计算要求对排气管进行分段并编号,典型发电机组排气背压阻力计算分段示意图如图 7.2.19 所示;如不便获得三维模型也可以通过二维图纸或单线图表示,然后按照编号顺序分别对每个管段进行直管段摩擦阻力计算和附件局部阻力计算,并得出相应的阻力损失;对于排气管上安装的设备,如锅炉、脱硫塔、SCR 等,应由设备厂家提供相应的压力损失数据;最后,将各个管段及设备的阻力损失相加,即可得到总的排气阻力损失,再与设备要求的最大排气背压数值对比,以验证设计的合理性。

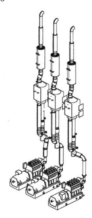

图 7.2.19 典型发电机组排气背压阻力计算分段示意图

5. 蒸汽耗量计算书

蒸汽耗量计算书计算不同工况下船舶消耗蒸汽的总量,常作为废气蒸汽锅炉选型的参考数据之一。通常船舶上消耗蒸汽的用户主要包括带有加热盘管的加热舱(重质燃油舱、油渣舱、舱底水舱等)和带有加热器的设备(分油机、供油单元、燃油伴行管、空调等)。

在不同的工况下,各蒸汽用户的蒸汽消耗量并不是定值,因此需要考虑蒸汽用户在不同工况下的负荷系数,以便在计算时对于不同的工况进行加权后汇总。

计算蒸汽耗量的船舶运营工况一般分为四种,即正常航行、进出港、装卸货和停港。环境工况一般分为三种,即冬季、夏季、ISO。

对于设备用户,蒸汽耗量值由设备厂家给出,在计算时只要根据工况的不同,乘以对应的负荷系数即可。

对于舱柜用户,一般分为保温和加热两种状态进行计算,计算方法可见《船舶设计手册 轮机分册》2.3 章热源系统和 5.4 章加热系统。另外,也可以依据船舶行业标准 CB/T 3373—2013《油舱蒸汽加热系统计算方法》进行计算。在 CB/T 3373—1991 中给出了计算示例,可供读者参考,以更好理解计算的方法。计算出的舱柜蒸汽耗量同样要考虑共同使用系数及装填率等影响。

蒸汽耗量计算的实现方式在传统设计中多以 EXCEL 表格编制的计算程序为主,界面如图 7.2.20 所示。

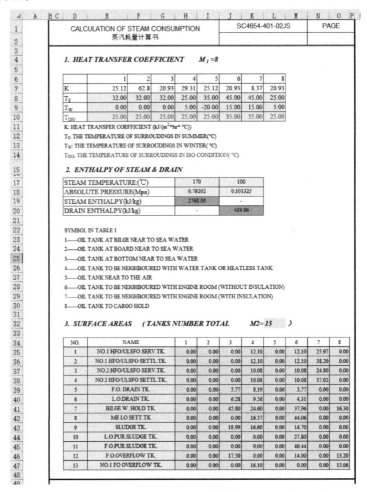

图 7.2.20　利用 EXCEL 编制的蒸汽耗量计算书示例

使用 EXCEL 编制的计算书文件普遍存在以下缺点:

(1)由于计算参数变化经常会引起计算文件格式的调整,调整过程中容易导致关联的公式产生错误,从而导致计算结果错误。

(2)EXCEL 文件在提交送审时连带有公式的文件一并提交,不利于知识产权保护。

(3)每个项目是单独的一份文件,不利于数据分析与共享。

(4)格式公式可以随意篡改,不利于版本维护和统一。

为解决上述 EXCEL 编制计算书的不足,可基于数据库技术利于编程语言开发对应的计算程序,并将计算数据存放于数据库中,这样做的优势在于:不同项目的数据收集在一起,便于收集管理和分析;可直接用数据生成标准格式的报告,完全标准化出图;有利于保护知识产权;版本维护非常方便。

图 7.2.21 展示了基于 SQL Server 使用 C#开发的蒸汽耗量计算程序,其生成的 Word 版本计算报告如图 7.2.22 所示。

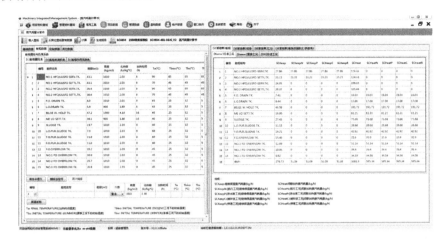

图 7.2.21　使用 C#开发的蒸汽耗量计算程序界面

6. 机舱布置图

机舱布置图是轮机专业最为核心的图纸,是轮机设计的精髓所在,存在于轮机设计的各个阶段。机舱布置图通常不作为合同文件,在合同报价阶段其内容往往会被体现在总布置图上,待合同生效后转为独立的图纸。随着设计的不断深入,受船东意见、船厂意见、船检意见、专业间协调、设备厂家要求等多方面因素影响,机舱布置图将会不断修改迭代并不断完善,直到设计结束,有些项目此过程甚至会持续到交船。

机舱布置图设计需要考虑的基本原则有如下几个方面:

(1)应满足相关规范、公约、规则及入级符号的特定要求。

(2)要求动力装置可靠而持久的工作,提供足够的航行动力,保证航行安全,同时便于船员管理维修。

(3)采取综合利用、多层布置设备的方法,尽可能地充分利用机舱空间、缩小机舱长度,以增加船舶货舱容积。

(4)各种机械设备相互间位置分布合理,按其功能不同分区布置,以便于维护使用并节省管路。

(5)主要通道、开口、舱柜、舱室的布置应考虑船体结构的完整性,设备基座简单合理以便施工建造。

(6)应尽量保持左、右两舷重量平衡,且尽可能降低重心。

(7)详细设计的机舱布置图应能表明机舱内主、辅机电设备布置的全貌。

一份完整的机舱布置图囊括了轮机设计的方方面面,其设计过程中需要考虑的因素涵盖了整个轮机专业的大部分内容。以下以常规大型散货船为例,介绍机舱布置需要考虑的核心因素。

```
CALCULATION OF STEAM CONSUMPTION        SC4654-401-02JS        PAGE
蒸汽耗量计算书                                                   2/5
```

0. CALCULATION CONDITION
[WINTER CONDITION][SUMMER CONDITION][ISO CONDITION]

1. HEAT TRANSFER COEFFICIENT

Item	Cond1	Cond2	Cond3	Cond4	Cond5	Cond6	Cond7	Cond8
K	25.12	62.8	20.93	29.31	25.12	20.93	8.37	20.93
Ts	32	32	32	25	35	45	45	25
Tw	0	0	0	5	-20	15	15	5
Tiso	25	25	25	25	25	35	35	25

SYMBOL IN TABLE:
K: HEAT TRANSFER COEFFICIENT (kJ/(m2*hr* °C))
Ts: THE TEMPERATURE OF SURROUDINGS IN SUMMER (°C)
Tw: THE TEMPERATURE OF SURROUDINGS IN WINTER (°C)
Tiso: THE TEMPERATURE OF SURROUDINGS IN ISO CONDITION (°C)
Cond1: OIL TANK AT BILGE NEAR TO SEA WATER
Cond2: OIL TANK AT BOARD NEAR TO SEA WATER
Cond3: OIL TANK AT BOTTOM NEAR TO SEA WATER
Cond4: OIL TANK TO BE NEIGHBOURED WITH WATER TANK OR HEATLESS TANK
Cond5: OIL TANK NEAR TO THE AIR
Cond6: OIL TANK TO BE NEIGHBOURED WITH ENGINE ROOM (WITHOUT INSULATION)
Cond7: OIL TANK TO BE NEIGHBOURED WITH ENGINE ROOM (WITH INSULATION)
Cond8: OIL TANK TO CARGO HOLD

2. ENTHALPY OF STEAM & DRAIN

STemp.(°C)	SPres.(Mpa)	SEnthalpy(kJ/kg)	DTemp.(°C)	DPres.(Mpa)	DEnthalpy(kJ/kg)
170	0.7915	2768.4	100	0.101	419.06

SYMBOL IN TABLE:
STemp.: STEAM TEMPERATURE (°C)   DTemp.: DRAIN TEMPERATURE (°C)
SPres.: STEAM ABSOLUTE PRESSURE (Mpa)   DPres.: DRAIN ABSOLUTE PRESSURE (Mpa)
SEnthalpy: STEAM ENTHALPY (kJ/kg)   DEnthalpy: DRAIN ENTHALPY (kJ/kg)

3. OTHER PARAMETER

Diversity Factor (0-1)	Leakage Margin (100%)	Boiler Margin (100%)
0.5	0.03	0.05

图 7.2.22 使用蒸汽耗量计算程序生成的报告示例

(1)机舱分层。

为了最优化综合利用有限的机舱空间,保证机舱内各设备的正常运转和维护,合理地进行机舱分层是非常重要的,机舱分层主要考虑的因素有以下几个方面:

①机舱总高度受主船体型深限制,在主机吊缸高度允许的情况下,通常机舱总高为固定值即主甲板到基线的距离;对于个别项目(例如某些浅吃水船型)由于型深较小,无法满足主机吊缸高度要求,通常考虑将主甲板艉部局部或整体升高一层并合并为机舱区域,以满足主机维护要求。在这种情况下机舱总高可以认为是从主甲板的后升高甲板到基线的距离。

②机舱通常根据总高,视船型不同被分成 2~4 层,每层都设置有人员通道,高度一般最小要求净高 2~2.2m,考虑到风管布置、管系布置、电缆布置等因素,单层层高应尽可能不低于 2.8m,有条件的情况建议作到 3m 以上。

③布置发电机、SCR、压载水处理装置等大型设备的平台应考虑设备本身的高度及维

护空间,通常发电机平台考虑吊缸高度的情况下高度基本在5m以上。

④考虑到吸入能力,大部分水泵及油泵都布置在机舱底层,因此机舱底层遍布大量的管系;另外推进轴系也布置在机舱底层高度,轴系运转也存在一定的安全隐患。考虑到管系维护及美观,规避安全风险,通常在结构双层底以上略高于轴系的位置会设置花钢板平台,高度一般为双层底以上1~2m。

⑤机舱平台划分还需要考虑主机露台的高度位置,尽可能有一层机舱平台与主机露台对齐,这样可以有效减少梯道的布置成本,同时方便人员日常通行。在大多数项目上推荐的作法是机舱下平台与主机上露台平齐,这样做的最大好处就是通常位于主机上露台以下的主机顶撑可以直接撑在结构平台上,省去船体结构加强的成本。

⑥机舱平台划分有一个比较大的原则,平台高度应与船体结构尽可能对齐,这样有利于节省结构重量。因此,按上述步骤初步确定平台高度后,还需要与结构图进行匹配,以确定最合适的平台位置。

(2) 主机定位。

影响机舱布置最大的不确定因素就是是否可以将主机布置进机舱。当前随着船舶设计的不断发展,船舶性能指标不断提升,在船型的优化过程中,线型越来越瘦、机舱长度越来越短,机舱内能否布置主机往往成为方案是否可行的标志。在实际项目中,机舱长度是基本确定的。由于机舱艉部线型逐渐收缩的关系,越靠近机舱前部可利用的有效容积就越大。因此主机定位时,在允许范围内应将主机尽可能靠艉部放置,但也需要考虑主机安装要求是否满足、花钢板层通往艉部的通道是否足够、螺旋桨轴是否可以抽出等因素。主机摆定以后,还需要核实主机前端与机舱前壁的距离是否满足管路、泵组、通风等的布置要求。

(3) 舱柜划分。

船舶上的舱柜主要有燃油舱、滑油舱、水舱及各种杂舱等,在船舶详细规格书中对舱柜列表、配置及是否布置在机舱都有明确的规定。在进行舱柜划分之前需要先依据机械设备估算书计算核实舱容,并与规格书上给定的舱容对比后确定实际舱容,以防止前期撰写规格书时预估不足,取值过小。随后结合舱容及舱的功能进行舱柜划分,划分过程应尽可能借用结构强框架,以减少结构重量。舱柜划分需要了解每个舱的工作原理,合理考虑相互之间的关系,才能做到保证功能性的同时最大化地节约管路。

(4) 房间布置。

机舱内一般布置有集控室、机修间、电工间、备件间、分油机间等房间,房间的布置要考虑到其功能性和便利性。例如,集控室布置应考虑从上建区域进入的便利性、对机舱区域的环境检测、主配电板进线是否方便等,一般常规布置在上平台左舷。机修间应考虑设备零件的吊运、机舱主吊口零件的吊运、人员的逃生和舒适度等。

(5) 设备分区。

将同一类型的设备进行分区布置有利于系统维护并能够有效地节约管路长度。通常将机舱内设备分为冷却水设备、压缩空气设备、淡水设备、燃滑油设备等类型。在机舱布置时同一类型的设备应尽量布置在同一区域内,同时还要考虑设备与关联舱柜的相对位置以及主机接口的相对位置等因素。

(6)通道与维护空间。

通道布置应考虑法规对于脱险通道的相关要求,一般在主机大开口两侧布置有斜梯,机舱和工作间(集控室、机修间)布置有应急逃口。设备的维护空间一般主要基于设备厂家提供的资料进行确定,包括主机、发电机的吊缸高度,空冷器拆卸空间等。

(7)其他因素。

除上述因素以外,还有部分主要因素也是设计中要考虑的,例如机舱内主风道的尺寸及布置位置、轴系布置、海水箱布置、海水总管布置、备件吊运、主管路走向等。

7.3 电气详细设计主要理论

7.3.1 电气设计概述

随着电气自动化技术在船舶行业应用的日益广泛,船舶电气设计的任务变得越来越重要,直接影响到船舶供电的质量和稳定,关系着船舶的安全性和经济性。电气专业在详细设计阶段的主要任务是以技术规格书为依据,满足规范规则的要求,遵循相应的标准,优化和确定各系统的方案。以上是计算机辅助设计的理论基础,是进行电气系统图绘制和三维布置的前提。

1. 电力系统的设计

船舶电力系统是由电源装置、配电网络以及船舶负载共同组成,用于船上电能的产生、分配、传输以及消耗。主要设计任务包括电力一次和二次系统图、全船电力设备布置图、主干电缆路径图等。

(1)电力一次和二次系统图的设计。

电力一次、二次系统是整个电力系统中的重要部分,设计的好坏直接关系整个电网的可靠性、操作管理的便利性以及船舶运营的经济性。电力一次系统为主配电板、应急配电板直接向区配电板、分配电板、分电箱和负荷供电的网络;电力二次系统为区配电板、分配电板和分电箱向负荷供电的网络。

通常在详细设计之前需对整个电力系统框架进行构思和搭建,描绘简单的单线图。图7.3.1所示为某货船的单线图,该船主发电机为3台,每台机组通过电缆、空气断路器和主配电板汇流排连接。汇流排通过隔离开关QF3分为两段,对于双套互为备用的设备,如主机滑油泵、主海水泵等分别接至汇流排两段,当汇流排一段发生故障时,断开该隔离开关,另一端汇流排仍能正常供电,因此采用分段式可以大大提高电网的可靠性。正常情况下,主发电机供电给主配电板以及应急配电板,当主电源故障时,应急发电机自动起动并断开应急配电板与主配电板之间的联络开关QF5,防止应急配电板向主配电板供电;

当主电源恢复供电时,应急发电机主开关 QF6 断开,应急配电板与主配电板间的联络开关 QF5 自动合闸。

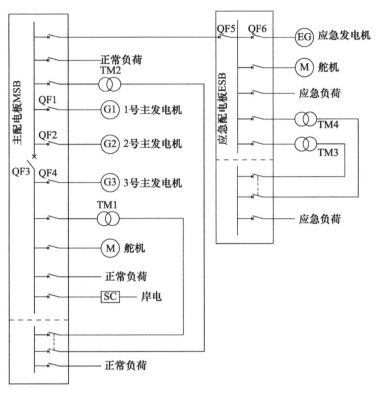

图 7.3.1　电力系统单线图

用电设备可以由主、应急配电板直接供电,也可以由主、应急配电板供电给区配电板、分配电板或分电箱再供电。因此,电力系统框架搭建之后,就需要确定各配电板、分电箱的供电范围。通常,主要、重要设备和负荷较大的设备直接由主配电板或应急配电板供电(要求应急电源供电者);如主要、重要设备通过分电箱供电,则需要满足完全选择性保护要求。除由主、应急配电板直接供电的设备外,其他负载都是由区配电板、分配电板和分电箱供电。通常,区配电板、分配电板和分电箱的设计需要根据负载所属的系统、所在位置或其功能进行确定,目的是便于管理、操作方便以及节约电缆。

由于船舶电力系统对安全性和可靠性有较高要求,任何故障如不能及时排除,都有可能危及主电源系统,导致全船电力系统失电,甚至可能产生火灾,危及船舶及人身安全。因此,需要为电力系统进行保护设计,通过保护装置的选择性动作,将故障回路迅速切除,使故障影响的范围最小;同时尽可能保证故障回路之外,最大范围地连续供电,以此提高船舶电力系统的可靠性和生命力。通常,保护的内容有发电机保护、电动机保护、馈电回路保护以及变压器保护等。

当船舶发生火灾事故时,为了防止火情迅速扩大,需要切断失火区域风机和油泵的电源。为方便船员快速操作,应在电力系统中设置应急切断装置。风机和油泵可以按照区域分为机舱、上层建筑、其他机器处所等,成组进行应急切断。切断控制装置需设置在为其服务的处所之外,失火时不易被隔断的位置;另外,通常还需布置在一个集中控制位置,如消防控制站。

(2)全船电力设备布置图的设计。

当完成了电力系统图之后,可开始根据全船总布置图、机舱布置图以及舱室布置图等进行全船电力设备布置图的设计。在绘制时一般遵循以下要点:

①用电设备绘制的位置应着重考虑各设备在电力系统中的原理关系、基座设计、电磁干扰、布置风险等因素。

②绘制用电设备的位置时,需注意设备所属相关专业的布置图或安装图的位置,并与相关专业积极沟通配合,保持各专业图纸的一致性。

③区配电板、分配电板或分电箱应设置在便于管理和检修,同时设备较为集中的位置,尽量减少设备的供电电缆。

④用电设备的外壳防护等级、防爆级别和温度组别以及防爆形式,应与所在处所相适应,需满足规范规则的最低要求。

(3)主干电缆路径图的设计。

船舶主干电缆路径是从发电机到主配电板再到各个主要用电设备的主电网主干线路路径,通常在总布置图、机舱布置图设计完成后,便可以开始进行主干电缆走向图的设计,设计中主要考虑用电设备对电缆的走线和敷设的要求、电缆敷设的环境条件以及尽量节省电缆和降低工艺复杂程度。

①上层建筑主干路径。

上层建筑一般为船员居住生活区,舱室划分较整齐,用电负荷功能较简单,一般为舱室照明、舱室通风、厨房洗衣、船员娱乐等生活用电。一般在上层建筑的每层甲板会划出上下连通的电缆通道,用于主干电缆的敷设,再由电缆通道辐射至本层甲板的各个用电设备。

在上层建筑中,除电缆通道外,另外一处电缆较集中的处所,是驾控台。驾控台是全船的集中控制中心,很多重要设备及涉及船舶安全的设备需要在驾控台控制或显示,因此驾控台的电缆敷设较为集中。目前常见的驾控台电缆敷设多为下进线型式,即进入驾控台的电缆由其所在甲板下层甲板天花板开孔进入,必要时设计架空层。

②机舱区域主干路径。

机舱为主干电缆相对集中的区域,是主干电缆的源头。电能通过电缆从发电机送至配电板,再分配至全船用电设备。在考虑主干电缆路径初期,应尽早确定发电机进线方式,以便船厂订货。一般,上进线或下进线均可,下进线时花钢板以下的部分需设置保护套管。主发电机至配电板的电缆,必须分开敷设。通常,将主发电机电缆分别从左右两舷连接至主配电板。另外,还需考虑到电缆敷设的操作工艺以及维修方便。

在集控室主配电板下方是电缆较集中的位置,需要预留敷设和进线空间,尤其应当注意如果设有油舱,应尽早联系相关专业进行调整。

对于重要辅助机械,例如主机滑油泵、淡水冷却泵、舵机等,往往会设置两套用于备用。这类互为备用的设备用电缆应尽可能在水平及垂直方向远离敷设。

③高失火危险区的电缆选用。

重要设备或应急电源、照明、内部通信或信号的电缆和电线的敷设路径,应尽可能远离厨房、洗衣间、A类机器处所及其围蔽和其他高失火危险区域。如果上述电缆的起始和终止设备均不在高度失火危险区域但电缆穿越高度失火危险区域,则这些电缆应采用防火电缆。

2. 内部通信及报警系统的设计

船内通信及报警系统通常包括自动电话系统、声力电话系统、机舱报警灯柱系统及广播通用报警系统等。

(1)自动电话的数量和布置的确定需基于舱室布置图、机舱布置图和规格书要求,根据服务的处所选择自动电话的类型。

(2)声力电话系统是重要工作部位的专用电话,是保证快速通话的联络通信。该系统可无需接入外部电源,通过手摇发电机呼叫和增音通话;如接入电源,则无需手摇,按 CALL 键呼叫和增音通话;当失电时可自动转为手摇方式。驾驶室声力电话应具有在任何时候都能进行忙线插入通话的功能。

(3)机舱报警灯柱为安装于机舱内的综合声光报警指示器,其报警指示内容通常包括火灾报警、通用报警、CO_2 释放报警、Deadman 报警、车钟呼叫、电话呼叫、机器故障灯。要求主电源、应急电源两路供电并能自动切换。

(4)广播通用报警系统用于指挥、通信、对讲、应急喊话和娱乐活动等。通用报警系统是紧急情况下,向全体乘员发出的用于召唤旅客、船员至集合部位的紧急报警。广播兼作通用报警时,需设置双功放,每个功放都需要主、应急两路电源供电并能自动切换。具有分区广播功能,一般分区分为舱室、走道及公共处所、工作处所、开敞甲板以及机舱。

广播兼通用报警系统扬声器的布置应满足,即使一个放大器或一个扬声器电路发生故障时,仍能维持报警信号的发出,但其强度可适当减弱。因此,两个放大器所连接的扬声器应当交错布置,如图7.3.2所示。其中,深色扬声器连接至放大器A,浅色扬声器连接至放大器B。此外,如设置的为具有音量控制的扬声器,在发生报警信号时,音量控制应能自动失效。

3. 照明系统及布置的设计

照明系统的设计依据为规范、规则和船舶建造规格书,当全船总布置图、机舱布置图以及舱室布置图完成之后即可开始进行照明设计。

(1)照明系统的分类。

船舶照明通常可以分为以下几种:

①正常照明系统。由主配电板经正常照明分电箱供电,为全船居住舱室、工作舱室、公共区域、内外走道和机器处所等可能有船员活动的处所提供正常照明。

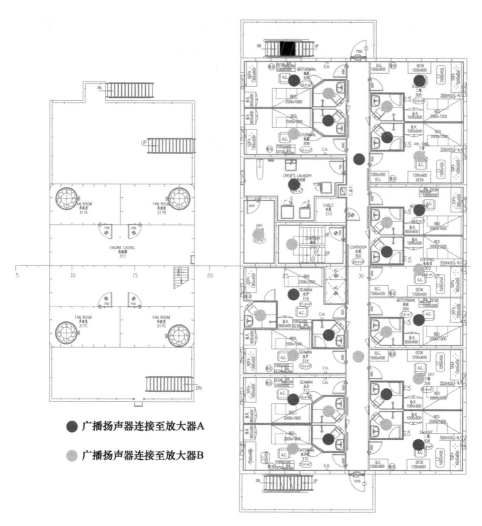

图 7.3.2 广播兼通用报警布置实例

②应急照明系统。由应急配电板经应急照明分电箱供电,为重要工作舱室、公共区域、内外走道、机器处所和逃生线路上提供应急照明。正常状态下,其可以作为正常照明的一部分,在需要有两路照明分路的处所,其中一路可以为应急照明分路。

③临时应急照明系统。通常仅在客船上设有该照明系统,以保证船舶与旅客的安全。由蓄电池供电 30min,布置的处所与应急照明基本相同,在主照明和应急照明失电时自动照亮。

④附加应急照明系统。通常在设有滚装处所或特种处所的客船设有该照明系统。由照明灯具内部的蓄电池供电 3h,布置在旅客公共处所和走廊,为逃生设施提供应急照明。

⑤辅助照明系统。设置在客船上的所有客舱,用以清晰地照亮出口。由应急电源或每一个客舱中配备的独立电源供电,在客舱正常照明断电时自动照明,并延续半小时。

(2)照明电路的设计。

照明系统的电路设计除满足规范规则之外,通常还遵循以下的基本要求:

①照明线路走线应合理,尽量少穿过 A60 舱壁,上层建筑封闭式梯道、电缆通道等可

单独设照明分路。

②内外走道照明应设独立分路供电,不与舱室照明混在一起。室内走道灯可直接由照明分电箱开关控制,室外灯可在其分电箱内的分路上增加继电器控制,便于驾控台集中控制。

③插座一般应尽可能由独立分路进行供电。

④紧邻驾驶室的内部梯道或舱室的门可增加门开关,使其打开时,照明不会影响到驾驶员的视线。

⑤为方便接线和检修,通常一个居住舱室内的照明集中通过一个舱室接线盒供电,其中一个灯故障不影响其他灯点工作。

⑥为保证照明电网的接地,灯具本身往往已设有接地极,因此选择连接电缆时,应考虑接地线芯。

⑦机舱照明应设有独立分电箱,应急照明分电箱通常设在机舱外的处所。

(3) 照明灯具的布置。

各种不同场所安装的照明灯具,其防护等级、防爆级别和温度组别及防爆形式需满足规范要求。此外,布置灯具时,应考虑整齐美观,同一区域内应尽量使灯具的方向保持统一,并尽量对齐。

①在机舱、舵机舱等大型机器处所,通常选用 $2\times40W$ 荧光舱顶灯或 $2\times18W$ LED 舱顶灯,灯的布置要保证工作位置和走道出入口的照度。在主机、主发电机组等操作检修位置需加强照明,主机的四角各安装一个投光灯。

②应急发电机室、空调机间等小型机器处所,通常选用 $2\times20W$ 荧光舱顶灯或 $2\times8W$ LED 舱顶灯;管弄或花钢板下可采用防水白炽舱顶灯。

③船员舱室内通常选用嵌入式的 $2\times20W$ 荧光蓬顶灯或 $2\times8W$ LED 蓬顶灯;上层建筑内走道和梯道通常选用 $1\times20W$ 荧光角灯或 $1\times8W$ LED 角灯;对于很少有人进入或空间较小的处所,如电缆通道、电梯围井可选择白炽舱顶灯。

④室外处所应选用壳体为耐腐蚀材料的灯具。上层建筑外走道通常采用 $2\times20W$ 荧光舱顶灯、$1\times8W$ LED 舱顶灯或白炽舱顶灯,灯距一般为 $3\sim5m$,应照亮通道出口、梯口和弯道处所。

4. 火灾报警系统的设计与布置

火警系统的目的是用于探测火源处的火灾,并规定发出安全撤离和采取灭火行动的报警。通常由主控单元、分显、感烟探测器、感温探测器和手动报警按钮等组成。要求由主配电板、应急配电板双路供电,另外还需配备确保 30min 供电的蓄电池。

探测器、手动报警按钮的布置要求:

(1) 感温探测器。保护面积 $37m^2$,中心点间最大距离 9m,离开舱壁的最大距离 4.5m。

(2) 感烟探测器。保护面积 $74m^2$,中心点间最大距离 11m,离开舱壁的最大距离 5.5m。

(3) 手动报警按钮。遍布起居处所、服务处所和控制站,每个出口都应装手动报警按钮;在每层甲板走廊的任何部位距手动报警按钮的距离都不得超过 20m。

回路分区要求：

(1) 覆盖于控制站、服务处所或起居处所的探测器，不应包括 A 类机器处所或滚装处所；覆盖滚装处所的探测器不应包括 A 类机器处所；对远距离逐一识别(寻址式)的固定式探火和失火报警系统，覆盖于控制站、服务处所或起居处所的探测器，不应包括 A 类机器处所或滚装处所。

(2) 对于非寻址式的回路，控制站、服务处所或起居处所探测器的分区不允许多于一层甲板，但梯道的围蔽除外。如果是寻址式的，分区可以覆盖几层甲板，多个围蔽处所；对于客船，这些分区不能超过 1 个主竖区。

7.3.2 电气主要技术参数计算

1. 电力负荷计算

船舶设置电站容量的大小、配备发电机的数量，单台发电机规格的选取历来是船舶电气专业一项重要工作，也是考核船舶安全性和经济性的重要指标之一。对船舶电站的设计，在综合考虑安全性和经济性的基础上，还需兼顾节能减排的环保需求。因此，正确的电力负荷计算，达到合理的电站配置，显得愈加重要。影响船舶电站负荷的因素繁多，随机性大，难于精确地确定，因此，选择恰当的计算方法，对各种工况下使用的负载进行正确的计算和合理的分析显得尤为重要。目前，通常采用的是二类负荷法，与三类负荷法相比，主要区别在于对负荷的分类和对同时使用系数的选取。二类负荷法的优点是计算过程较简洁直观，而且经过实际的考核，按照这种计算方法得到的计算结果与实船运行的测量值是相吻合的。

(1) 工况分类。

计算电力负荷时，需要按照各种工况进行划分和统计，通常包括有航行工况、进出港操纵工况、装卸货工况、停泊工况及应急工况五种运行工况。

①航行工况。

在航行工况下，电站应能确保满足船舶满载全速的航行状态，以及正常船员配备情况下的安全、舒适的生活需要。通常单台发电机的容量主要是根据普通航行工况下的负荷总功率来选取的。

②进出港操纵工况。

进出港操纵工况是指船舶进出港靠离码头时的运行状态。该工况下除使用锚绞设备和侧推(如配备)外，还使用正常航行所需要的大部分设备，因此总功率较大，该工况通常用于确定电站总容量大小的参考工况。

③装卸货工况。

装卸货工况下主机已不再运行，为主机服务的辅助机械也不使用，使用的设备主要是装卸货需要的甲板机械、压载泵、照明等电气设备。对不同类型的船舶，此种工况所需要的总功率区别较大，需根据船型进行仔细分析。

④停泊工况。

停泊工况指船舶停泊码头、无装卸作业的状态,这种状态主要的负荷就是生活用电和一些机修设备,此时负荷功率最小,往往作为确定最小发电机容量的参考工况。

⑤应急工况。

应急工况通常分为机舱失火、机舱进水、主发电机组故障等。通常机舱失火情况下的负荷总功率最大,因此通常将机舱火灾情况下的应急工况,作为选择应急发电机的容量的依据。

(2)负载分类及负荷系数的确定。

计算电力负荷时,需将负载分为以下两大类:连续负载——连续使用的负载;间歇负载——间歇使用的负载。两类负载的分类与船舶当前的工况有关,需要设计者根据船舶实际的运营情况对负载进行准确的划分。

在设备机械参数确定之后,所选用的电机功率也基本确定,但是电机功率并不是参与计算的真正功率。在负荷计算中,采用综合负荷系数 K 和同时使用系数 K_0 来反映设备本身功率和设备参与计算功率之间的关系。

综合负荷系数反映的是实际机械轴上输出的功率,与电动机从电网上索取的功率的关系。对大多数定转速电机而言,当设备选定后,此系数便已确定,不会随着航行工况等外界条件的改变而改变,是所有负荷都要考虑的计算因素。

同时使用系数 K_0 反映的是船舶在某运行状态下,计算间歇负载总功率时应选取参数。目前,国内外大多数计算中,同时使用系数都选为 0.4 或 0.5。

此外,对于厨房、洗衣设备,总功率可能很大,但在同一时间使用的设备并不多,负荷系数 K 取 0.2~0.3。对于舵机,在相应的工况下通常只作小角度偏转,正常工作时所需要的功率远小于其额定功率,因此作为连续负荷,负荷系数 K 取 0.2~0.3。对于集装箱船,冷藏集装箱插座可供电给 20 英尺(1 英尺 =0.3048m)和 40 英尺的冷藏集装箱的,每个插座按 11kW 计算。仅能供给 20 英尺冷藏集装箱的每只按 7.5kW 计算。负荷系数 K 可取 0.6。

(3)电力负荷计算书的编制。

全船的电力负荷计算书的编制通常可以按照以下步骤:

①确定全船用电设备的额定功率。

②确定用电设备的综合负荷系数 K。

③根据不同工况,确定需要使用的各用电设备数量。

④在不同工况下,按照实际使用情况,将用电设备按照连续负载和间歇负载进行区别,并确定同时使用系数 K_0。

⑤计算各用电设备的功率,并按照不同工况计算总功率。

综上可得以下计算公式:

$$P_G = \sum K_i P_i + K_0 \sum K_i P_i \tag{7.3.1}$$

式中　P_G——总功率;

P_i——用电设备的额定功率；

K_i——用电设备的综合负荷系数；

K_0——同时使用系数。

由于电力负荷计算过程较为复杂，通常利用 EXCEL 表格进行统计和计算，可以大大节约时间，提高效率。计算表格截图部分，如表 7.3.1 所示

表 7.3.1 计算表格

（表格内容略）

其中"电气参数"需要根据设备的参数进行输入。设计人员需要根据实际情况,在各工况下的"使用系数"和"实际使用数量"一栏中填入用电设备的综合负荷系数和设备使用的数量,并判断该设备在本工况下的负载类型是连续负荷还是间歇负荷,并在对应的负载类型下填入计算公式:

$$P_t = n K_i P_i \tag{7.3.2}$$

式中 P_t——用电设备的实际使用功率;

P_i——用电设备的额定功率;

K_i——用电设备的综合负荷系数;

n——用电设备使用的数量。

通过 EXCEL 自动计算出该设备的用电负荷。

之后,在不同工况下,根据负载类型分别计算连续负载和间歇负载的总和,间歇负荷的同时使用系数可按 0.4 计算,可将总负载计算结果汇总,如表 7.3.2 所示。

表 7.3.2 总负载计算结果

CONTINUOUS LOAD (kW) 连续负载	597.6	1074.8	1378.7	367.4	175.8
INTERMITTENT LOAD (kW) 间歇间断负载	312.4	343.8	384.3	276.8	0.0
INTERMITTENT LOAD (kW) × 0.4 使用间歇负载	125.0	137.5	153.7	110.7	0.0
TOTAL REQUIRED POWER (kW) 总负载	722.6	1212.3	1532.4	478.1	175.8
USE GENERATORS (kW × SET) 使用发电机功率 + 台数	D/G 1020kW ×1	D/G 1020kW ×2	D/G 1020kW ×2	D/G 1020kW ×1	EMER. GEN. 250kW ×1
STANDBY GENERATORS (kW × SET) 备用柴油发电机功率 + 台数	D/G 1020kW ×2	D/G 1020kW ×1	D/G 1020kW ×1	D/G 1020kW ×2	—
GENERATORS LOAD FACTOR 发电机负载率(%)	70.8%	59.4%	75.1%	46.9%	70.3%

(4)电站配置。

通过对全船的电力负荷进行计算,得到了各工况下电力负荷的功率,以此为数据基础确定船舶电站的配置,即发电机的容量以及台数。通常按以下原则:

单台发电机容量按照普通航行工况下负荷率最低不应低于50%,最高不超过90%的原则来考虑。

需考虑发电机组的备用情况,因此至少需要配备两台发电机。

除停泊工况外,对于柴油发电机组在任何工况下工作的负荷率应大于50%,否则应重新考虑发电机组的配置。

应根据发电机组的产品目录选择标准功率的发电机组,同时考虑发电机组运行的稳定以及维护的方便,尽量减少发电机组的品牌。

2. 短路电流计算

短路故障是对船舶电力系统影响最大的故障之一，较大的短路电流会影响整个电网的稳定，导致用电设备不能正常工作，甚至由于短路电流产生的机械应力和热效应，会使得发电机、配电板或其他用电设备受到损坏，甚至发生火灾影响到船舶安全。因此在进行船舶电气设计时，必须要考虑合适的短路保护装置，其拥有足够的短路接通能力和分段能力，能够在发生短路时快速有效地切断短路故障点，把故障范围控制在最小，从而保证其余正常用电设备的稳定运行。

计算最大短路电流，需要选择电力系统短路最为严重时的运行状态，一般为运行发电机的额定功率总和最大的工况。对于常规货船通常为进出港工况，如带有轴带发电机，则为轴带发电机与柴油发电机短时并车进行负荷转移时的工况。确定好工况之后，需绘制短路电流计算框图，如图 7.3.3 所示。

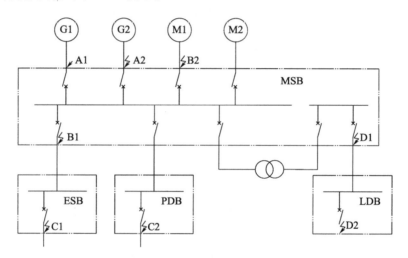

图 7.3.3　短路电流计算框图

通常根据保护系统设计的要求需要计算以下各点的短路电流：

A1，A2——发电机的出线端靠近主配电板处；

B1——主配电板汇流排处；

B2——大电机的出线端靠近主配电板处；

C1——应急配电板汇流排处；

C2——区配电板或分配电板的汇流排处；

D1——变压器二次侧汇流排处；

D2——变压器供电的区配电板或分配电板的汇流排处。

绘制好短路电流计算框图以及确定好需要计算的短路点之后，即可开始进行具体的短路电流计算。目前国际上已有许多计算短路电流的方法，并推出了相关规范，一般都采用国际电工委员会推出的 IEC60909 以及 IEC61393 开展短路电流的计算。此外，CCS 的《钢质海船入级规范》第 4 篇附录 1 也详细地描述了计算方法，本书不再展开。

由于短路电流计算过程复杂,如人工计算极易发生错误,因此利用计算机软件进行建模计算是目前常用的方法。现在国内主流计算软件有 COMPASS 和 ETAP。COMPASS 是 CCS 独立自主研发,用于设计、校核和审图的辅助工具,在国内得到了广泛的应用并具有权威性;ETAP 是美国 OTI 开发的一款电力电气分析、电能管理的综合分析软件系统,能为发电、输配电和工业电力电气系统的规划、设计、分析、计算、运行、模拟提供全面的分析平台和解决方案,在船舶电气方面也有广泛的应用。两款软件均能满足短路电流计算的需求,但也有各自特点。COMAPSS 操作较为简单,上手较快,但其通常适用于部分船舶的电力系统模型;ETAP 能够建立各种复杂的电力系统模型,计算功能也较多,但其操作复杂,学习成本较高。设计人员可以根据实际需求选择适合的计算软件。

为了前期设计配电方案,往往需要对电网的短路电流进行估算,常用的计算方法如下:

交流同步发电机馈送的短路电流为

$$I_{KG} = \frac{P_{eG}}{\sqrt{3}\, U_{eG} \cos\varphi \cdot x''_d} \tag{7.3.3}$$

式中 I_{KG}——发电机初始对称短路电流;

P_{eG}——发电机额定功率;

x''_d——发电机直轴超瞬态电抗;

U_{eG}——发电机额定电压;

$\cos\varphi$——功率因数。

电动机馈送的短路电流为

$$I_{KM} = \frac{3.5 \cdot P_{eM}}{\sqrt{3}\, U_{eM} \cos\varphi} \tag{7.3.4}$$

式中 I_{KM}——电动机初始对称短路电流;

P_{eM}——电动机额定功率;

U_{eM}——电动机额定电压;

$\cos\varphi$——功率因数。

主汇流排处的初始对称短路电流:

$$I_{ac} = \sum I_{KG} + \sum I_{KM} \tag{7.3.5}$$

短路峰值电流为

$$i_{pk} = 2.4 \cdot I_{ac} \tag{7.3.6}$$

变压器次级最大对称短路电流:

$$I_{KT} = \frac{S_{eT}}{\sqrt{3}\, U_{eT2} \cdot u_K} \tag{7.3.7}$$

式中 I_{KT}——变压器次级对称短路电流;

S_{eT}——变压器容量;

U_{eT2}——变压器次级额定电压；

u_K——变压器短路阻抗。

短路峰值电流为

$$i_p = 2.4 \cdot I_{KT} \tag{7.3.8}$$

由于计算过程较为烦琐,容易出错,而且在进行方案设计时,需要反复地进行估算,不断调整,因此可利用C#计算机编程语言,开发短路估算模块,可方便快捷地进行计算,如图7.3.4所示。

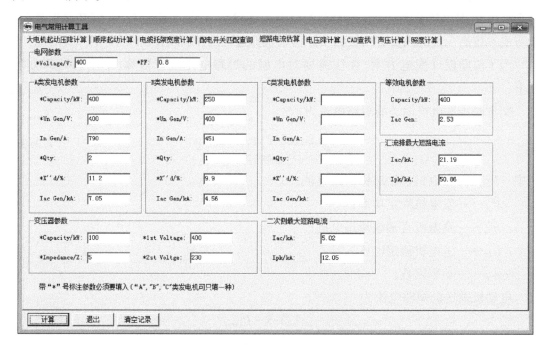

图 7.3.4 短路电流估算界面

该计算模块可考虑最多三种类型发电机,如电站仅有一种类型发电机,只需要输入该型发电机参数和数量即可。假设电站由两台440kW、400V和一台250kW、400V发电机组成,变压器容量为100kV·A,等效电机参数功率为400kW。将计算参数填入模块,可以自动计算出电网最大短路电流估算值,并生成相应的报告如图7.3.5所示。

该报告可为前期进行方案设计提供参考,该估算值较实际计算值偏大,因此设计有一定裕量。

3. 电压降计算

当电流通过电缆时,由于阻抗的影响会导致功率损耗和负载端的电压降低。如果电缆截面积选择过小,则会产生非常严重的发热情况,使电缆加速老化,缩短电缆的使用寿命。而如果负载端的电压过低,会影响设备的正常工作,甚至导致设备的损坏。但是如果选择截面积过大的电缆,那么将大大增加制造成本,为船厂的施工布线也带来了困难。因此选择合适的供电电缆是设计当中重要的环节。

短路电流估算

1. 主汇流排最大短路电流估算

1.1 发电机参数

1号发电机参数

额定功率/kW	400
额定电压/V	400
额定电流/A	790
X''_d/%	11.2
短路电流/kA	7.05

2号发电机参数

额定功率/kW	400
额定电压/V	400
额定电流/A	790
X''_d/%	11.2
短路电流/kA	7.05

3号发电机参数

额定功率/kW	250
额定电压/V	400
额定电流/A	451
X''_d/%	9.9
短路电流/kA	4.56

1.2 等效电机参数

等效电机参数

额定功率/kW	400
短路电流/kA	2.53

1.3 主汇流排最大短路电流估值

对称短路电流/kA	21.19
峰值短路电流/kA	50.86

2. 变压器次级最大短路电流估算

2.1 变压器参数

额定容量/(kV·A)	100
短路阻抗/%	5
变压器一次侧电压/V	400
变压器二次侧电压/V	230

2.2 变压器次级最大短路电流估值

对称短路电流/kA	5.02
峰值短路电流/kA	12.05

图 7.3.5 短路电流估算报告

首先根据负载的额定电流确定电缆的截面积,在此基础上对该电缆进行电压降的校核,检验是否满足规范要求,如不满足则需要选用截面积更大的电缆。通常规范对电压降允许值与电压等级有关,具体要求为:电力、照明回路,不超过 6%;电压低于 50V 的回路,不超过 10%。

通常船舶电网采用三相三线制,电路有直流、单相交流和三相交流,不同线路的电压降计算公式如表 7.3.3 所示。

表 7.3.3　电压降计算公式

线路分类	电压降百分比(%)	
	已知电流/A	已知功率/kW
直流网络	$\dfrac{2IL}{\gamma SU}\times 100$	$\dfrac{2PL}{\gamma SU^2}\times 10^3$
单线交流网络	$\dfrac{2IL}{\gamma SU}\times\cos\varphi\times 100$	$\dfrac{2PL}{\gamma SU^2}\times 10^3$
三相交流网络	$\dfrac{\sqrt{3}IL}{\gamma SU}\times\cos\varphi\times 100$	$\dfrac{\sqrt{3}PL}{\gamma SU^2}\times 10^3$

式中　I——负载电流(A)；

　　　P——负载功率(kW)；

　　　U——额定电压(V)；

　　　L——电缆长度(m)；

　　　S——电缆面积(mm^2)；

　　　γ——铜的电导率($\gamma=54\mathrm{m}\cdot\Omega^{-1}\cdot mm^{-2}$)；

　$\cos\varphi$——负载功率因数。

由于计算烦琐，可以通过编程技术，开发电压降计算模块，如图 7.3.6 所示。在表格中填入电缆编号、电制、电缆截面积、额定电压、负载电流、功率因素、电缆长度以及电缆根数，自动计算出整个回路的电压降。

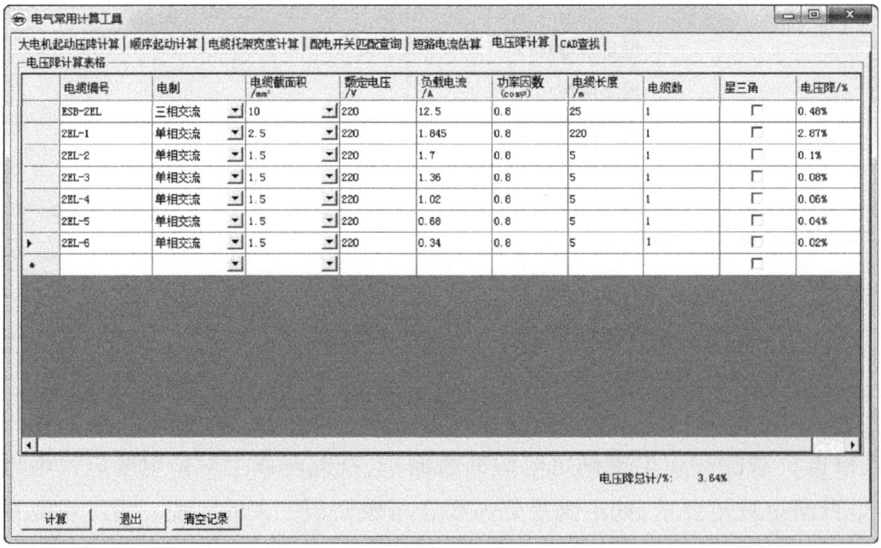

图 7.3.6　电压降计算模块

计算完成后，可以生成报告用于送审，图 7.3.7 为该模块生成的单相交流照明电路的电压降计算报告。

c.2EL　　(V=220V AC MAIN-CIRCUIT 3 PHASE,SUB-CIRUIT 1 PHASE)

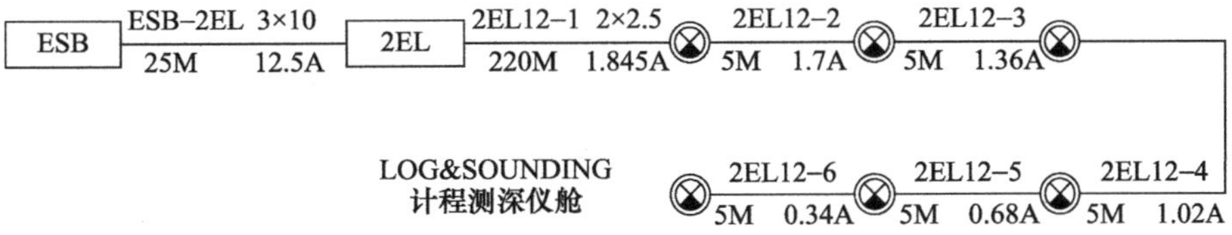

```
ESB ──ESB-2EL 3×10── 2EL ──2EL12-1 2×2.5──⊗──2EL12-2──⊗──2EL12-3──⊗
      25M   12.5A         220M   1.845A   5M  1.7A   5M  1.36A

                    LOG&SOUNDING  ⊗──2EL12-6──⊗──2EL12-5──⊗──2EL12-4
                     计程测深仪舱   5M  0.34A   5M  0.68A   5M  1.02A
```

NO.	Cable	S/mm^2	U/V	I/A	L/m	$\cos\varphi$	$\Delta V_i/\%$
1	ESB-2EL	10	220	12.5	25	0.8	0.48%
2	2EL12-1	2.5	220	1.845	220	0.8	2.87%
3	2EL12-2	1.5	220	1.7	5	0.8	0.10%
4	2EL12-3	1.5	220	1.36	5	0.8	0.08%
5	2EL12-4	1.5	220	1.02	5	0.8	0.06%
6	2EL12-5	1.5	220	0.68	5	0.8	0.04%
7	2EL12-6	1.5	220	0.34	5	0.8	0.02%
8	$\sum \Delta V(\%)$						3.64%

图 7.3.7　电压降计算实例

4. 顺序起动压降计算

为了保证船舶重要设备供电的连续性,在电网失电后恢复供电,需要重新自动起动,这时会出现同时接入的负载较大,由于漏抗和电枢反应使发电机的端电压急剧下降,导致出现过大的瞬态电压降,对电网造成很大的冲击,因此,通常自动电站设计为失电恢复后重要负载分级顺序起动。

顺序起动的设计需基于以下几点:

(1)按负载的重要程度进行分级,对船舶推进安全和人命安全越相关的设备,延时时间需越短,如照明、导航无线电、舵机等,通常列入第一级。

(2)为保证在下一组延时起动时,基本完成上一级起动,或至少避开上一级的起动峰值,因此每级起动时间不应小于 2s,通常设置为 5s 左右。

(3)通常要求瞬态电压降不应超过额定电压的 15%,由于瞬态压降与负载的容量有关,因此需要对设备进行合理分组,控制每组的容量。当发电机为自励时,每组瞬态压降的计算公式为

$$\Delta U = \frac{(x'_d + x''_d)/2}{(x'_d + x''_d)/2 + I_N/I_{ST}} \times 100\% \tag{7.3.9}$$

式中　ΔU——瞬态电压降;

x'_d——发电机直轴瞬态电抗;

x''_d——发电机直轴超瞬态电抗;

I_N——发电机额定电流;

I_{ST}——负载起动电流。

当发电机为他励时,用x'_d代替$\dfrac{(x'_d + x''_d)}{2}$。

由于整个计算较为烦琐,而且在调整各组之间负载时,需要不断重复计算核实,因此开发顺序起动计算模块,用以方便验算。首先需要在电力一次系统,挑选需要顺序起动的设备,并将设备的参数通过对话框输入计算机,包括设备功率、设备额定电压、额定电流、起动电流、起动功率以及起动级数等,如图7.3.8所示。

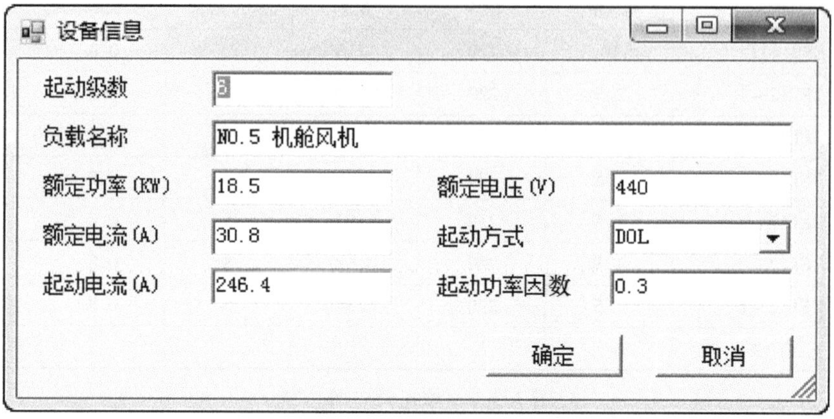

图7.3.8 顺序起动设备参数

设备参数输入后,即可按照上述公式,对每级起动时的瞬态压降,起动功率进行计算,并统计至表格中,如图7.3.9所示。如发现某级起动,瞬态压降超过规范要求,可调整设备的起动级数,并再次进行计算,通过该模块计算量可大大减少。

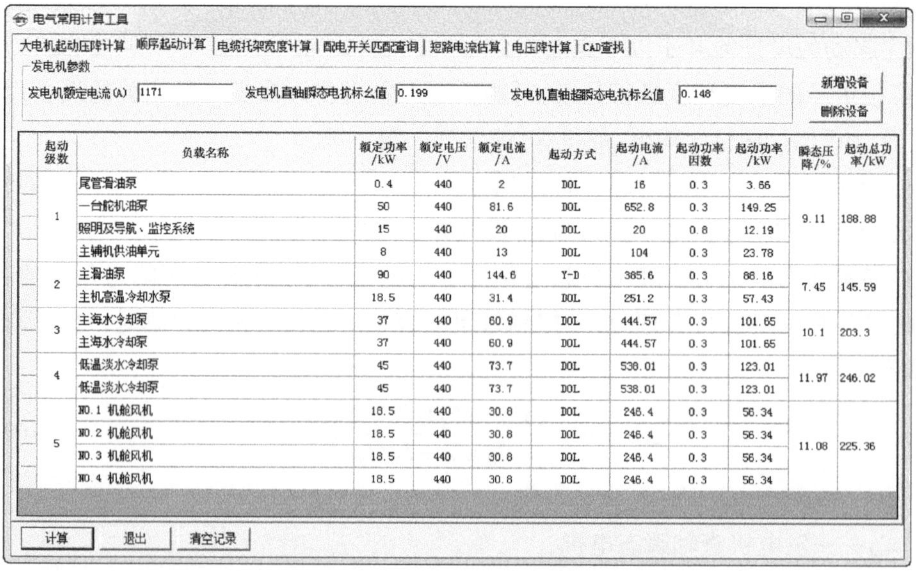

图7.3.9 顺序起动压降计算界面

计算完成后,可将结果生成报表如图7.3.10所示,用于设计时参考或送审。

起动级数	负载名称	额定功率/kW	额定电压/V	额定电流/A	起动方式	起动电流/A	起动功率因数	起动功率/kW	瞬态压降/%	起动总功率/kW
1	尾管滑油泵	0.4	440	2	DOL	16	0.3	3.66	9.11	188.88
	一台舵机油泵	50	440	81.6	DOL	652.8	0.3	149.25		
	照明及导航、监控系统	15	440	20	DOL	20	0.8	12.19		
	主辅机供油单元	8	440	13	DOL	104	0.3	23.78		
2	NO.1 主滑油泵	90	440	144.6	Y-D	385.6	0.3	88.16	7.45	145.59
	NO.1 主机高温冷却水泵	18.5	440	31.4	DOL	251.2	0.3	57.43		
3	NO.1 主海水冷却泵	37	440	60.9	DOL	444.57	0.3	101.65	10.1	203.3
	NO.2 主海水冷却泵	37	440	60.9	DOL	444.57	0.3	101.65		
4	NO.1 低温淡水冷却泵	45	440	73.7	DOL	538.01	0.3	123.01	11.97	246.02
	NO.2 低温淡水冷却泵	45	440	73.7	DOL	538.01	0.3	123.01		
5	NO.1 机舱风机	18.5	440	30.8	DOL	246.4	0.3	56.34	11.08	225.36
	NO.2 机舱风机	18.5	440	30.8	DOL	246.4	0.3	56.34		
	NO.3 机舱风机	18.5	440	30.8	DOL	246.4	0.3	56.34		
	NO.4 机舱风机	18.5	440	30.8	DOL	246.4	0.3	56.34		

图 7.3.10 顺序启动压降计算表格

5. 照度计算

为满足规范规则对照度要求,以及提高船员日常生活的舒适性,照明设计变得日趋重要。因此在设计中对照度的计算显得越来越必要。通常可以利用专门软件进行计算,如 DIALUX 照明设计仿真软件,该软件计算结果较为准确,但需收集灯具的配光曲线,对舱室进行建模,输入舱壁的反射系数等参数,因此整个过程相对烦琐,花费时间较长。对于船舶来说,大部分舱室的结构都较为简单,往往可以通过简单的方法进行照度估算,从而大大节约计算的时间。

计算主要有以下两种方法:

(1) 比功率法。

比功率法是根据各舱室的最低照度要求,选择其单位面积所需的功率数值,再根据舱室面积计算该舱室所需照明的总功率,然后结合舱室的布置确定照明灯具的形式、数量和每个灯的功率的方法。如果已确定好灯具的型号,则可以通过总功率与每盏灯功率的比值,计算所需灯具数量的最小值。

计算公式为

$$P = W_S S \tag{7.3.10}$$

式中 P——所需灯具总功率(W);

W_S——单位面积所需功率(比功率值,W/m²);

S——舱室面积。

不同照度时的单位面积所需灯具的功率值可以在《船舶设计实用手册》中查到相应的值。

(2)利用系数法。

利用系数法是指被照面上的有效光通量与光源发射的额定光通量之比。利用系数法就是在舱室的几何特性已确定的前提下,根据灯具的利用系数来计算所需的光通量的方法。

计算公式为

$$F = \frac{SEK}{N\eta} \tag{7.3.11}$$

式中 F——每个灯具中光源的光通量(lm);

S——舱室面积(m^2);

E——要求达到的平均照度(lx);

K——照度补偿系数;

N——灯具数量;

η——利用系数。

其中,补偿系数 K 与舱室内光通量的衰减有关,利用系数 η 与舱室的几何形状、墙壁与天花板的反射条件及灯具型式有关,可从预选定灯具提供的利用系数表中取得。以上系数也可以在《船舶设计实用手册》中查询对应的值。

由于在照明系统设计当中,需要不断对照度进行验算,如每次都通过手工计算,需要耗费大量时间,因此可利用计算机技术,编程开发出照度计算模块,进行校验计算。

以某船的普通船员房间为例,如图 7.3.11 所示。舱室面积为 $19.8m^2$,灯具选择 $2 \times 20W$ 荧光棚顶灯,每盏光通量约 1760lm,舱室内照度要求为 100lx。

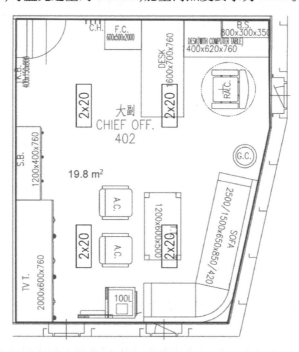

图 7.3.11 比功率法

首先采用比功率法,将参数填入程序并进行计算,如图 7.3.12 所示。

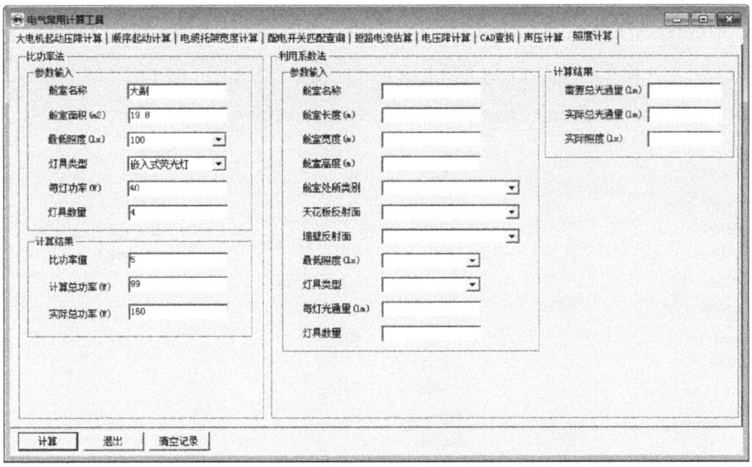

图 7.3.12　比功率计算界面

将计算结果导出表格如图 7.3.13 所示。

序号	舱室			灯具			计算结果		
	名称	面积/m^2	照度要求/lx	类型	功率/W	数量	比功率/(W/m^2)	计算总功率/W	实际总率/W
1	大副	19.8	150	嵌入式荧光灯	40	4	7	138.6	160

图 7.3.13　比功率法计算表格

其次,可以采用利用系数法,由于该房间不规则,因此用一个形状相似、面积相近的矩形来近似计算,如图 7.3.14 黑色框线部分所示(4960mm×4000mm)。

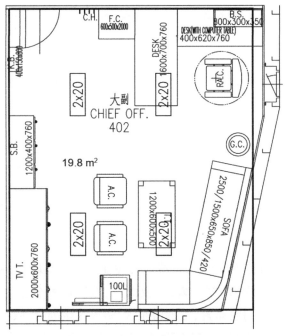

图 7.3.14　利用系数法

舱室长为 4.96m，宽为 4m，高为 2.1m，天花板颜色为白色，墙面颜色为淡绿色，通过以上参数进行计算，如图 7.3.15 所示。

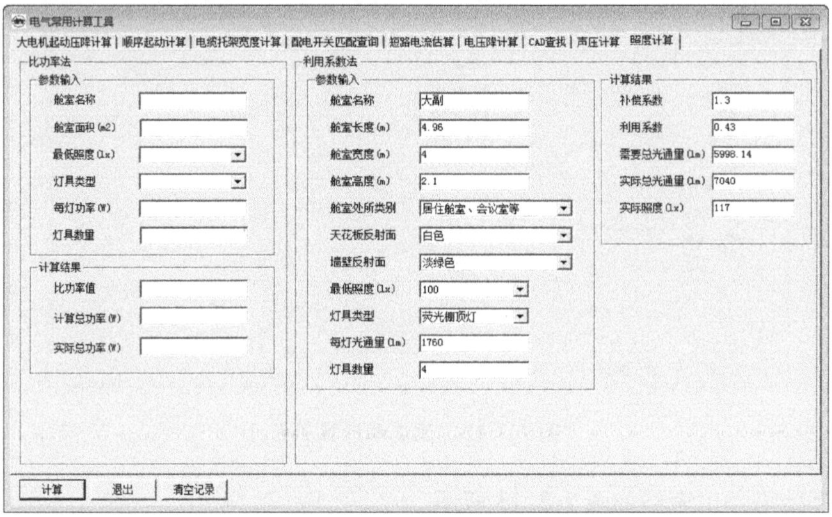

图 7.3.15　利用系数法计算界面

将计算结果导出表格如图 7.3.16 所示。

序号	舱室						灯具			计算结果		
	名称	长/m	宽/m	高/m	补偿系数	利用系数	照度要求/lx	类型	每盏流明/lm	数量	需要总光通量/lm	实际总光通量/lm	实际照度/lx
1	大副	4.96	4	2.1	1.3	0.43	100	荧光舱顶灯	1760	4	5998.14	7040	117

图 7.3.16　利用系数法计算表格

通过两种方法进行计算，结果可相互修正，能够确保大致的精度。通过计算机程序进行计算，既可以提高计算效率，同时也能够生成照度计算表格，方便在进行照明设计时提供参考。

7.4　舾装详细设计主要内容和方法

7.4.1　概述及常用软件

舾装专业在船舶设计中是一个比较特殊的专业，其内容涉及船舶的安全性、适用性、舒适性和经济性等各个方面，内容纷繁，涉及面广，按区域划分主要包括内、外舾装两部分，内舾装包括舱室布置、门窗布置、主梯道布置、防火区域划分、敷料及绝缘布置等，外舾装包括舵设备、锚设备、系泊设备、起重设备、舱口盖及滚装设备、货物绑扎设备、救生设备、各种梯道及栏杆扶手、小舱盖和人孔盖等舱面属具、桅樯及信号设备,消防器材等。在设计中,牵涉的专业较多,复杂性高,通用性不强,统计量大,而且目前也缺乏适合舾装专业的设计软件,因此,在计算机辅助设计中有必要在三维化、参数化、批量化、统计自动化等方面进行二次开发。

在三维软件中,除了 CADMATIC 外,同时可使用 AutoCAD 的三维功能,Rhino 犀牛软件的曲面功能,Soildworks 以及一些专用的船舶计算软件。AutoCAD 是目前船舶专业重要的设计工具之一,随着版本的不断更新,其功能越来越强大,它的高级功能如带属性块、动态块、扩展数据、样条曲线、三维建模等方面在设计中运用十分广泛,通过结合 AutoLISP、Visual lisp、VBA 等二次开发语言的使用,可开发出专业化的设计工具,不仅设计效率能得到很大提高,对于设计方法的深入和设计思路的开阔上也有很大的帮助。对于舾装专业,尤其在三维参数化、图形与计算关联、统计自动化等方面有很大的二次开发需求空间。

AutoLISP 是嵌入 AutoCAD 内部的二次开发语言,是基于 LISP 语言衍生的一种程序语言,LISP 是早期人工智能领域使用的语言之一,它的发明人约翰·麦卡锡在 20 世纪 60 年代发表的一篇数学论文中让其大放异彩,其简单的数据结构和独特的编程思想在业界备受关注。Autodesk 公司在早期引入 AutoLISP 作为 AutoCAD 的二次开发语言,已使得该软件使用者开发出大量的套装系统和应用程序,Visual LISP 是 AutoLISP 的发展,它提供了 AutoLISP 的集成开发环境,扩展了函数库,增加了各种实用的功能,使得 AutoLISP 在 AutoCAD 二次开发中如虎添翼,前景更为广阔。AutoLISP/Visual LISP 有如下特点值得我们关注:

(1) AutoLISP 继承了 LISP 语言的特点,使用简单的数据结构表(list)来表示代码和数据。AutoCAD 对象可以通过图元(entity)的格式,根据 DXF 组码的定义来描述图元数据的各种性质,这种格式同样采用表的结构。因此,通过 LISP 语言的语法可以方便对图元的数据进行处理。例如,一段直线的图元数据 line_list 如下所示:

((-1. <图元名:7ffffb09140>)(0."LINE")(330. <图元名:7ffffb039f0>)(5."1C04")

(100."AcDbEntity")(67.0)(410."Model")(8."0")(100."AcDbLine")(10 937.42 3669.69 0.0)(11 10827.6 3669.69 0.0)(210 0.0 0.0 1.0))

上述图元数据中的括号()即表示一个 list 表,图元数据由各种 list 组成,例如(0."LINE")是一个表对,其中 0 表示图元类型,"LINE"表示该图元为直线,表(10 937.42 3669.69 0.0)中的"10"表示该直线的起点,"937.42 3669.69 0.0"即起点坐标,表(11 10827.6 3669.69 0.0)中的"11"表示该直线的端点,"10827.6 3669.69 0.0"即端点坐标。AutoLISP 提供了丰富的表处理函数,例如通过(assoc'10 line_list)可获取直线的起点,(assoc'11 line_list)可获取直线的端点。

(2) Visual LISP 提供了面向对象编程的开发环境,即在 AutoLISP 的基础上增加了对

ActiveX 的支持,通过对象的属性、方法、事件,使得访问 AutoCAD 的对象更为方便。例如,同样对于一条直线,该直线作为 object(对象),具有 StartPoint(起点)、EndPoint(端点)等属性,通过提取这些属性,便可获取直线的起点和端点坐标,获取属性的函数为(vla – get – StartPoint object)、(vla – get – EndPoint object),相对于图元数据的处理,面向对象的方法更为直接和简洁。

(3) AutoLISP 程序中,变量无需类型声明,变量是动态型的,对于中小型程序而言,这个特点有利于提高开发效率。

(4) AutoLISP 支持递归,在某些计算中,使用递归可使得程序结构更为简洁。

(5) 支持 DCL 语言设计程序对话框。

(6) 通过 Command 函数,可执行 AutoCAD 的几乎所有的命令,该方法对于熟悉 AutoCAD 的使用者来说,提供了一个非常灵活的开发模式。

(7) 提供了图形对象增加扩展数据等外部数据的途径。图形对象除了本身的基本数据外,可以根据格式要求赋予用户所需的扩展数据,对于专业化程序的开发来说,图形对象中特殊数据的赋予,是数据保存和传递的一个便捷的方式,在参数化设计中得到了有效的运用。

(8) AutoLISP 已内嵌于 AutoCAD,无须额外安装,除了使用 AutoCAD 自带的编辑器编写外,也可使用 notepad 等各种文本编辑器编写,无须编译,直接加载即可运行,编辑器界面和加载界面见图 7.4.1 ~ 图 7.4.3。

下面我们主要针对舾装数计算、防火区域划分、舵系设计、客船撤离分析计算四个方面进行说明。

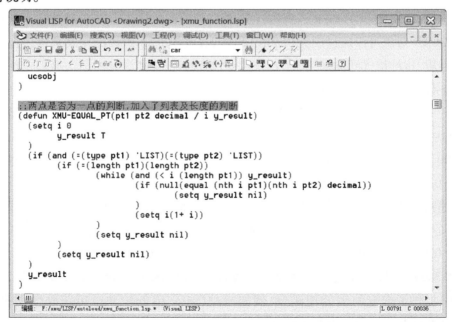

图 7.4.1　AutoCAD 自带的 Visual LISP 编辑器

第七章 计算机辅助船舶机电舾设计

```
7841  (defun ATTR_SUM(bkobjlst taglst)
7842    (setq rt_lst nil)
7843    (foreach bkobj bkobjlst
7844      (foreach tag taglst
7845        (setq val(ATTR_GET bkobj tag))
7846        (if (XMU_STR_NUMBER_IS val)
7847          (progn
7848            (setq each(assoc tag rt_lst)
7849              val(atof val)
7850            )
7851            (if each
7852              (setq rt_lst(subst (list tag (+ val (
                    cadr each))) each rt_lst))
7853              ;增加新成员
7854              (setq rt_lst(append rt_lst (list(list
                    tag val))))
7855            )
```

图 7.4.2 Notepad++编辑器

图 7.4.3 AutoLISP 加载界面

7.4.2 舾装数计算

舾装数是确定船舶锚设备、系泊设备的一个衡准数,其计算方法是根据船舶排水量、主尺度和实际受风力、水流力计算推导得出。在确定船舶种类、航行区域的前提下,根据舾装数的计算结果和船级社相应规范的要求,可以确定锚、锚链、系泊索、拖索等设备的数量、重量、尺度以及强度,从而可以进一步确定锚机、系泊绞车、掣链器、导缆器、带缆桩、导缆孔等锚泊和系泊设备及属具的技术参数。在三维设计中,大部分锚泊和系泊设备可以通过参数化建模的方式生成,因此,确定这些设备的技术参数,是设备三维参数化建模的一个前提。目前,各国船级社的规范统一采用 IACS 提出的船舶舾装数计算方法,一般海船的舾装数 N 按下式计算:

$$N = D^{2/3} + 2hB + A/10 \tag{7.4.1}$$

式中 D——夏季载重水线下的型排水量(t);

B——船宽(m);

h——从夏季载重水线到最上层甲板室顶部的有效高度(m),计算时不必考虑舷弧和纵倾;

A——船长 L 范围内,夏季载重水线以上的船体部分和上层建筑以及各层宽度大于 $B/4$ 的甲板室的侧投影面积之和(m^2)。

以上计算过程可参见《船舶设计实用手册-舾装分册》的具体内容。

舾装数可按 IACS 提出的方法,使用 EXCEL 编制电子表格计算。在实际工作中,也可通过 AutoCAD 的二次开发手段进行,在 AutoCAD 里根据船型以文本的方式制定相应的计算书模板,通过数据和图形尺寸的修改进行计算结果的更新。计算书所有参数均在 AutoCAD 图形环境内以文本和图形对象通过扩展数据的形式提供,从而可被程序识别调用和计算。扩展数据(Extended Data)是 AutoLISP 二次开发中提供的一种数据格式,它可以被赋予到任何图形对象中,其含义在于,图形对象除了普通图元数据外还可以通过扩展数据增加该图形对象的附加信息,这些信息可以通过程序调用,而与属性(attribute)相比,虽然后者也可以作为一种附加信息的赋予,却只能被块(block)对象所定义引用,因此,扩展数据是一种更为灵活的数据赋予形式,通过定义和管理,可方便地运用于各种应用程序中。AutoLISP 提供了各种类型的扩展数据,如字符串型、整型、点的列表形式等,如果扩展数据以字符串的格式赋予到图形中某数字文本对象,则可以将该字符串与应用程序的某变量名相关联,从而通过获取该数字文本的值对该变量名进行赋值,即实现了图形环境中的参数传递。

例如,对数字文本"185"添加如下的扩展数据:(-3 ("equip_calculation" (1000. "LBP"))),其中"equip_calculation"为扩展程序登记名,1000 表示字符串格式的扩展数据,其数据为"LBP",在这里表示计算程序中使用的变量名。通过程序在图形中调用该文本的扩展数据,获取变量名"LBP",然后使用获取文本对象字符串内容的函数(vla-gettextstring object）获得该文本的内容"185"，从而程序可以通过这个文本同时获得变量名和变量值，在程序中即可实现 LBP = 185 的赋值过程。按照以上的方法，就可以通过图形的文本格式存储计算程序的参数变量名和结果变量名，并以图形的文本格式更新参数值和结果值，图形模板的部分示例见图 7.4.4 所示。

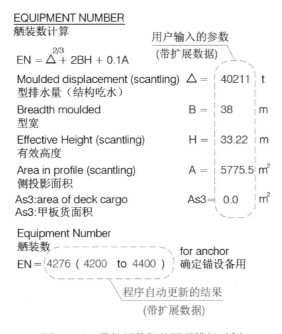

图 7.4.4　带扩展数据的图形模板示例

图形中的参数值可以由用户输入，也可以通过相应的图形与参数文本进行关联，例如侧投影面积参数 A 可以与图形中表示侧轮廓的多段线建立关联，该多段线也通过扩展数据进行识别，用户编辑多段线的外形后，代表侧面积的参数文本值就会通过程序自动更新。AutoCAD 这种二次开发的方法弥补了 EXCEL 计算表格无法与图形建立关联的缺点，对于需要图形辅助的计算过程，这种方法更为高效和便捷。本计算书模板可通过船型和主尺度参数的输入，实现舾装数的计算，以及锚、锚链、拖索、系泊索选型的全部计算过程，只要修改主尺度等参数文本的值，或相关图形外形，即可通过程序更新模板的计算结果，具有较好的通用性。

7.4.3　防火区域划分设计

防火区域划分设计是船舶安全性的重要图纸，其设计原则是根据 SOLAS 有关耐火完整性标准的规定，对舱室之间的舱壁和甲板分隔的防火级别进行确定，以及确定位于这些分隔上的设备的防火级别，另外还包括灭火器等便携式消防设备的布置。在三维设计中，有关防火的要求将体现在设备的相应属性里，例如门、窗、盖等舱面属具的防火性能。通过这些属性，可以反映在设备的统计材料表中，从而提供有关防火的订货依据。

目前主要使用 AutoCAD 进行全船防火区域划分图的设计，对于甲板层数较多、舱室布置复杂的船舶(如大型客船、客滚船等),其防火分隔复杂烦琐,有必要进行二次开发,对防火区域进行快速高效且准确的布置,从而为后续的绝缘布置、甲板敷料布置提供设计依据。开发的软件工具使用 AutoLISP/Visual LISP 程序语言,可根据 SOLAS 要求,在 AutoCAD 图形环境下对客船、货船、液货船等各种船舶进行防火类别识别、防火级别查询、舱壁防火分隔、甲板防火分隔布置等工作,适合满足 SOLAS 防火要求的各类船舶的防火区域划分图的设计和绘制。

AutoLISP 可通过表和点对的形式构造数据结构,其形式非常灵活,根据需要可以设置成嵌套的多维表的结构,AutoLISP/Visual LISP 提供了大量的表操作函数,对于数据表的访问非常方便,同时,可根据用户需要开发出更为方便的操作函数。利用这个特点,可以很方便地构造舱室防火类别以及舱室之间耐火完整性的数据库。

AutoLISP 可通过图元的数据表中的特征点对,获取所需要的数据信息,而 Visual LISP 引入面向对象的方法后,可通过更为便捷的函数直接获取数据信息。在防火区域划分程序中,通过对块属性(attribute)、多段线(lwpolyline)、面域(region)、选择集(selection)等对象数据的访问,可以解决各种数据信息的获取,从而实现图元的创建及修改。

防火区域划分程序的主要模块包括舱室防火类别判断、处所边界处理、边界防火级别判断、防火级别显示等部分,程序功能流程图如图 7.4.5 所示。

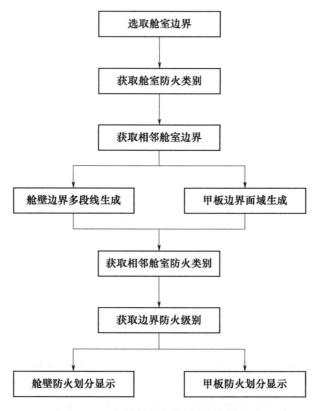

图 7.4.5　防火区域划分程序流程图

防火区域划分的标记包括舱壁防火分隔标记和甲板防火分隔标记,其中舱壁防火分隔标记使用线型(linetype)的方式表达,甲板防火分隔标记用填充(hatch)的方式表达。图例定义如图7.4.6和图7.4.7所示。

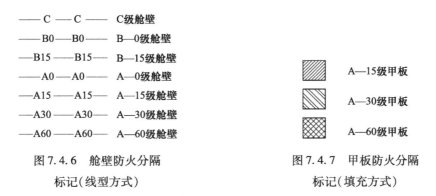

图7.4.6　舱壁防火分隔标记(线型方式)　　　图7.4.7　甲板防火分隔标记(填充方式)

舱壁防火分隔标记是以线型的方式,通过多段线的形式进行表达,根据不同的防火级别定义成不同的线型,线型的定义以代表防火级别的英文字母表示,可直观地表达该防火分隔的级别。其定义的名称可以被程序识别处理,并自动分图层和颜色区别,适合彩色打印。

甲板防火分隔标记用填充方式表达,按图层和颜色加以区分,适合彩色打印,其填充样式的名称可被程序识别。

图7.4.8是程序运行前舱室失火危险类别的定义,图7.4.9是程序运行后舱壁防火划分的结果,图7.4.10程序运行后甲板防火划分的结果。

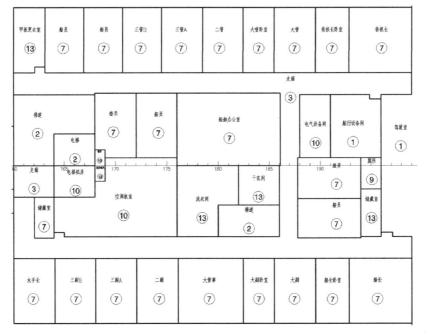

图7.4.8　程序运行前舱室失火危险类别的定义

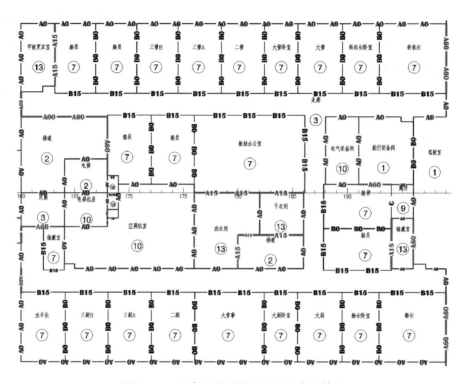

图 7.4.9 程序运行后舱壁防火划分的结果

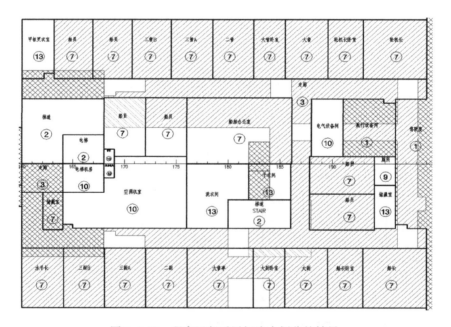

图 7.4.10 程序运行后甲板防火划分的结果

7.4.4 舵系设计

舵系计算主要包括舵的数量、舵型式、舵面积、舵力和舵扭矩的确定和计算。

目前常用的舵的型式主要分类如下：

(1)按固定方式可分为半悬挂舵和全悬挂舵；

(2)按舵杆轴线在舵叶宽度上的位置可分为不平衡舵和平衡舵；

(3)按照舵叶剖面的形状可分为流线型舵和平板舵。

确定舵面职的方法主要有以下几种：

(1)按母型船选择舵面积；

(2)利用船型统计资料选择舵面积；

(3)按船级社规范确定舵面积；

(4)按图谱确定舵面积。

在各个船级社规范中规定了舵力和舵扭矩的计算方法，对于不同的舵型，其计算过程均有具体描述，可参见各个船级社规范的相应部分，也可参见《船舶设计实用手册－舾装分册》1.1章的内容。

舵系计算是舵系设计中的重要一环，主要包括舵型的选择、舵面积、舵叶轮廓线尺寸的确定、舵叶线型的选择、舵力及舵扭矩计算、舵杆或舵销尺寸的确定、舵叶强度校核、压入量计算等过程。舵系设计与船舶操纵性、快速性、舵桨配合、结构强度、舵机选型等诸多因素相关，计算步骤往往需要进行多种舵型尺寸方案的比较，从而得出优化方案。因此计算量较大，有必要通过软件实现其步骤的程序化，从而提高设计效率，并保证数据的可靠性。

利用AutoCAD二次开发工具，可开发出两种模式的舵系计算程序，一种是对话框式的计算工具，见图7.4.11。

该程序可根据不同船级社的规范要求，在图形环境中选择舵叶轮廓线和输入必要的参数后，可得到常规的全悬挂舵和半悬挂舵的主要计算结果，其中包括舵面积、舵力、扭矩、舵杆或舵销直径等数据，扭矩可为舵机选型提供依据，该过程可将设计参数和计算结果输出至AutoCAD图形环境中，其中设计参数可供下次计算使用。

第二种模式是以适合各个船级社的舵系计算书模板为基础，通过数据和图形尺寸的修改进行计算结果的更新。该模板为标准舵系计算书的图形格式，所有参数均在AutoCAD图形环境内以文本和图形对象通过扩展数据的形式提供，从而可被程序识别调用和计算。计算书可提供舵面积、舵力、舵扭矩、各种舵系零件尺寸、舵叶强度校核、压入力和压入量等全部计算过程，只要修改模板中舵叶轮廓线的外形尺寸，以及代表相关参数文本的值，即可通过程序更新模板的计算结果，该计算书模板可作为完整的正式图纸进行输出。

舵叶线型可根据不同船型的需要进行选择，常用的线型有NACA、茹科夫斯基、HSVA等，考虑到空泡的影响，还有基于NACA线型推出的NACA 63A/64A等，在提供各种线型型值的前提下，以AutoCAD的样条曲线(spline)形式即可精确生成舵叶横剖面线型。针对舵叶结构图各高度横剖面输出的需要，利用AutoCAD二次开发工具可开发出舵叶线型生成程序，其对话框见图7.4.12。

计算机辅助船舶设计与制造

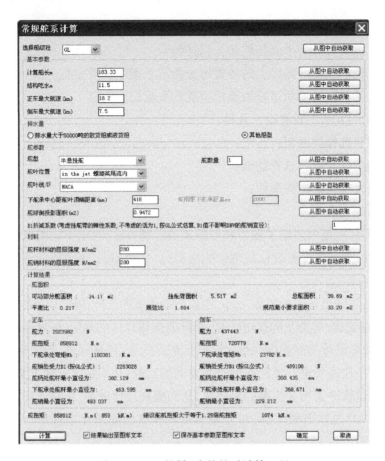

图 7.4.11 对话框式的舵系计算工具

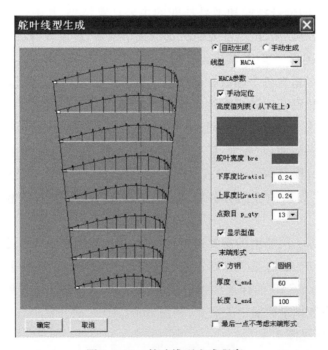

图 7.4.12 舵叶线型生成程序

AutoCAD 提供了三维放样(loft)功能,该功能可实现舵叶外板三维实体的生成,结合舵叶线型生成工具,可开发出舵叶外板三维实体生成工具,其对话框和生成的舵叶外板三维实体见图 7.4.13。舵叶结构也可通过 AutoCAD 的三维建模工具生成,见图 7.4.14。

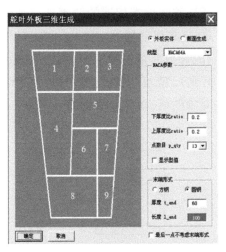
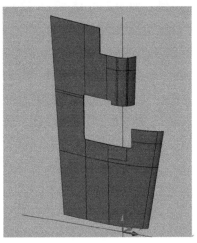

图 7.4.13　舵叶外板生成对话框和三维实体

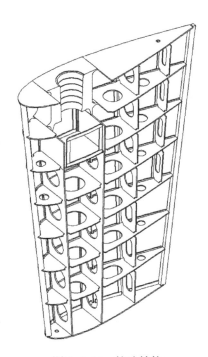

图 7.4.14　舵叶结构

对于舵叶结构中的铸钢件,其外形与舵叶线型相关,内部结构与舵杆或舵销的复配相关,铸钢件与舵叶连接的部分和舵板的板厚及形式相关,所以,在舵叶剖面线性参数化生成及舵叶三维实体生成的前提下,通过对各种舵类型铸钢件的类型分析,舵叶铸钢件具备三维参数化建模的条件。

目前已开发出常用的舵叶铸钢件三维参数化生成工具，其参数的获取同样是通过扩展数据的形式在图形环境中实现的。针对铸钢件建模，可以直接利用铸钢件图纸中的尺寸标注进行扩展数据的添加，以尺寸标注文本作为输入参数，从而更形象地实现图形环境下的参数化赋值。如图 7.4.15 所示，这是舵杆与舵叶顶端相连的铸钢件三视图，图中的尺寸标注可以完整地表达铸钢件的形状。因此，这些尺寸标注对象（或文本对象）被赋予扩展数据后，程序可调用这些尺寸或文本对应的参数变量进行赋值。通过选取必要的构造截面（这部分可通过舵叶剖面线型程序生成），就可以生成铸钢件的三维模型，见图 7.4.16。而一旦修改这些尺寸标注或文本对象的值，即可生成新铸钢件的三维模型。

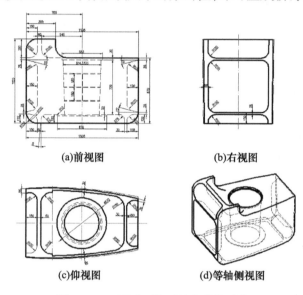

图 7.4.15　图形环境下的参数化赋值

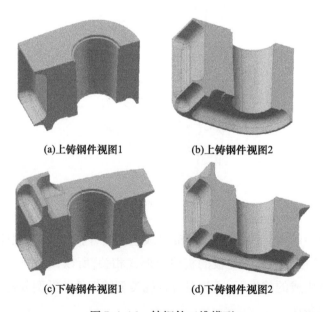

图 7.4.16　铸钢件三维模型

7.4.5 客船撤离分析计算

海船救生设备通常包括个人救生设备、视觉信号、救生艇筏、救助艇、降落与登乘设备等,SOLAS"第一部分/第Ⅲ章 救生设备与装置"以及《国际救生设备规则》(LSA)详细规定了货船和客船救生设备的配置和要求,例如救生艇筏的容量、数量、安装高度,登乘与降落方式等,详细说明也可参考《船舶设计实用手册 – 舾装分册》1.5 节的内容。

对于客船,SOLAS 公约第Ⅱ – 2 章 3.2.7 增加了"客船撤离分析"的内容,即:"3.2.7.1 应在设计过程的早期,通过撤离分析对脱险通道进行评估"。客船撤离分析就是指全船人员在合理的时间内安全撤离事故船舶的过程分析。MSC 目前提供了客船撤离分析的简化分析方法和高级分析方法的指南。

简化分析方法的依据是"MSC/Circ. 1533 新建和现有客船撤离分析暂行指南"(MSC 96 2016 年 6 月),具体的方法是将脱险通道简化为水利网络,其中走廊和楼梯作为管道,门作为管道的阀门,公共处所作为液舱,人群为流体,通过流量和流速的匹配计算移动时间,以衡量撤离的安全性。分析状况分为夜间基本模式、夜间次级模式、日间基本模式、日间次级模式。撤离时间的衡量标准如图 7.4.17 所示。

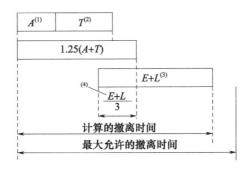

图 7.4.17 撤离时间的衡量标准

相关的时间定义如下:

(1)觉察期(A):人员对状况反应的时间。夜晚为 10min,白天为 5min。

(2)移动时间(T):船上人员从被通知的地点移动至集合站时间。

(3)登乘时间(E)和下水时间(L):根据实船试验的结果和制造商提供的数据。若无,则假设为 30min。

(4)最大允许的撤离时间标准:①客滚船 $n = 60$min;②对于客滚船以外的客船,若主竖区不超过 3 个,则 $n = 60$min,否则 $n = 80$min。

对于指南提供的简化分析方法,可以用 AutoCAD 二次开发工具开发出计算程序,该程序根据 MSC 撤离计算指南要求,在 AutoCAD 图形环境下,利用块属性赋予各处所基本数据,自动排列初始处所、过渡处所的项目列表,以及路线列表,对人员所在各路线的初始处所,以及过渡处所的人数、面积、密度、流量率、移动时间、流动时间等项目进行计算,从而最终得到全船人员撤离的总时间。

图 7.4.18～图 7.4.22 是某客滚船第 8 甲板区域的撤离时间的计算实例。

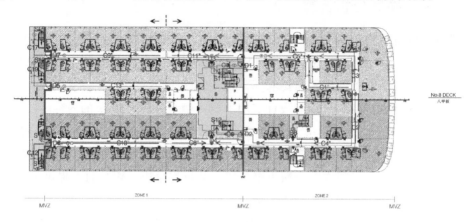

图 7.4.18　人员分布和撤离路线示意图

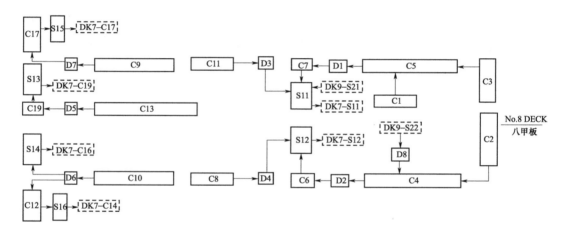

图 7.4.19　人员分布和撤离路线水力网络图

项目 item	所属主区 MVZ	所属甲板 deck	名称 name	初始人数 persons(p)	宽度 width (m)	长度 length (m)	面积 area (m²)	初始密度 specific density D(p/m²)	初始流量率 specific flow Fs(p/ms)	计算流量 calculated flow Fc(p/s)	初始人员速度 speed of persons S(m/s)	来源 source	去向 destination
C6	MVZ1	DK8	C6		1.0	5.15	5.15	0	0	0	1.2	DK8-D2	DK8-S12
C7	MVZ1	DK8	C7		1.0	5.15	5.15	0	0	0	1.2	DK8-D1	DK8-S11
C8	MVZ1	DK8	C8	32	1.31	13.925	18.242	1.754	1.232	1.614	0.725		DK8-D4
C9	MVZ1	DK8	C9	64	1.26	20.91	26.347	2.429	1.035	1.305	0.479		DK8-D7
C10	MVZ1	DK8	C10	77	1.31	20.945	27.438	2.806	0.847	1.109	0.342		DK8-D6
C11	MVZ1	DK8	C11	28	1.51	13.79	20.823	1.345	1.042	1.574	0.88		DK8-D3
C12	MVZ1	DK8	C12		1.25	5.7	7.125	0	0	0	1.2	DK8-D6-38	DK8-S16
C13	MVZ1	DK8	C13	16	1.11	20.945	23.249	0.688	0.737	0.818	1.129		DK8-D5
C17	MVZ1	DK8	C17		1.25	5.7	7.125	0	0	0	1.2	DK8-D7	DK8-S15
C19	MVZ1	DK8	C19		1.25	3.725	4.656	0	0	0	1.2	DK8-D5	DK8-S13

图 7.4.20　撤离初始项目计算

高级撤离分析方法即借助软件工具使用计算机进行模拟,从而对乘员撤离分析及脱险通道的设计和布置提供依据。人员紧急疏散行为规律方面的研究开始于 20 世纪初的建筑行业,至今已有较深入的发展,比较成熟的软件有 STEPS、Pathfinder 等。作为船舶安全的重要因素,世界各国尤其是海事大国及组织,都很重视船舶撤离方面的研究和软件开发,基于陆地人员疏散领域的研究成果以及成功开发经验,国外已开发出一系列用于船舶

项目item	所处主竖区 MVZ	所处甲板 deck	名称 name	净宽 width (m)	初始人数 ini. persons(p)	总人数 sum.persons(p)	进入流量率 specific flow Fs(p/ms)	最大流量率 max. flow Fs(p/ms)	实际流量率 specific flow Fs(p/ms)	计算流量 calculated flow Fc(p/s)	人员速度 specific flow S(m/s)	是否列队等候 queue	来源 source	去向 destination
C6	MVZ1	DK8	C6	1	0	42	1.17	1.3	1.17	1.17	0.776	NO	DK8-D2	DK8-S12
C7	MVZ1	DK8	C7	1	0	47	1.17	1.3	1.17	1.17	0.776	NO	DK8-D1	DK8-S11
C12	MVZ1	DK8	C12	1.25	0	38	0.516	1.3	0.516	0.645	1.2	NO	DK8-D6-38	DK8-S16
C17	MVZ1	DK8	C17	1.25	0	64	1.04	1.3	1.04	1.3	0.882	NO	DK8-D7	DK8-S15
C19	MVZ1	DK8	C19	1.25	0	16	0.654	1.3	0.654	0.818	1.196	NO	DK8-D5	DK8-S13
D3	MVZ1	DK8	D3	1	0	28	1.574	1.3	1.3	1.3	N.A.	YES	DK8-C11	DK8-S11
D4	MVZ1	DK8	D4	1	0	32	1.614	1.3	1.3	1.3	N.A.	YES	DK8-C8	DK8-S12
D5	MVZ1	DK8	D5	1	0	16	0.818	1.3	0.818	0.818	N.A.	NO	DK8-C13	DK8-C19
D6	MVZ1	DK8	D6	1	0	77	1.109	1.3	1.109	1.109	N.A.	NO	DK8-C10	DK8-C12 DK8-S14
D7	MVZ1	DK8	D7	1	0	64	1.305	1.3	1.3	1.3	N.A.	YES	DK8-C5	DK8-C17
S11	MVZ1	DK8	S11	1.5	0	81	1.839	1.1	1.1	1.65	0.55	YES	DK8-C7 DK8-D3 DK8-D4-S21	DK7-S11
S12	MVZ1	DK8	S12	1.5	0	74	1.647	1.1	1.1	1.65	0.55	YES	DK8-C6 DK8-D4	DK7-S12
S13	MVZ1	DK8	S13	0.9	0	16	0.909	1.1	0.909	0.818	0.704	NO	DK8-C19	DK7-C19
S14	MVZ1	DK8	S14	0.9	0	39	0.516	1.1	0.516	0.464	1	NO	DK8-D6-39	DK7-C16
S15	MVZ1	DK8	S15	0.9	0	64	1.444	1.1	1.1	0.99	0.55	YES	DK8-C17	DK7-C17
S16	MVZ1	DK8	S16	0.9	0	38	0.717	1.1	0.717	0.645	0.858	NO	DK8-C12	DK7-C14

图 7.4.21　撤离过渡项目计算

到达DK6-MST3的路线排列　Routes in series to DK6-MST3

路线项目 item	所处甲板 deck	名称 name	总人数 sum. pers.(p)	长度 length (m)	计算流量 Fc(p/s)	人员速度 speed of persons S(m/s)	流动时间 flow dur. tF=P/Fc(s)	甲板或梯道时间 stair&deck dur. tD=L/S(s)	去向 destination (最后一项的撤离时间)(s) last item is travel dur.=tF+tD
C1	DK8	C1	12	12.65	0.938	1.088	12.8	11.6	DK8-C5
C5	DK8	C5	47	19.625	1.638	0.67	28.7	29.3	DK8-D1
D1	DK8	D1	47	N.A.	1.17	N.A.	40.2	N.A.	DK8-C7
C7	DK8	C7	47	5.15	1.17	0.776	40.2	6.6	DK8-S11
S11	DK8	S11	81	8.1	1.65	0.55	49.1	14.7	DK7-S11
S11	DK7	S11	241	8.1	1.65	0.55	146.1	14.7	DK6-MST3 DK6-S11
MST3							146.1	77	223.1
C3	DK8	C3	2	7.03	0.37	1.2	5.4	5.9	DK8-C5
C5	DK8	C5	47	19.625	1.638	0.67	28.7	29.3	DK8-D1
D1	DK8	D1	47	N.A.	1.17	N.A.	40.2	N.A.	DK8-C7
C7	DK8	C7	47	5.15	1.17	0.776	40.2	6.6	DK8-S11
S11	DK8	S11	81	8.1	1.65	0.55	49.1	14.7	DK7-S11
S11	DK7	S11	241	8.1	1.65	0.55	146.1	14.7	DK6-MST3 DK6-S11
MST3							146.1	71.2	217.3
C5	DK8	C5	47	19.625	1.638	0.67	28.7	29.3	DK8-D1
D1	DK8	D1	47	N.A.	1.17	N.A.	40.2	N.A.	DK8-C7
C7	DK8	C7	47	5.15	1.17	0.776	40.2	6.6	DK8-S11
S11	DK8	S11	81	8.1	1.65	0.55	49.1	14.7	DK7-S11
S11	DK7	S11	241	8.1	1.65	0.55	146.1	14.7	DK6-MST3 DK6-S11
MST3							146.1	65.4	211.4
C11	DK8	C11	28	13.79	1.574	0.88	17.8	15.7	DK8-D3
D3	DK8	D3	28	N.A.	1.3	N.A.	21.5	N.A.	DK8-S11
S11	DK8	S11	81	8.1	1.65	0.55	49.1	14.7	DK7-S11
S11	DK7	S11	241	8.1	1.65	0.55	146.1	14.7	DK6-MST3 DK6-S11
MST3							146.1	45.1	191.2

图 7.4.22　撤离路线时间计算

的人员疏散逃生的计算软件,能够在设计层面提供有针对性的帮助,评估由进水、火灾等事故带来的风险,最大限度地保障人命安全。其中 EVI、maritime EXODUS、AENEAS 等比较著名的疏散软件系统,已经广泛应用于船舶疏散评估中。就目前的使用和研究情况来说,maritime EXODUS 由于集成了大量人员在船舶环境中的行为数据,且能够与火灾场景下的 smartfire 模块结合,可对各种人员行为和撤离过程进行较为精确的模拟,在业界内得到了较高的评价。图 7.4.23~图 7.4.29 是客船用软件模拟撤离的图例。

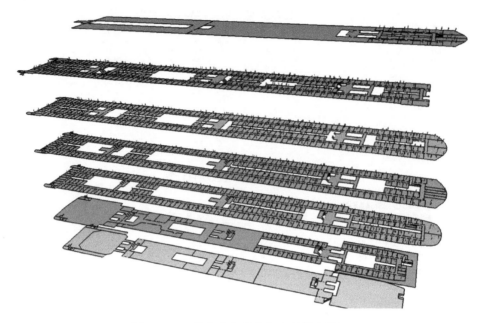

图 7.4.23　某豪华邮轮全船人员撤离模拟

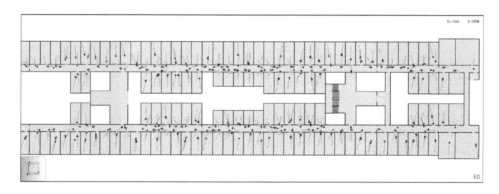

图 7.4.24　某甲板人员撤离初始状态

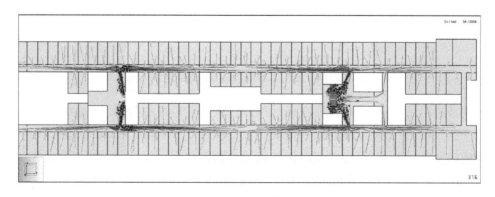

图 7.4.25　某甲板人员撤离中间状态

第七章 计算机辅助船舶机电舾设计

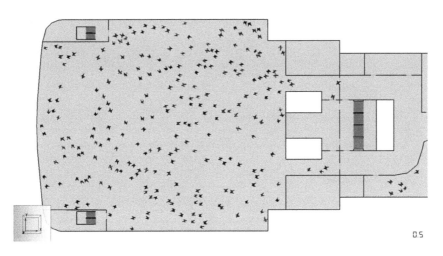

图7.4.26 某公共区域人员撤离初始状态

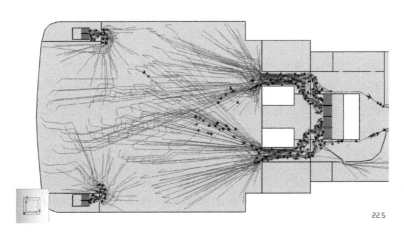

图7.4.27 某公共区域人员撤离中间状态

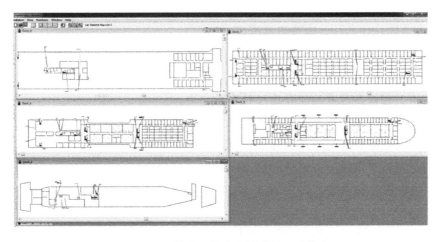

图7.4.28 某客滚船夜间模式的人员分布

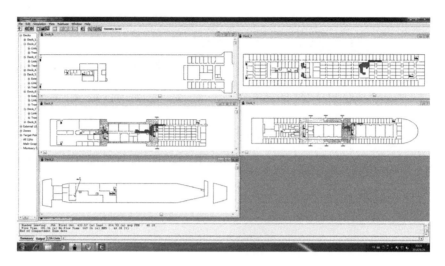

图 7.4.29　某客滚船夜间模式的撤离拥堵点示意

1. 与二维设计相比,三维设计的优点有哪些？三维一体化设计的大致流程是什么？
2. 主机选型时必须考虑的主要因素及参数有哪些？
3. 发电机组选型时除满足电力供应外,在机舱布置上必须考虑的主要因素有哪些？
4. 船舶辅助锅炉及废气锅炉配置及主要参数计算时要考虑的主要因素有哪些？
5. 典型中央冷却系统的组成是什么？选型和换热计算时需要考虑的主要因素有哪些？
6. 燃油舱配置时需要满足的基本要求有哪些？尝试以某一建造规范进行不同油舱柜舱容计算。
7. 传动轴系的设计计算包括哪些主要内容？
8. 机舱风管选配需考虑的主要因素有哪些？尝试用经验公式进行风管阻力计算。
9. 电力系统设计包括的主要内容有哪些？
10. 电力系统主要技术参数计算时需要考虑的不同工况有哪些？
11. 请概述短路电流计算及电压降计算的过程。
12. 请说明锚设备及系泊设备选配的基本方法。
13. 请说明舾装数计算的常用方法及注意事项。
14. 请说明舵系计算的主要内容。
15. 请说明防火区域划分设计的依据和方法。
16. 请说明救生设备容量的依据以及客船撤离时间计算的衡量标准。

第八章　计算机辅助船体型线光顺及放样

现代造船设计中,船体放样已经不再单独被提起,放样工作也不再是一道独立存在的工序,而是船体生产设计(简称船舶 CAM)衍生的一个"产品"。得益于计算机的高速运算性能,设计师们只需运用船舶设计专业软件,在船舶生产设计阶段,按照标准的操作流程,便可高质、高效地完成船体外板和内部构件的放样和套料工作,并能保证输出结果的唯一性。船舶 CAM 就是将船体结构在现场施工中需要解决的技术问题,由设计师在设计阶段利用计算机解决的一种设计。目前大多数船舶 CAM 软件包括三部分:型线光顺、结构建模、零件后处理,用以编制建造工艺、绘制分段组立图、零件下料以及物量统计等。

型线光顺包括船体外壳型线光顺、外板纵骨排列和外板板缝排列。这是一项基础性工作,是结构建模的重要参考之一,全船需要统一部署。

8.1　船体型线光顺性准则及调整原则

8.1.1　型线光顺的判别

1. 光顺的概念

曲线的光顺性包括光滑与和顺两个方面。

在建立三次样条函数时,所建立的函数应保证曲线不间断;在节点处要有唯一的转角(一阶导数)和弯矩(二阶导数)。对于其他的三次(含三次)以上的插值拟合函数要求曲线是不间断的(函数的连续),还要求在连接节点处具有公共的切线(一阶导数连续);同时,在曲线与曲线连接时,则要求拟合函数应具有一阶导数、二阶导数连续的条件。凡是满足上述条件的拟合函数,其所定义的曲线就是光滑的。

所谓"和顺",就是曲线在满足光滑条件的基础上,要求其变换趋势不出现局部凹凸和弯曲程度剧烈变化等现象。

根据上述讨论,可给出工程上光顺的一般概念:所谓光顺即光滑且和顺,就是曲线在满足光滑条件的基础上,其弯曲变换趋势应满足工程上的和顺要求。

2. 光顺性判别准则

在手工放样中,根据长期积累的实践经验,总结单根型线光顺的准则如下:

(1)型线上没有不符合设计要求的间断点和折角点;

(2) 型线弯曲方向的变化应符合设计要求,无局部凹凸的现象;

(3) 型线弯曲程度的变化必须是均匀的;

(4) 型线光顺后的型值调整量尽量小,其误差在相关标准规范允许的范围内;

(5) 型线调整光顺后,型线上任一点在三个投影图上的型值必须符合投影对应关系。

在第四章中,所建立的插值和逼近函数只是解决了根据给定的一组型值点和端点条件,用数学方法定义型线的问题,至于所定义的型线是否满足光顺性条件,怎样对型线不光顺处进行型值调整,仅依靠研究函数本身难以达到目的,必须找到判别型线光顺性和对型线进行光顺性调整的数学方法。根据上述手工放样型线光顺性判别和型值调整原则,并结合描述型线的函数集合属性与曲线形状的关系,得到采用数学语言描述的光顺准则如下:

(1) 型线的插值或逼近函数应满足函数及其一阶、二阶导数的连续;

(2) 型线的曲率符号变化应符合设计要求,没有多余拐点;

(3) 型线的曲率数值变化均匀;

(4) 为使型线光顺的调整尽量小,应使各型值点的型值调整量达到最小。

其中,对应条件(1)是数学上的光滑概念。在4.1节讨论的描述船体型线的插值或逼近函数(以三次样条函数为代表),主要是以相邻两型值点$[x_i,x_{i+1}]$为子区间构造的分段样条函数,所建立的样条函数本身就满足了"光滑"的条件,即样条函数满足了曲线段在节点处具有函数、一阶导数和二阶导数连续。

对应条件(2)和(3)则是对整条曲线而言,是一个整体的概念,处理起来比局部概念要困难和复杂。实际上,整体的光顺性甚至比局部的光顺性更为重要。关于曲线或曲面的设计,三次B样条曲线和曲面被认为是最佳选择,这是由于三次B样条曲线的光顺性容易被其特征多边形所控制的缘故。

光顺准则(4)的作用在于在几何外形数学放样中,在保持原始型值点不动的原则上,对插值型值点进行光顺,修改前后的插值型值点的值偏离尽可能小,以保证预定的各项性能指标(如船体排水量)不致于受到影响。

3. 多余拐点的判断方法

利用型值点之间的内在联系,直接使用给定的型值数据,建立判别多余拐点的数学方法,这就是"粗光顺"的光顺性判别法。

这种方法给定了一系列型值,计算各型值点二阶差商,用二阶差商的符号来表示曲线弯曲的方向。

二阶差商如式(8.1.1)所示,是指一阶差商的一阶差商。

$$Y_i = \frac{\dfrac{y_{i+1}-y_i}{x_{i+1}-x_i} - \dfrac{y_i-y_{i-1}}{x_i-x_{i-1}}}{x_{i+1}-x_{i-1}} = \frac{f[x_i,x_{i+1}] - f[x_{i-1},x_i]}{x_{i+1}-x_{i-1}} \tag{8.1.1}$$

$x_m - x_n (m>n)$均大于0,故上式Y_i的符号取决于分子的符号。若$f[x_i,x_{i+1}]>0$,f

$[x_{i-1}, x_i] < 0$,得到 $Y_i > 0$,P_i 点的曲线弯曲方向是"凹";依此类推,$Y_{i+1} < 0$,P_{i+1} 点的曲线弯曲方向是"凸"。则 $P_i P_{i+1}$ 两点间必然存在 1 个拐点。

当曲线的二阶差商发生变号时可以判断必然有拐点存在。即:若相邻两型值点的二阶差商之积小于 0,即:$Y_i \times Y_{i+1} < 0$,则它们之间必然存在拐点。这就是直接使用型值数据,建立判断多余拐点的数学方法。

4. 曲率数值变化均匀性判别

一条光顺的型线,除了曲率符号(弯曲方向)的变化应满足设计要求以外,其曲率数值(弯曲程度)的变化必须是均匀的,这在数学上可以描述为某函数在特定的区间里满足单调性。

求曲率的二阶差商:

$$Q_i = \frac{\frac{K_{i+1} - K_i}{x_{i+1} - x_i} - \frac{K_i - K_{i-1}}{x_i - x_{i-1}}}{x_{i+1} - x_{i-1}} < 0 \tag{8.1.2}$$

$$Q_{i+1} = \frac{\frac{K_{i+2} - K_{i+1}}{x_{i+2} - x_{i+1}} - \frac{K_{i+1} - K_i}{x_{i+1} - x_i}}{x_{i+2} - x_i} > 0 \tag{8.1.3}$$

$Q_i \cdot Q_{i+1} < 0$,在 i 点与 $i+1$ 点之间曲率变化不均匀。

结合式(8.1.2)和式(8.1.3),可以发现:一般情况下船体型值的给出都是 x 值逐渐递增,也就是说上面式子的符号与分母无关。

于是由上面的式子可以写出:

$$M_i = \frac{K_{i+1} - K_i}{x_{i+1} - x_i} - \frac{K_i - K_{i-1}}{x_i - x_{i-1}} \tag{8.1.4}$$

$$M_{i+1} = \frac{K_{i+2} - K_{i+1}}{x_{i+2} - x_{i+1}} - \frac{K_{i+1} - K_i}{x_{i+1} - x_i} \tag{8.1.5}$$

这里的 M_i 与 Q_i 的值虽然不同,但是其符号却是完全相同的,故可以通过计算 M_i 来判断曲线曲率变化是否均匀。

8.1.2 型线不光顺的调整原则

在船舶 CAD/CAM 系统中,所生成的曲线、曲面不光顺原因主要有以下几个方面:

(1)型值点是光顺的,但由于参数化不合理而导致所生成的曲线、曲面不光顺。

(2)型值点是光顺的,但由于曲线、曲面的生成方式或所采用的曲线、曲面表达形式不理想,因而导致所生成的曲线、曲面不光顺。

(3)型值点本身不光顺,而导致插值于型值点的曲线、曲面不光顺。

因此,为使生成的插值曲线、曲面具有良好的光顺性,通常可采用如下方法:

(1)采用良好的参数化方法。

对于分布极不均匀的型值点,采用均匀参数化方法插值生成曲线时,弦长较长的那段曲线显得较平,而弦长较短的那段曲线则严重鼓起,甚至出现尖点或打圈自交(二重点),因而,曲线不光顺,但若采用累加弦长参数化方法,则生成的曲线是光顺的。

(2)采用优良的曲线、曲面生成和表达方式。

可采用几何连续的样条代替参数连续的样条,以增加曲线生成的自由度,通过选择合适的形状控制参数,使生成的插值曲线、曲面更光顺。此外,与整体插值方法相比较,在某些情况下采用局部插值方法生成的曲线、曲面更为光顺。

(3)适当调整型值点(或控制顶点)的几何位置。

如果给定的型值点呈锯齿形,如图8.1.1所示,则不论采用何种参数化或曲线生成方式,得到的插值曲线都不光顺。对于这种情况,常用的方法是适当调整型值点或控制顶点的位置,使曲线或曲面达到光顺。

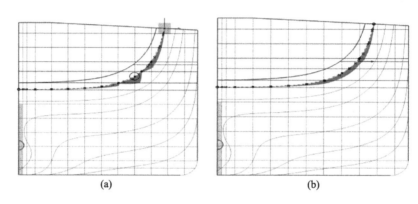

图8.1.1 光顺前(a)与光顺后(b)

8.1.3 型线光顺性检查

船舶的型值是设计时确定的,艏艉轮廓线、折角线、设计水线、甲板边线等在光顺的过程中不予改动,不得不调整时,应使调整点尽可能的少,且使型值调整量尽可能的小。对于船体型线的初光顺检查,常用的方法是通过曲率图,然后根据光顺准则进行分析。

(1)曲率半径方向反映出曲率符号的变化,可以用来判别曲线弯曲方向是否变化,即是否出现拐点。

(2)曲率半径线段长度的变化反映出曲率数值的变化,可以用来判别曲线曲率数值变化是否均匀。将曲率半径线段的一端用折线顺序连接,即可得包络线,根据包络线可以很直观地判断曲率数值的变化情况。

8.2 船体型线光顺方法

在数学放样中,为实现外板展开,需进行精光顺。方法包括能量法、最小二乘法、回弹法、圆率法等。

其中,圆率法和能量法适用于大挠度曲线或封闭曲线,其余方法适用于小挠度曲线。

能量法采用累加弦长三次参数样条作为拟合曲线,具有直接光顺空间曲线的作用。圆率法在整个光顺过程中,不使用插值曲线,直接考察离散的型值点列的几何位置,找到坏点,并求出修改距离。本节将详细讲述。

8.2.1 单根曲线光顺性的判别方法

船体型线是由一根一根的曲线组成,如果能够保证每一根型线的光顺性,则整个船体型线的光顺性也就得到满足。

下面就船体的单根型线进行光顺性判别。由于需判断的船体型线所采用的曲线是三次样条函数,故其本身就满足曲线的连续条件(函数、一阶导数、二阶导数连续)。

1. 有无多余拐点的判别

由三次样条插值函数 $s(x)$ 的 M 连续方程,得到

$$\mu_i M_{i-1} + 2 M_i + \lambda_i M_{i+1} = d_i \tag{8.2.1}$$

$$\lambda_i = \frac{h_{i+1}}{h_i + h_{i+1}} \tag{8.2.2}$$

$$\mu_i = \frac{h_i}{h_i + h_{i+1}} \tag{8.2.3}$$

$$d_i = \frac{6}{h_i + h_{i+1}} \left(\frac{y_{i+1} - y_i}{h_{i+1}} - \frac{y_i - y_{i-1}}{h_i} \right) = 6 f[x_{i-1}, x_i, x_{i+1}] \tag{8.2.4}$$

其中,$h_{i+1} = x_{i+1} - x_i$。

令

$$f[x_{i-1}, x_i, x_{i+1}] = c_i \tag{8.2.5}$$

插值函数的二阶导数在 x_{i-1}、x_i、x_{i+1} 三点处的加权平均(权因子分别为 $\frac{\mu_i}{3}, \frac{2}{3}, \frac{\lambda_i}{3}$)为被插数据在 x_i 处的二阶中心差商,因此,二次差商可以用来描述曲线上各型值点的二阶导数。二阶导数可以反映曲线的弯曲方向,用来判断曲线有没有拐点或多余拐点。可利用系数 c_i 表示曲线的弯曲方向,建立多余拐点的数学判别式。

于是可以得到多余拐点的判别式:

$$\begin{cases} c_{i-1} \cdot c_i < 0 \\ c_i \cdot c_{i+1} < 0 \end{cases} (i = 2, 3, \cdots, n-1) \tag{8.2.6}$$

若上式成立,则表明相邻三个型值点出现 2 个拐点,第 i 点不满足光顺要求,必须给予调整。其他拐点判断,依此类推。

2. 曲率数值变化均匀性判别

在前面的讨论中,通过判断曲线曲率的二阶差商是否变号,来判别曲率数值变化是否均匀。

同样地,也可以通过判断三次样条函数系数 c_i 的二阶差商是否变号,来判断曲率变化

是否均匀。

令其二阶差商为e_i,于是有

$$e_i = \frac{\frac{c_{i+1}-c_i}{x_{i+1}-x_i} - \frac{c_i-c_{i-1}}{x_i-x_{i-1}}}{x_{i+1}-x_{i-1}}, e_{i+1} = \frac{\frac{c_{i+2}-c_{i+1}}{x_{i+2}-x_{i+1}} - \frac{c_{i+1}-c_i}{x_{i+1}-x_i}}{x_{i+2}-x_i} \tag{8.2.7}$$

如果$e_i \cdot e_{i+1} < 0$,则表明曲率变化不均匀,需要调整。

式子的分母在船体型线的型值表示中是正值,故可以略去不计。于是,上面两个式子可以写成

$$e_i = \frac{c_{i+1}-c_i}{x_{i+1}-x_i} - \frac{c_i-c_{i-1}}{x_i-x_{i-1}}, e_{i+1} = \frac{c_{i+2}-c_{i+1}}{x_{i+2}-x_{i+1}} - \frac{c_{i+1}-c_i}{x_{i+1}-x_i} \tag{8.2.8}$$

通过判断$e_i \cdot e_{i+1}$的符号,判断x_{i-1}到x_{i+1}之间曲率变化。

3. 曲率数值的判别

曲线曲率的符号反映的是曲线弯曲的方向,曲率绝对值的大小反映了曲线的弯曲程度,这样对于三次样条函数来说,曲线的曲率数值的大小也就反映了弯曲程度的大小。根据力学知识和生活经验可知,木样条的弯曲程度的变化反映了木样条在各点处的回弹力大小。

由材料力学知识,样条在x_i处的回弹力等于该点左右剪力N_i(右)和N_i(左)之差。则曲线曲率变化均匀性也就体现为样条在各点的回弹力变化均匀性。

剪力跃度在P_i处回弹力为

$$D_i = \left\| \frac{k_{i+1}-k_i}{l_{i+1}} - \frac{k_i-k_{i-1}}{l_i} \right\| \tag{8.2.9}$$

曲线的曲率数值变化直接与木样条回弹力的大小有关,回弹力越小,则曲线越光顺。

8.2.2 能量法

能量法的基本思想是偏离和光顺两部分的加权,其拟合曲线$P(t)$是累加弦长三次参数样条,目标函数为应变能和型值点偏离均尽可能小。

在空间给定一组型值点$Q_i(i=0,1,\cdots,n)$,新的型值点$P_i(i=0,1,\cdots,n)$是过Q_i的弹性样条,且在Q_i、P_i两点间挂一条弹性系数为α_i的小弹簧,包括样条和小弹簧的系统能量为

$$U = \frac{1}{2}\sum_{i=0}^{n}\alpha_i(Q_i-P_i)^2 + \frac{1}{2}(\text{EI})^2\int k^2 \text{d}s \tag{8.2.10}$$

式中　EI——弹性线的刚度;

　　　α_i——偏离因子。

累加弦长参数化三次样条曲线$P(t)$,$\frac{\text{d}P_i}{\text{d}t} = \frac{\text{d}P_i}{\text{d}s}, \frac{\text{d}^2 P_i}{\text{d}t} = \frac{\text{d}^2 P_i}{\text{d}s}$。

差商近似微商,即$\frac{\text{d}P_i}{\text{d}t} = \frac{P_{i+1}-P_i}{l_{i+1}}, \frac{\text{d}^2 P_i}{\text{d}t} = \frac{2}{l_i+l_{i+1}}\left(\frac{P_{i+1}-P_i}{l_{i+1}} - \frac{P_i-P_{i-1}}{l_i}\right), l_i = \overline{P_i - P_{i-1}}$是

弦长。

曲率的计算公式近似为 $k = \left|\dfrac{\mathrm{d}^2 P_i}{\mathrm{d}s}\right| = \dfrac{2\left(\overline{\dfrac{P_{i+1}-P_i}{l_{i+1}} - \dfrac{P_i - P_{i-1}}{l_i}}\right)}{l_i + l_{i+1}}$。

由三弯矩方程得到

$$\mu_i k_{i-1} + 2k_i + \lambda_i k_{i+1} = 3K_i \tag{8.2.11}$$

将以上近似计算量代入式(8.2.10)，能量方程变成$\{P_i\}$的函数。调整$\{P_i\}$，使得$U = \min$，便有

$$\dfrac{\partial U}{\partial P_i} = 0, (i = 0, 1, \cdots, n) \tag{8.2.12}$$

增加适当的边界条件后，可以求出光顺型值点$\{P_i\}$。

数学放样的实践证明，当弹性线刚度系数趋于 0 时，型值均能通过，但会出现多余波动。随着弹性线刚度系数的增加，拐点逐渐减少，曲线也逐渐光顺，但偏离随之逐渐增大。要使得拐点数目与设计要求一致，可通过调节弹性线刚度系数来实现。

偏离因子α_i是控制型值点偏离的因子，如果要固定某点，只要增大α_i即可。

能量法与最小二乘法的基本思想一致，是偏离和光顺两部分的加权，如式(8.2.10)所示。不同点在于：

(1) 逼近型值点$\{P_i\}$的三次样条曲线，作为最小二乘曲线；

(2) 剪力跃度平方和最小作为最小二乘法的目标函数。

8.2.3 回弹法

回弹法是手工放样中的"两借借，自然放"的一种数学模拟。先将不光顺点处的压铁提起，使样条在这里自由回弹，通过新老两组型值点交替地固定和回弹，使样条的能量渐次减少，以达到光顺的目的。

力学模型是一个连续多跨的小挠度梁，每一个压铁的作用点作为一个简支点，两个压铁之间的样条作为一个单跨梁，各单跨梁的两端点应符合连续条件，得到三弯矩方程如下：

$$\mu_i M_{i-1} + 2M_i + \lambda_i M_{i+1} = d_i \tag{8.2.13}$$

按照迭代方法中的定点原理，引进中间参量：

$$\begin{cases} q_i = \dfrac{-\lambda_i}{2 + u_i q_{i-1}} \\ \mu_i = \dfrac{d_i - u_i u_{i-1}}{2 + u_i q_{i-1}} \end{cases} \tag{8.2.14}$$

其中，$q_{-1} = 0, u_{-1} = 0$。方程递推表示的解如下：

$$\begin{cases} M_n = u_n \\ M_i = q_i M_{i+1} + u_i \end{cases} \tag{8.2.15}$$

即用"追赶法"求解M_i。这样三弯矩方程可写出$n-2$个。已知两端一阶可导y'_1、y'_n,则

$$\begin{cases} (2M_1+M_2)(x_2-x_1)=\dfrac{y_2-y_1}{x_2-x_1}-y'_1 \\ (M_{n-1}+2M_n)(x_n-x_{n-1})=y'_n-\dfrac{y_n-y_{n-1}}{x_n-x_{n-1}} \end{cases} \qquad (8.2.16)$$

最终求出各段三次样条函数$S(x)$。

回弹算法如下:

(1) 插值$x_i^*=\dfrac{x_{i+1}-x_i}{2}$处的型值$y_i^*$;

(2) 根据$\{x_i^*,y_i^*\}$,求$\{M_i^*\}$,得到新的三次样条函数$S^*(x)$。

(3) $P_i^*(x_i,S^*(x))$用$\{c_i^*\}$为经过一次回弹的型值点。

(4) 如此反复,直到某一次回弹后的x_i处的函数值满足$|y_i^{**}-y_i^*|<\varepsilon$(一般取$\varepsilon=3\text{mm}$),得到光顺曲线和光顺型值点。

以上介绍的过程为插中点回弹法,是回弹法的基础。直观的看,经过回弹,样条的能量逐次减少,曲线也就趋向光顺。回弹法可以看成一种迭代逼近的能量法。

回弹法的力学意义明确,方法简便易行,光顺质量良好。但是,如果迭代次数过多的话,可能出现光顺型值点与原型值点偏离过大的问题。而且,对平直段小波动往往难以消除,这是整体光顺法的通病。

在吸取了选点修改法的长处后,回弹法增加了"直尺卡样",就是把平直段的坏点挑出来加以局部性处理,以保证曲线的弯曲方向。

8.2.4 圆率序列法

圆率序列法是利用圆率作为参考量,对型值进行选点修改的局部光顺方法。

1. 何谓圆率

在平面内给定一系列型值$P_i(i=0,1,\cdots,n)$,已知两边界切向量,过相邻三点P_{i-1}、P_i、P_{i+1}所作圆的相对曲率K_i称为在点P_i处的圆率。当圆弧$\widehat{P_{i-1}P_iP_{i+1}}$走向为逆时针,$K_i$取正号,顺时针走则$K_i$取负号,如图8.2.1所示。边界点$P_0$处的圆率$K_0$以过$P_0$、$P_1$和$P_0$处的切向量$m_0$所做的圆来确定。同理得到$K_n$。

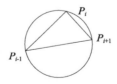

图8.2.1 圆率的概念

圆率的符号表示中间点的弯曲方向,当为正时,中间点为"凹";反之,为负时,中间点的弯曲方向为"凸"。当通过三点的圆半径越大,则中间点的弯曲程度就越小,反之则越

大。这也说明中间点圆率的符号可以反映其弯曲的方向;而其圆率的大小可以反映其弯曲的程度。

圆率是二阶差商的一种引申形式,同曲率有类似之处。把所有点的圆率组合起来就组成了圆率序列,所以也可以通过圆率序列来判断曲线的光顺性。

如图 8.2.1 所示,圆的半径之倒数即为中间点的圆率,半径倒数的数值是中间点圆率的绝对值,其符号也就是中间点圆率的符号。一个圆半径越小,看起来就越弯曲;半径越大,看起来就越平缓,半径趋于无穷大,圆看起来就像一条直线,即几乎无弯曲了。将圆的半径的倒数定义为曲率,希望曲率是一个衡量几何体弯曲程度的量。

对于一般的曲线,每点局部可以近似看成一小段圆弧,即密切圆。固定一点后,该点处密切圆弧的半径的倒数,就定义成曲线在该点处的曲率。注意,对于一般的曲线而言,不同点处的曲率数值并不一样,是个变数而不是常数。用数学术语来说,曲率是定义在曲线上的一个函数。

2. 圆率的计算

圆率 K_i 的求法如图 8.2.2 所示。

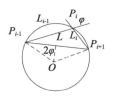

图 8.2.2　圆率的计算

由图中可以看出,P_i 的圆率是一个负值,只要求出该三角形外接圆的半径 r,则 $-\dfrac{1}{r}$ 即为要求的中间点的圆率。

$$\sin\varphi = \frac{L}{2r}, r = \frac{L}{2\sin\varphi} \tag{8.2.17}$$

则 $K_i = \dfrac{2\sin\varphi}{L}$。

其中

$$\begin{cases} \varphi = \arctan\dfrac{y_{i+1} - y_i}{x_{i+1} - x_i} - \arctan\dfrac{y_i - y_{i-1}}{x_i - x_{i-1}} \\ L = \sqrt{(x_{i+1} - x_{i-1})^2 + (y_{i+1} - y_{i-1})^2} \end{cases} \tag{8.2.18}$$

3. 用圆率判断曲线的光顺性

圆率的大小可以反映曲线弯曲的程度,圆率的符号能反映曲线弯曲的方向,与 8.1.3 节的曲率讨论相似,圆率也可以用来判断曲线的光顺性。

(1) 多余拐点的判断。

$$\begin{cases} K_{i-1} \cdot K_i < 0 \\ K_i \cdot K_{i-1} < 0 \end{cases} (i = 2, 3, \cdots, n-1) \tag{8.2.19}$$

如果上面判别式成立,则说明曲线的弯曲方向发生了连续改变,存在多余拐点,进而还可以判定第 i 点为坏点(不光顺点)。

(2)圆率变化均匀性判别。

与曲率判断曲线的光顺一样,没有多余拐点并不意味着曲线就是光顺的,还要判断圆率的变化均匀性。

同样,还是用圆率的二阶差商是否变号来判断圆率变化的均匀性。

设圆率的二阶差商为 E_i,则有

$$E_i = \frac{\dfrac{K_{i+1} - K_i}{x_{i+1} - x_i} - \dfrac{K_i - K_{i-1}}{x_i - x_{i-1}}}{x_{i+1} - x_{i-1}} < 0 \tag{8.2.20}$$

$$E_{i+1} = \frac{\dfrac{K_{i+2} - K_{i+1}}{x_{i+2} - x_{i+1}} - \dfrac{K_{i+1} - K_i}{x_{i+1} - x_i}}{x_{i+2} - x_i} > 0 \tag{8.2.21}$$

当出现 $E_i \cdot E_{i+1} < 0$ 时,就说明圆率变化不均匀。

结合型值表中给定型值的特点,对于上面式子的分母必然都是大于 0 的,因此分母对式子的符号没有影响,只需要研究分子就可以了。

型值点的圆率序列的符号反映了型线的弯曲方向,其绝对值则反映了型线的弯曲程度,而圆率序列相邻二点的一次差的符号和绝对值反映了型线上相邻型值点弯曲变化的趋势,也就是型线的光顺程度。故利用型线型值点的圆率和圆率一次差商,可直接对型值点进行光顺性判别。

用圆率序列来判断曲线的光顺性不用先插值样条函数,比较方便快捷。型值点圆率序列没有多余的变号,即称为"粗光顺"。型值点圆率序列的一次差没有连续变号,即称为"精光顺"。

圆率法同其他的光顺方法的目的基本是一致的。通过对圆率二次差商的减少而减小剪力跃度 D 的作用,从而具有光顺曲线的功能。由于点点修改的效果不好,会造成改动点过多,偏离过大的恶果,因此,只需在坏点处进行修改,首先进行初光顺,之后再精光顺。

8.2.5 船体型线三向光顺法

以上型线数学光顺方法,都是针对某一根型线,根据给定的原始数据进行光顺性判别和光顺调整计算的,其只解决某一根型线本身的光顺问题,并不考虑型线在三个投影面上的型值一致性问题,因此称为单根曲线的数学光顺。

所谓三向光顺,就是检验每根型线在三个投影面上的型值是否一致,并且与原始型值的误差在相关标准规范允许范围以内,也称为型值收敛,若误差超过允许范围,就需要在三个投影面上反复进行修改光顺,直到三个投影图上的全部型线都符合要求为止。最后根据肋骨间距,在半宽水线和纵剖线上插值计算出全部肋骨型值。三向光顺某条型线,原则上不调整或者在精度要求范围内,尽量少调整重要型值点,即保留总体设计输入的型值表所列出的重要型值点。目前的型线光顺工作基于专业设计软件展开。光顺过程中,软件会显示其型值点以及曲线的外法线方向上表示曲率半径大小的直线段。设计人员通过增加、删除、微调型值点的同时,观察表示曲率的直线段的变化趋势来判断曲线是否光顺。

船体型线三向光顺剖面线法,实质是对手工放样的模拟,即根据型值表和型线图提供的原始数据,利用计算机依次对横剖面、水线面和纵剖面上的各族型线,进行单根曲线光顺,然后再进行三向光顺。

在数学光顺中,用于三向光顺的方法主要有三向循环光顺法、局部光顺法、双表格法等。

以三向循环光顺法为例,具体操作过程如下:

(1) 根据设计型值数据光顺边界线。

船体的型线是由三次样条函数来描述的,通过插值、逼近算法来拟合。此外,描述船体的型线还有其他曲线,如直线、圆弧等。但是,要确定这些型线仅通过给定的型值还是不够的。在确定三次样条函数时需要补充两个端点条件,如给定端点的一阶导数、二阶导数等,但是在给定的型值表中并没有相关的信息。

三次样条函数本身是可以保证在节点处函数、一阶导数、二阶导数连续,但是当三次样条曲线与直线、圆弧这些较简单的曲线相接时,保证交点处函数值、一阶导数连续即可。因此,在单根曲线光顺之前,必须将型线的曲线部分和直线或圆弧部分分开。这部分工作为确定端点条件,所谓端点条件就是曲线两端与其他曲线(直线、圆弧等)拼接时,求出端点的坐标值和切线斜率等。

所有的水线在船中各有一个端点,在船舶艏艉也各有一个端点。所有的纵剖线在船中也都有一个端点,在船舶艏艉也各有一个端点;对于横剖线在船舶底部和顶部也都有端点。如果将水线在船中的端点连接起来就可以形成一条曲线,称这条曲线为边界线。

借助专业软件,光顺船体型线上各端点(边界点)的连线,即边界线(Boundary Line),如艏艉轮廓线($Y=0$ 中纵剖线)、平边线、平底线、甲板边线、舷墙边线、舷墙折线等,如图 8.2.3 所示。船体表面是光顺的空间曲面,则各边界线也是光顺的。数学光顺中确定端点条件,实际上就是确定并光顺这些边界线,以此最终确定各船体曲线的端点型值和端点条件等。

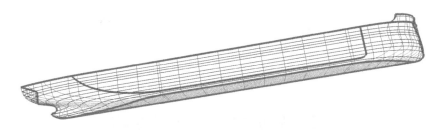

图 8.2.3 边界线

(2)第一轮光顺。

①光顺初始站线。

型线图给出的船体型线数量很少,仅是某些关键位置的站线、水线和纵剖线。首先应该将站线(一般是20站)数据输入到软件中,并分别对每条站线进行光顺。

②光顺水线。

构造边界线和站线之后,在特定水平面插值拟合生成若干条水线。因为站位较少,此时插值生成的水线型值点也较少,在艏艉等位置的曲型,需要额外手动增加数据点来控制。

③光顺纵剖线。

同水线光顺过程一样,此时在特定位置插值生成的纵剖线型值点也较少,在艏艉等位置的曲型,需要额外手动增加数据点来控制。如记住这一阶段增加的点,在下一轮光顺时就应该增加相应位置的横剖线和水线。

④三向循环光顺。

依据横剖线、水线、纵剖线的顺序,对每一条型线循环进行光顺,过程中会不断加密三个方向的型线。

循环光顺的重要原则是,光顺当前剖面的型线时,尽量不要调整刚刚光顺过的上一个剖面的型值点,而是去调整下一个要光顺的剖面上的型值点,以保证不会出现来回反复调整同一位置的点而陷入死循环。

例如当光顺水线时,由于之前光顺的横剖线已调整到近似光顺状态,而正在光顺的水线是通过在某一高度对已有的横剖线和纵剖线插值得来,所以此时该条水线上与横剖线的交点相对准确,所以应尽量保证不动,而是调整其与纵剖线的交点来达到光顺的目的。只有当调整纵剖线上的点的效果很差,即型值调整量较大,且不能光顺的情况下,再通过增加点或者调整水线上的点来完成该条水线的光顺。

⑤整体光顺性检查。

当三向型线循环光顺并且加密到特定程度时,即每次插值生成各个剖面型线时,无须对型值进行调整,或者增删点操作,其光顺程度就满足要求,这时可以认为整体的型线光顺工作基本完成,基于这些型线构造生成的三维曲面,即可作为后续生产设计建模的参考依据。

最后可以通过构造与三向剖面都不平行的斜剖面,检查其与光顺好的三向型线插值拟合生成的曲线是否光顺,来确认整个船体型线的光顺性,如发现局部有问题,可针对性进行光顺调整。只有经过检验并满足精度要求的精光顺曲面方可在结构建模和零件后处理工作中进行数据提取。

8.3 外板展开及数学放样

船型生成后的船体结构制作是从放样开始,然后经过下料、加工、装配、焊接等工序而完成。数学放样的最终目的是摆脱地板、样条和压铁,告别复杂低效的手工放样,彻底解放设计师的大脑和双手。船体外板展开计算是在船体三向光顺、插值生成肋骨型值、排定船体结构后进行的,其主要任务是:①排列外板纵接缝。②计算展开外板零件。③实现合理的加工补偿和修正计算,将工艺融贯于外板展开计算中。④提供外板零件加工所需要的各种数据图表,数控切割指令。⑤为造船工程管理提供数据和信息。

8.3.1 数学放样

在现代化造船模式中,除了船体型线放样外,其他船体构件(包含外板曲型构件)放样工作已经不再作为一道单独的工序,而是将传统的放样、外板展开、套料、工作图等工序高度融合,这个过程一般称为生产设计。具体包括型线放样、结构三维建模、零件后处理。其中型线放样一般由 1~2 人完成全船的型线光顺工作,并生成一个三维曲面供后续船体结构三维建模参考引用,这是一项基础性工作;结构三维建模是由众多设计师以分段为单位共同完成,建模基于详细设计图纸、加工要求、装配要求、焊接要求等,将所有用于后续生产制造的信息统统添加到三维模型中,三维模型可以输出施工图纸、重量重心、加工数据、样箱样板图等信息;零件后处理是在完整的三维模型基础上,通过提取零件的各种属性信息,并生成零件的几何图形,经过套料处理后按照数控和手工分类,以数控切割指令和加工草图两种形式提供给钢料加工工序。这是目前大多数船厂采用的生产设计模式,称该过程为数学放样。

设计部门为了以后各道工序的顺利进行,作为施工的第一步,首先将型值表上所给出的型值,绘制并光顺线型图,达到生产所要求的精度,这一工艺过程就叫型线放样。

型线放样一共要完成下列四项工作:

(1)光顺所有的曲线,包括轮廓线、水线族、纵剖线族及横剖线族。

(2)为了保证曲面光顺,对各坐标交点进行三向投影比较,并修正三向投影中出现的误差。

(3)插值肋骨及绘制肋骨型线图,如图 8.3.1 所示。

(4)制作完工型值表。

型线放样的结果是以后各道工序的依据,因此无论对精度或者清晰度的要求都很高。

型线图只解决了船体表面的形状,而不包括船体构架及外板厚度的变化。船体除了有不同厚度的壳板外,还有复杂的内部架构,这些构架的形状有部分取决于船体的外型,也有一些则根据船体内部的布置而与外型无直接关系。

为了正确下料和加工内部构架中每一个零件,必须绘制其零件草图、提供曲型加工数据,必要时要钉制样板样箱,因此要在型线放样的基础上,必须在肋骨型线图上进行结构放样。结构放样是按照典型横剖面、基本结构图、外板展开图等图纸定义船体的主要结构,如主甲板、各层平台、内底板、纵横舱壁、肋板框架、纵桁纵骨、外板纵向接缝的理论位置。一共分为两步,首先进行结构线放样,然后将具体结构进行展开。

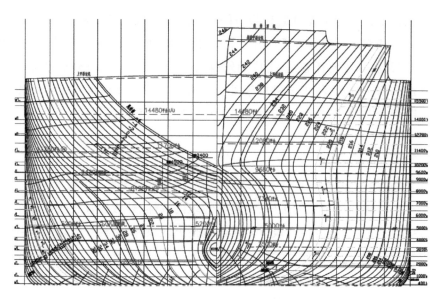

图 8.3.1　带有外板板缝的肋骨线型图

结构线放样将上面提到的主要结构的"理论线",正确地绘制在肋骨型线图上,这样不仅解决了具体结构的外形,而且解决了结构的布置问题,从中可以清楚地看出结构布置的合理性。

所谓理论线,就是在结构放样中,人们为使图面清晰易辨起见,而对船体构件所约定的一种简化的画法。采用理论线,只需少数几根线条,就可在肋骨型线图上将构件表示出来。通常在中纵剖面和舯横剖面图上用一根线表示构件的定位,并用"////"符号表示构件厚度的朝向。

8.3.2　外板展开

1. 定义

船体外板是由许多块钢板拼接起来的,每块钢板都要按所需尺寸号料后加工成型,因此必须将外板摊开,得出真实的下料尺寸形状,这就是外板的展开。对于平直的外板,其放样和下料相对比较简单;但是对于曲面外板(平边线、平底线以外的部分),在下料之前必须经过曲板展开这道工序,以便给出真实的外板下料尺寸及外板加工数据,曲板展开的精度决定下料时是否充分利用材料和之后的建造精度。

图 8.3.2 为船体整个外板分布的外板展开图。这里的所谓展开只是沿着肋骨线横向的展开,也就是将肋骨线拉直,但沿着船长方向并没有展开,因此,这张图并不能用于船体外板的下料。

船体表面进行展开,首先要根据钢板的尺寸、规格,同时考虑到内部构架情况及展开后的精确度、加工方便及外形美观要求。另外,尚须排列板缝,将整个外板分成若干列和行,然后进行展开。

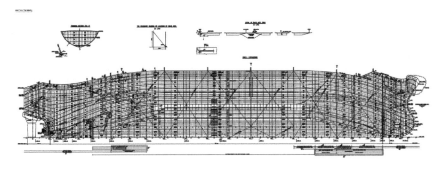

图 8.3.2　船体的外板展开图

平直外板和单向曲度外板都可以按尺寸精确地摊开,称为可展开面,而具有双向曲度的外板是不能摊开的,称为不可展开面。对不可展开面的外板,采取近似的展开方法予以展开。对于有严重双向弯曲外板的展开,一般采取钉制样箱来解决。

2. 数学展开方法

外板展开常用的是准线法,就是在所要展开的外板中作出一条准线,作为四边形的几何约束,以求取外板的近似展开尺寸和形状。准线作为展开的基准线有多种,如十字准线法、测地准线法、短程线法等。

准线法展开的作图步骤虽然不同,但它们都具有共同的四个展开基本要素:即求作曲面上的准线位置;求取空间曲线实长;判定和求取基准肋骨冲势以及围取肋骨型线长度。当所需展开外板部位的肋骨型线相互接近平行,而有弯曲较小的状态下,采用十字线法展开比较简便;一般的双向弯曲呈扇形、菱形外板常采用测地线法展开。

测地线法是准线法展开的又一种形式,由于它具有较高的精确度,故被广泛采用。常见的测地线法有扇形测地线法、菱形测地线法两种。当各肋骨线在肋骨型线图上呈扇形组合时,该外板用扇形测地线法展开。此时,展开时所用的准线为伸直后的测地线。当肋骨线呈菱形组合时,该处外板用菱形测地线法展开。

短程线法的优点是,展开的外板各边均为直线,结果精确,从而保证了展开后外板的几何图形精度。

为了提高效率,降低成本,外板展开后在有条件的情况下,都应将外板纵接缝拉成直线,使纵接缝能刨成直边,扩大自动焊和外板的无余量装配。

测地线是连接曲面上二点间距离最短的曲线,展开后为直线,微分几何学证明了以测地线为准线展开外板的原理。当将外板近似地看作圆柱面来研究时,测地线就是圆柱面上的螺旋线,在圆柱面展开以后,螺旋线为直线。因此,测地线是按照圆柱面上任意螺旋线的几何作法做出的。

在进行计算机展开之前,需要简单了解一下船体构件展开计算的数学基础,包括:

(1)求交点的数学运算,有直线求交、直线与圆求交、两圆求交。

(2)牛顿法求解非线性方程。

(3) 数值积分,如辛普森公式、曲线弧长的计算。

(4) 构件展开的数值表示。

外板纵骨排列是在光顺后的肋骨型线图上,排列出纵骨的轨迹曲线。外板纵骨排列需要人机结合完成,在平边线和平底线以外的曲面部分,首先要人工粗略地绘制草图,要求纵骨间距不能超过强度计算允许的最大距离,但也不能过小,否则会增加空船重量。位置确定后在船体曲面上建立准确的纵骨模型。一般来说纵骨的轨迹曲线在肋骨型线图上显示是一条相对光顺的曲线。

外板板缝包括横向环缝和纵向接缝,横向环缝一般平行肋位型线,纵向接缝沿船长方向排列,需要在肋骨型线图上确定位置,排列方法和外板纵骨相同。纵向接缝排列需保持不同板厚和材质的分布区、与外板纵向构件(纵骨)保持一定距离且不能交叉,且需考虑曲型设备的加工能力范围、板材的最大订货规格以及船体的美观性。

3. 结构建模

数学放样的最终目的是利用计算机,彻底摆脱低效的手工放样,高效地完成船体外板和内部构件的放样下料。

结构建模是在船舶设计软件数据库中创建船体零件的三维模型,模型中包含零件几何形状、厚度和材质等自身属性信息,同时添加编码、组立、裕量、坡口和焊接等工艺信息。三维模型是一个完整的数据源,无论是用于施工的分段组立图还是零件下料的数控切割指令和下料图样,后续所有的工作都通过直接提取三维模型中的数据信息或者进一步转换来实现。结构建模主要有两个目的:一是生成分段组立图,用于指导分段建造;二是用于零件后处理,为船体零件下料做准备。

建模的过程就是用工艺的"思想"指导设计"语言"的编写过程。建模是将设计和工艺一体化的一个重要环节,同时也在理论上完成了船体零件的数学放样工作。设计师严格依据船体分段划分、船体建造精度、分段装配要领、船体焊接方法等工艺文件的要求,将结构余量、划线、加工、装配、坡口和建造方法等信息,详细准确地定义到三维模型的零件中,这些信息会在生成组立图和零件下料时自动导出。

三维模型可以投影或剖切出任何视角的二维视图,不仅可以直观地表达出船体结构形式,还能够以数字、文字、符号等方式呈现出加工信息、装配信息、焊接信息等。设计师将二维视图进行整理,删除其中冗余信息,补充标注必要的数据,这就是分段组立图的基本雏形。分段是船舶建造的基本单元,分段组立图是依据船体分段划分对详细设计图样进行拆分细化,并增加加工、装配、焊接等信息的设计图样,是船体结构装配、分段施工的主要依据。建造师依据分段组立图上的信息能够完成零件装配、焊接以及整个分段的建造,组立图就是用设计的"语言"驱动工艺"思想"的实现。

8.3.3 套料

1. 定义

零件套料是船体结构数学放样的最后一个环节,是指将船体零件在相互不重叠且满足一定切割工艺要求的前提下,以尽量布满原材料为目标,排列到原材料板材上,以达到节约原材料的目的。该环节涉及三个主要输入要素:原材料(亦称母材)、零件、切割工艺;以及一个主要衡量指标:原材料利用率,即零件重量除以原材料重量,一般要求利用率越高越好。

通过套料,最终将数学放样的结果以套料图、数控切割指令、切割长度、划线长度、空程长度和用料汇总表等形式输出,用于指导数控加工。

从数学计算复杂性理论看,优化放样问题属于组合优化问题和 NP 完全问题。计算机辅助套料的作业方式主要有三种:手工套料、半自动套料和全自动套料。

手工套料是完全由套料者决定零件在原材料上放置的位置和旋转角度,极为耗时耗力,但套料结果通常能满足各种要求。而且,手工下料图样是对数控切割方式的一个补充,下料的主要对象是 T 型钢、角钢、球钢、圆钢等型材,通过提取三维模型中型材的规格、长度、角隅、开孔、坡口等相关属性信息,按照一定比例缩放后自动绘制出型材零件的详细下料图形。型材在船体结构重量中占比不大,一般采用传统的手工下料切割,也可以采用型材切割机,只需将三维模型中的型材数据信息输入到型材切割机控制系统中即可。

半自动套料是将形状简单的零件交由计算机程序进行快速优化组合,而对于形状复杂的零件仍采用手工套料,这是目前应用较为广泛的人机结合的套料方式。全自动套料即通过各种优化算法,乃至人工智能算法求解得到最优的零件排列组合,仅需输入零件信息和原材料信息即可得到令人满意的套料结果,目前尚未实现商用的全自动套料软件。

考虑到加工效率及设计周期,船体结构的零件套料一般是以分段或批量为单位套料。如果以分段为单位,则是每个分段都单独套料一次;如果以批量为单位,则是一个批量中包括若干个分段,以批量为整体,进行整体套料。

2. 应用

下面以 Nestix 自动套料工具为例介绍套料工艺。

(1)预套料阶段。

预套料阶段的工作目标是确定原材料订货的尺寸和数量信息。

对于一条船来说,最开始的套料工作是根据船体结构零件形状和规格,确定原材料规格,即相应的板材厚度、尺寸和相应型材的规格和长度。一般情况下,船厂会根据现场的施工环境及施工条件,对原材料的尺寸予以约束。例如,由于施工场地大小有限,要求板材长度不能超过特定米数;或者由于起吊设备有限,要求板材重量不能超过额定重量等限制性条件。

当原材料规格确定完毕之后,就可以将船体结构零件输入到 Nestix 中进行套料,此次套料用于确定原材料订货规格,相对来说,可以不必过分精细,但必须要保证结构零件能够真正摆放到原材料中,以免出现后续正式套料而原材料不够用的情况。

在 Nestix 中,将预套料结构零件排布在板上,如图 8.3.3 所示。

当完成零件的预套料工作之后,需要输出原材料订货清单。

当订货清单发送给钢厂后,钢厂会对订货清单进行审核,一般会将相近尺寸的原材料进行种类合并,提高钢厂施工效率,保证可以尽快将原材料轧制好,运送至船厂。

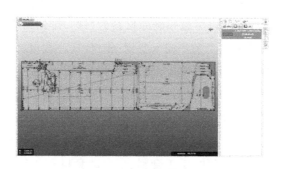

图 8.3.3　结构零件排布图

(2)正式套料阶段。

正式套料阶段是预套料阶段的后续步骤,它是指导现场生产的关键。

①原材料和零件输入。

当预套料阶段结束之后,原材料的尺寸和规格经过设计人员与钢厂沟通后确定,这也就是说正式套料过程中的原材料信息已全部确定。

设计人员需要将原材料信息和结构零件信息录入 Nestix。

通过 Nestix 数据库操作界面上的原材料管理功能,如图 8.3.4 所示,可以编辑、增加或者减少原材料。

另外,Nestix 提供了直接读取 CADMATIC 船体零件的接口,如图 8.3.5 所示,选择需要套料的零件即可将其导入 Nestix 数据库。由于套料零件和模型保持严格一致是至关重要的,所以通常不能随意对零件进行修改。

图 8.3.4　Nestix 数据库操作界面图　　　　图 8.3.5　CADMATIC 船体零件接口

②选择原材料及零件套料工艺处理。

从零件库中选择适用的零件参与套料,零件库中会显示零件形状的缩略图,选中的零件会以其实际尺寸显示到主窗口中。

实际生产过程中,往往在此阶段要对结构零件进行套料工艺信息添加和处理,这部分信息往往在套料阶段才会考虑施工工艺的要求。Nestix 中有定义 Cutting 之前的零件属性模块,在此模块,用户可以定义切割零件的工艺信息。一般情况下,此类信息包括零件的类别信息(数控零件、龙门零件、型材零件)、加工场地跨道信息、外轮廓切割顺序信息、内孔切割顺序信息等。在这个阶段,往往也要将零件外轮廓边界中的样条曲线分解成多段线段和圆弧信息，为后续切割信息计算做准备。

③数控零件套料。

船体结构零件主要包括三类：数控零件、龙门零件和型材零件。数控零件是指外边界比较复杂，没有特定规律，只能通过数控切割机切割原材料得到的零件。

通过平移、旋转、镜像（翻身）等操作确定零件在原材料上的最佳排列位置。软件提供自动碰靠、干涉检查等功能，以便套料者迅速定位零件，这一操作过程即为手工套料。为节省套料工作的人力和时间投入，也可以采用自动套料。

数控零件是船体结构零件中最重要的一类零件，数量众多，结构复杂。数控零件套料结果的好坏将会直接影响原材料利用率，各大商用套料软件都在尽可能地提高自身软件的数控零件套料能力，以提高原材料利用率，节省成本。

④龙门零件套料。

在船体结构零件中，有一类是扁钢零件，形状比较规则，端部有不同的削斜。这种零件如果用于数控切割则效率太低，浪费资源。在实际生产过程中，对于此种零件，一般使用龙门切割机来完成切割。龙门切割机是通过一排切割喷嘴完成整张原材料的切割，这就要求龙门套料图中的每行龙门零件必须是相同宽度的零件，零件长边切割完毕之后，现场工人再根据套料图及零件划线信息，手工将零件端部位置处切断，得到零件。

龙门零件一般用于船体结构中的面板，例如肘板面板、加强筋面板等。此外，由于生产成本的原因，部分船厂的 T 型材也是用两块扁钢焊接而成，并不是直接采购加工好的 T 型材现货。

⑤型材零件套料。

对于无法自身加工的型材，船厂一般会直接采购成品，这类型材主要包括球扁钢、圆钢、圆管等，它们主要用于船体结构中的纵向或横向骨材，提供强度支撑。此类零件的套料是非常简单的，只要按照型材设计长度，手工切割即可。由于型材零件的特殊性，不需要提供套料图和切割数据，Nestix 中关于型材套料是在 CADMATIC Hull 模块中完成。

⑥计算切割指令。

当所有零件完成套料后，套料图已经生成，需要对数控零件和龙门零件进行切割指令的计算。对于数控零件，切割指令的数据输出方式与切割方式有关。对于龙门零件，一般不会输出切割指令，只需指定两个喷嘴之间的间距。

⑦套料图及相关报表输出。

当正式套料的切割指令计算完毕后，就可以输出正式套料的套料图和报表信息，由于型材零件是按长度手工切割，一般不需要特定的套料图；数控零件和龙门零件则是必须要输出套料图。

套料图中包含套料零件的排列详图，如图 8.3.6 所示，原材料和零件的详细信息，以及利用率等重要指标数据。在套料工作开展之前，需根据数控切割机的型号定义与之匹配切割指令格式，否则数控无法识别或者出现编译错误导致不必要的事故发生。

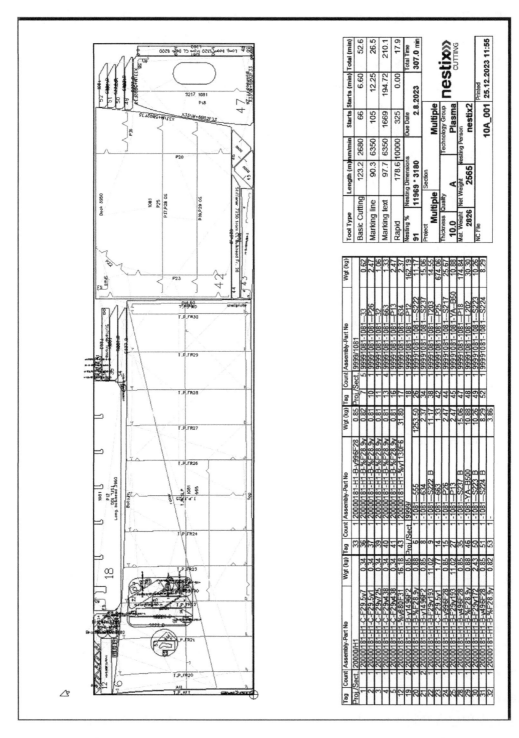

图 8.3.6 套料零件排列详图

此外,为指导现场各部门施工生产,除套料图外,还要输出相关的材料清单及报表,包括钢材领取报表、零件配套表、零件位置统计表等。如果现场有其他需要,还要根据现场实际需求,编制相关报表。Nestix 中的报表信息较为全面,包含当前分段或批量所使用的原材料的数量、尺寸、厚度、重量等信息。

⑧余料汇总及调用信息处理。

当套料图和相关报表输出完毕后,就要对当前套料结果中产生的余料信息进行汇总整理,方便后续分段或批量套料使用。由于正式套料过程中,钢板利用率是非常重要的指标,如果每一次正式套料都大量使用新的原材料,则会造成余料的极大浪费,且不利于利用率的提高。

余料的处理方式主要分为两种:只统计矩形余料和统计任意形余料。

只统计矩形余料是指在套料过程中,只在当前剩余的原材料中指定矩形部分作为余料,这种方案的优势在于后续余料的去向明确,形状规则,方便现场查找和调用;不利之处在于原材料切割完毕之后,往往剩余形状不规则,只选定矩形区域作为余料会导致一些剩余原材料的浪费,不利于提高利用率。

统计任意形余料是指剩下的原材料统一作为余料处理,无论剩余原材料什么形状,都认为它是可以再次被使用的余料。这种方案的优势在于可以最大限度地使用余料,利用率可以得到保证;不利之处在于由于余料形状不规则,且各块余料之间没有相关的规律性,只有后续套料的结构零件形状和余料形状匹配很好的情况下才能保证余料使用效率较高。

余料确定完毕之后,要对余料信息进行汇总统计,方便后续套料调用余料。一般实际生产过程中,会建立相应的余料库,如果后续套料需要调用余料,则要在套料图上标记余料符号,并指定余料编码。在 Nestix 中,所有的余料是统计在数据库中,并可以通过界面随时查看每一块余料的属性信息和形状信息。至此,套料工序完成。

 思考题

1. 船舶曲线/曲面不光顺原因主要有哪些?
2. 曲线光顺检查中,曲率的单调性判别方法和作用是什么?
3. 曲率的均匀性判别方法和作用是什么?
4. 型线不光顺的型值调整原则是什么?
5. 已知如下型值,用初光顺法判断曲线有没有拐点存在。

P_i	P_1	P_2	P_3	P_4	P_5	P_6
x	200	400	600	800	1000	1200
y	240	362	408	370	338	244

6. 简述单根曲线的光顺准则。

7. 简述能量法的光顺方法。
8. 简述回弹法的光顺方法。
9. 简述圆率法的初光顺和精光顺方法。
10. 简述船体三向光顺的含义。
11. 简述船体的边界线的定义。
12. 分析各种边界线可决定哪些型线的端点条件。
13. 简述数学放样的定义。
14. 简述测地线展开的方法。
15. 简述短线程展开方法。
16. 套料的定义是什么？
17. 简述套料的过程。

第九章　船体钢料加工的数学表示

零件后处理是为了完成零件下料和加工,通过提取三维模型数据信息并进行转换处理,生成零件的几何图形文件,经过套料处理后按照加工方式分类,分别生成数控切割指令、手工下料图样和曲型加工数据,由钢料加工工序根据指令、图样和数据完成所有零件的下料加工工作。零件后处理严格意义来说就是通过计算机自动化、批量化地完成船体结构的放样工作,程序不仅可以快速准确地计算出平直和曲型零件展开后的几何形状,同时也能将建模阶段赋予零件的余量、划线、坡口等信息一并在零件上展现出来。

数控切割指令是以数字和字母结合的形式作为控制指令传递给数控切割设备,切割(划线)机按照给定的指令程序自动进行零件写码、划线和切割。切割指令生成之前需要根据一定规则要求将材质、厚度相同的板材零件按照1∶1实尺比例摆放在同一张钢板上,也就是套料,以最大化提高每一张钢板的利用率,达到节约原材料、降低成本的目的。

曲型加工数据是曲型零件切割后进行二次成型加工的专用数据。全船需要曲型加工的零件很多,船体外壳是曲型零件分布最多的区域,平底线和平边线以外的外板和外板纵骨都要进行曲型加工。外板有单向曲率和双向曲率之分,外板纵骨分为弯曲、扭曲和双曲,此外船体内部结构还有圆弧法兰等曲型结构。不同的曲型零件,加工数据的格式也不相同,其中外板的曲型多以活络数据形式提供,外板纵骨的曲型则提供逆直线数据加扭曲角度数据。所有的曲型加工数据都是从三维模型中提取出来的,只是外板和外板纵骨的曲型数据与型线光顺关系密切,这些曲型数据是从精光顺的三维曲面上直接抽取的。

本章将详细介绍数控切割工艺及成型加工数值表示方法。

9.1　数控切割

9.1.1　概述

数控机床根据输入的切割指令自动切割出指定形状的零件。通过一定的数值计算,将切割工具运动的轨迹转化为点火、偏移、切割行走、熄火、空程行走等控制指令和零件轮廓线的坐标数值。零件模型建立后,还要将应进行的计算和必要的数据编排成机器能接受的语言,这项工作称为切割指令编制。

从数学放样中得到的船体零件的几何数据,不仅不能直接用来控制切割机,而且也不适用于图形处理语言自动编制切割指令。在对其进行割缝补偿、曲线的圆弧拟合后，重新建立零件几何形状的数值表达和组织形式，才能进行数控切割指令的编制工作。这些工作一般均由软件自动处理。

常用的数控机床支持的切割零件方式主要有两种：一笔画切割和逐一切割。对应的商用套料软件一般也支持这两种切割方式的切割指令生成。

一笔画切割方式是指切割一张原材料上的零件，只点火一次，根据零件位置来选择起始切割位置，终止切割时，原材料上所有零件都切割完毕。这种切割方式的特点是每一次切割的边界不一定属于同一个零件，为了保证一笔走完且其他零件不被切割"误伤"，一般是切完一个零件的一条边之后，接下来去切另一零件的一条边，依次顺序，完成切割。

现场实际生产时，往往要根据船舶的建造周期以及建造精度要求，合理选择是否使用一笔画切割方式。

逐一切割是另一种数控零件的切割方法，与一笔画切割方式不同，它的切割是以零件为单位进行逐一切割，每一次点火切割，只切一个结构零件。这种切割方式的优势在于热量释放较为容易，不会因为持续的热量积累损伤其他零件；劣势在于切割效率低，耗时长。

对于关键结构部分的零件，往往要求较高，可以采用逐一切割的方式。

对于逐一切割方式，当零件布置好后，需要指定切割顺序，在这个过程中主要考虑合理地引入引出线位置、避免零件在切割过程中受热不均而扭曲变形、避免小零件散落、切割机空程行走路程最短等切割工艺。为了实现这些切割工艺，一般采用由孔内到孔外、由小件到大件、在切割引出前保持零件与原材料相连的切割顺序，必要时在相邻的小零件间添加过桥。

Nestix 提供模拟切割过程的工具，可清晰地看到切割指令的执行结果，如图 9.1.1 所示。

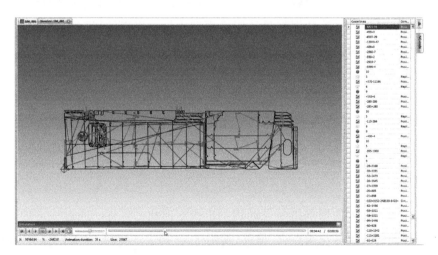

图 9.1.1　逐一切割指令的执行结果

无论选择一笔画切割方式，还是逐一切割方式，都要计算切割数据文件。

9.1.2 数控切割机

数控切割机(CNC CuttingMachine)就是用数字程序驱动机床运动,随着机床运动时,随机配带的切割工具对物体进行切割,这种机电一体化的切割机就称为数控切割机。

在机械加工过程中,板材切割常用方式有手工切割、半自动切割机切割及数控切割机切割。手工切割灵活方便,但手工切割质量差、尺寸误差大、材料浪费大、后续加工工作量大,同时劳动条件恶劣,生产效率低。半自动切割机中仿形切割机切割工件的质量较好,由于其使用切割模具,不适合单件、小批量和大工件切割。其他类型半自动切割机虽然降低了工人劳动强度,但其功能简单,只适合一些较规则形状的零件切割。数控切割相对手动和半自动切割方式来说,可有效地提高板材切割效率、切割质量,减轻操作者的劳动强度。

对于数控切割机的切割能源,主要分为火焰、等离子、激光、高压水射流这四大类。因此,数控切割机从切割方式来分有以下几种:数控火焰切割机、数控等离子切割机、数控激光切割机、数控高压水射流切割机。

数控火焰切割机具有大厚度碳钢切割能力,切割费用较低,但存在切割变形大,切割精度不高,而且切割速度较低,切割预热时间、穿孔时间长,较难适应全自动化操作的需要等问题。其应用场合主要限于碳钢、大厚度板材切割,在中、薄碳钢板材切割上将逐渐被等离子切割代替。由于近年来船舶建造的精度要求越来越高,数控火焰切割机由于切割精度不高,也在逐渐退出船舶建造领域,现阶段,只有船体特殊结构中的大厚度板依然采用火焰切割,且切割之后要对零件进行毛边打磨处理。

在船舶建造领域,数控等离子切割机使用得最为广泛,如图9.1.2所示。

图9.1.2　数控等离子切割机

数控等离子切割机具有切割领域宽、切割速度快、效率高、可切割所有金属板材的优点。等离子在水下切割能消除切割时产生的噪声、粉尘、有害气体和弧光的污染,有效地改善工作场合的环境。采用精细等离子切割已使切割质量接近激光切割水平,目前随着大功率等离子切割技术的成熟,切割厚度已超过150mm,拓宽了数控等离子切割机切割范围。

船体结构的数控零件中主要的切割方式即为等离子切割,综合考虑,这种切割方式性价比较高。

在船舶建造领域中,一般也会用到数控激光切割机,主要用于切割尺寸较小和板厚较薄的结构零件。

数控激光切割机具有切割速度快,精度高等特点,但激光切割机价格较为昂贵,切割费用高,无法在结构零件的切割中大量使用。激光切割机目前只适合薄板切割、精度要求高的场合。

除以上三种数控切割机以外,还有一种船舶领域不常用的数控切割机,即数控高压水射流切割机。

数控高压水射流切割机,适用任何材料的切割(金属、非金属、复合材料),切割精度高,不产生热变形,是环保的切割方式。其缺点在于切割速度慢、效率低、切割费用高。其在船舶领域用得极少,主要是由于施工场地及生产成本的限制。

数控切割机从机械结构形式分为以下几种:龙门式数控切割机、悬臂式数控切割机、便携式数控切割机、打印式数控切割机、直条式数控切割机、台式数控切割机、机械人切割机、数控单边火焰切割机、相贯线数控切割机以及等离子切割机。

在机械结构上,龙门式数控切割机即传统大中型机床的双底架横梁座立式结构,跨距和纵向行走距离大,适合大型板材加工;悬臂式数控切割机也是一种传统经典的机械结构,单底座与横梁一端相接,割枪在横梁上横向移动,此类设备适合中小型板材加工;便携式切割机是由半自动小车式切割机发展而来,在小车式切割机上加装数控系统和传动装置,基本外型与小车式半自动切割机相似,此类机型成本低廉、结构轻巧,特别适合中小型板材加工;台式切割机由雕刻机发展而来,外型颇似在工作台上加装一台微型龙门切割机,此类设备在薄板切割领域有很大优势,被广泛应用于广告和汽车钣金行业;数控相贯线切割机属于专用切割机,其结构特殊,专用于切割管材和圆柱型材,目前国内生产厂家不多,需求量也不大。

在船体结构零件套料结束完毕之后,会有相应的套料图生成。根据船体结构零件的形式差别,一般会生成两类结构零件套料图:数控零件套料图和龙门零件套料图。对于这两类结构零件的套料图及其对应的切割指令,国内不同船厂的处理模式不尽相同。龙门零件套料图所对应的零件均为平直扁钢,形状较为固定,处理方式较为简单,切割指令信息相对固定。数控零件套料图及所对应的切割指令,由于数控零件本身形状千变万化,相应数控零件的切割指令有不同的处理方式。一种是商用结构套料软件直接输出;一种是结构套料软件输出切割数据,并通过接口将其转化为对应数控切割机的切割指令,用于数控零件切割。数控切割机并不是市面上常见的型号类型,商用软件生成的切割指令无法直接对接。根据施工需求调整数控切割机的工艺参数,对于设计部门提供的切割数据,现场切割部门可以使用不同的转换接口程序将其转换为可用于切割的切割指令,方便生产。

随着现代机械加工业的发展,对切割的质量、精度要求的不断提高,对提高生产效率、降低生产成本、具有高智能化的自动切割功能的要求也在提升。数控切割机的发展必须要适应现代机械加工业发展的要求。

9.1.3 零件处理

当船体结构零件被数控切割机切割完毕后，还不能直接用于生产装配，需要进一步对结构零件进行处理。

常见的结构零件处理方式包括：标识编码流向、毛边打磨、切割修补、热应力释放等。以下依次介绍这几种处理方式。

标识编码流向是指当船体结构零件切割完毕之后，虽然零件上带有的喷字信息已经可以指导现场施工，但往往由于特殊的工艺要求或施工阶段的要求，需要在结构零件人工标注信息。例如，对于特殊结构处的坡口，由于坡口形式比较特殊，切割机无法直接切出，需要下一工位的施工人员用坡口机手动处理，这就需要在切割之后的零件的对应边界上，人工标注此类坡口形式，用于指导后续零件处理方式。

毛边打磨主要出现在火焰切割产生的结构零件上，由于火焰切割的自身问题，切割边界较为粗糙，无法满足现在的船舶建造精度要求，需要对零件边界进行毛边打磨处理，减少结构突变处的应力集中，提高结构的疲劳强度。

切割修补是指当整张原材料采用一笔画切割方式时，对于这张原材料上的特殊零件（如带有趾端的肘板），往往在结构突变的过渡处，会产生切割"缺肉"或"小尾巴"的情况，导致零件外形发生变化，如若不处理，结构零件流转到下一工位会严重影响施工效率。

对于"缺肉"的情况，要考虑到缺失的程度，只有缺失程度较小的方可进行修补处理，缺失程度较大的零件一定要重新切割生成新零件，严禁直接使用旧零件。对于缺失程度较小的情况，一般的修补方式是毛边打磨处理，消除应力，并对"缺肉"的地方锤击，后续工位根据实际情况，看是否可以在焊接过程中使用焊肉填充"缺肉"部分，保证后续生产。

由于原材料在切割的过程中会产生热量，因此切割之后的结构零件所含热量较高，往往由于切割场地问题会产生热应力，对结构零件产生影响。对于薄板零件，在高温热应力的环境下，可能会使零件发生微小变形，如收缩、翘曲等。随着时间的推移，这种微小变形会逐渐积累，并影响后续工位的装配施工。对于此种结构零件，热应力处理的方式采用静置降温、通风降温、锤击、平放等方式消除热应力，尽可能保证切割之后的结构零件能够顺利装配施工。

9.2 型材构件的成型加工

船体构件经边缘加工后，对于非平直构件，还需要进行弯曲成型，这种船体构件弯曲成型的工艺过程，称为成型加工。成型加工一般分为型材成型加工和板材成型加工。

船体结构中常用的型材有角钢、球扁钢、T 型钢等,型材构件主要有肋骨、横梁、纵骨、纵桁等。型材成型加工方法按是否预热可分为热加工和冷加工;按进给方式可分为连续进给加工、逐段进给加工、一次成型加工;按型材受力状态可分为拉弯原理加工、集中力弯曲原理加工和纯弯曲原理加工等。目前使用最广泛的是采用集中力弯曲、逐段进给的冷弯加工。下面以肋骨为例进行讨论。

9.2.1 型材冷弯加工的弯曲原理

型材冷弯加工的弯曲原理可分为拉弯原理、集中力弯曲原理和纯弯曲原理三类。

应用拉弯原理的肋骨冷弯机比较少见,其特点是在弯曲的同时在型材两侧施加一定的拉力,其主要优点是型材在弯曲过程中不出现压应力,因而产生皱折现象的可能性较小。但是若对高腹板的造船型材进行拉弯,容易使型材受到破坏。

用集中力弯曲原理是一种传统的方法,其受力情况见图 9.2.1。目前,多数肋骨冷弯机是应用这种弯曲原理的。因集中力弯曲有三个受力点,故也称为三支点弯曲,型材在集中载荷 P 作用下产生剪切力 Q 和弯矩 M。采用这种原理弯曲的型材内部存在着剪切残余应力。

纯弯曲原理是国内外造船界新的研究成果。力学中的所谓纯弯曲,受力情况见图 9.2.2,系指某一段梁截面上只受弯矩作用而不受剪力作用时所产生的平面弯曲状态。为了得到梁的纯弯曲,按材料力学的方法是使简支梁对称地承受两个相等的集中载荷,使梁产生平面弯曲。梁在纯弯曲时的受力情况,中间两集中载荷间的 L 段梁内任意截面处的弯矩都为 $M=Pa$,如图 9.2.2 所示,P 是力,a 是长度,而剪力 $Q=0$,故该段梁为纯弯曲状态。

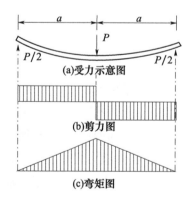

图 9.2.1 集中力弯曲时的受力情况

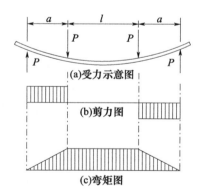

图 9.2.2 纯弯曲时的受力

9.2.2 型材构件的冷弯成型

1. 三支点逐段进给式肋骨冷弯机

目前,大多数船厂都采用逐段进给式冷弯方法加工肋骨等型材构件,最典型的加工设备是三支点逐段进给式肋骨冷弯机,如图9.2.3所示。

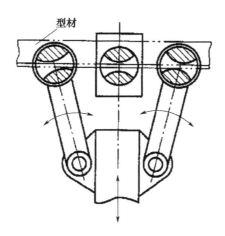

图 9.2.3　三支点肋骨冷弯机工作部分示意图

在冷弯某一段型材时,安装在固定夹头(中间夹头)两侧的可动夹头连同所夹持的型材一起做如图9.2.3所示的进退和旋转,以对型材施加外力,将型材弯成所需要的形状。一段弯好后,再进给一段,这样逐段冷弯出整根肋骨。弯曲时,夹头上的夹紧装置将型材腹板夹紧,以防止型材在弯曲过程中产生翘曲和皱折。

型材弯曲时分内弯和外弯两种,由于所受弯矩方向不同,内弯弯曲后出现下挠现象,外弯弯曲后出现上拱现象。产生拱挠曲度则有中间固定夹头的垂向液压装置加垫片予以矫正,或预先给以反变形来防止。

肋骨冷弯机优点较多,使用较普遍,但也存在诸如被弯曲的肋骨上压痕大、加工效率不高等缺点。武汉理工大学和上海船舶工艺研究所等单位在肋骨冷弯自动化加工研究方面做了大量工作,现在很多船厂都已采用数控肋骨冷弯机,能够自动弯出各种形状不同的肋骨。

2. 肋骨冷弯成型中的回弹问题的数学表示

型材冷弯成型中不可避免地存在回弹现象,这是由于型材在弯曲成型过程中,其横剖面上不但存在塑性变形区,也存在弹性变形区,因此在弯曲力卸载后,弹性变形区会产生一定的恢复产生回弹现象,回弹量掌握不好,将直接影响成型质量,因此在实际生产中需要采取措施来控制型材冷弯回弹。

根据材料力学和弹塑性力学的理论,可以用理论计算方法预计回弹量,但在实际应用中只能大体预测,实际应用效果不甚理想,主要是由于理论计算中采用的一些力学假设、简化与实际情况有出入,而且实际材料的材质性能不均匀以及弯曲加工受力情况复杂等造成的。

理论计算回弹量结果虽然精度不高,但是所揭示的回弹变化趋势无疑是正确的。实际生产中常用的逐步逼近弯曲法就是用理论得到的回弹规律为指导、以型材回弹的实测数据为依据来控制回弹。

理论研究和实验表明,对任意一段肋骨进行弯曲时,其弯曲角度和卸载后角度回弹量之间近似呈直线关系,如图9.2.4所示为回弹曲率$\frac{1}{r_{np}}$和弯曲曲率$\frac{1}{r}$的关系曲线,型材弯曲卸载时回弹沿与$\overline{OS}$线平行的轨迹返回,$\overline{SM}$近似为直线。

为使型材获得成型曲率$\frac{1}{r_1}$(图中1点位置),首先进行第一次成型曲率$\frac{1}{r_1}$的逼近弯曲,卸载后回弹至"1",回弹曲率为$\frac{1}{r_{np1}}$;其次进行第二次包含第一次逼近的回弹曲率在内的曲率为$\left(\frac{1}{r_1}+\frac{1}{r_{np1}}\right)$的逼近弯曲(图中2点位置),卸载后回弹至"2",回弹曲率为$\frac{1}{r_{np2}}$;再次进行弯曲率为$\left(\frac{1}{r_1}+\frac{1}{r_{np2}}\right)$的第三次逼近弯曲(图中3点位置),然后再卸载回弹;最后以此逼近弯曲下去,回弹后的成型曲率越来越接近所需要的成型曲率。实际生产表明,一般逼近次数不超过3次,即可满足成型精度要求。

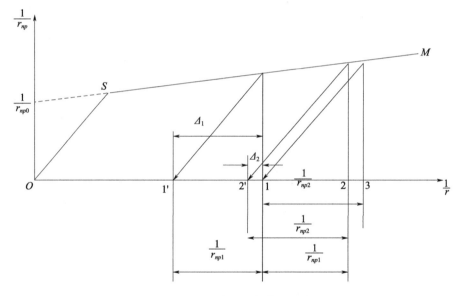

图9.2.4 逐步逼近弯曲法图示

9.2.3 型材构件的热弯成型

有些低合金钢型材弯曲成型后,必须经过调质处理(淬火和回火)才能达到船体构件的性能要求,因此低合金环形肋骨采用中频感应加热弯曲工艺进行加工。这种工艺是将肋骨的弯曲和淬火合为一道工序,在一台中频加热弯曲淬火机床上完成,而且便于组成弯曲—淬火—回火的生产流水线。

这种工艺的原理及设备如图9.2.5所示。利用电流通过感应器产生一个交变磁场,当肋骨型材以一定的速度从感应器中穿过时,钢材在交变磁场作用下产生大量的热量,将肋骨型材局部加热到淬火温度。同时,钢材的塑性加大,在下压滚轮的作用下,肋骨型材在这个被加热的狭窄带内发生弯曲,然后被位于感应器后的喷水圈喷出的水冷却(淬火)。肋骨型材经弯曲淬火后,还应置入大型回火电炉中进行回火,最后在液压机上矫形。

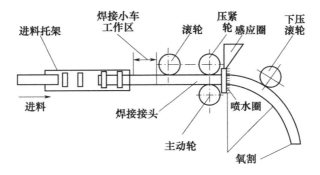

图 9.2.5　感应加热弯曲肋骨工艺

9.2.4　型材弯曲控制成型的逆直线法

型材弯曲加工中的逆直线系指这样一根特殊的直线,如图 9.2.6 所示。它在弯曲前的平直型材上是一根曲线,当型材弯曲到其腹板边缘与成型的型线吻合后,该曲线正好变为一根直线。这样,在肋骨弯曲过程中,可通过不断地检测该曲线是否变直来控制型材的弯曲成型。

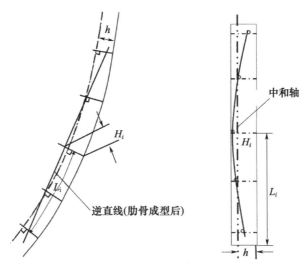

图 9.2.6　逆直线及其做法

准确地求取弯曲前平直型材上的这根曲线(逆直曲线)是采用逆直线法控制型材弯曲成型的关键,这种曲线可采用手工作图法或采用计算机计算求得。

用手工作图法时,首先确定型材中和轴的位置(对肋骨加工精度要求不高的一般产品可用剖面重心位置近似代替中和轴的位置)和中和轴至腹板边缘的距离 h;再在放样台的肋骨型线图上作出肋骨型材的中和轴曲线,它为肋骨曲线的一条法向等距线(法向距离为 h),并在中和轴曲线附近画一条条直线(此即为逆直线,它与中和轴曲线应有两个交点);

然后将中和轴曲线分为若干等分,各分点到中和轴曲线端点的弧长为L_i;过各分点作中和轴曲线的垂线与肋骨线及所配逆直线相交,两交点之间的距离为H_i。

量取各分点的L_i和H_i值后,即可在未加工的平直型材上作出逆直曲线。其作法是,先在平直型材上作出中和轴直线(距型材腹板边缘H_i处);在该直线上(或型材腹板边缘上)量取各L_i值,得到对应的分点;过各分点作中和轴的垂线,在各垂线上以腹板边缘为起点量取对应的h值,得一组离散点;用样条将这些点连成一根光顺曲线,即为所求的逆直曲线。

已经实现了数学放样的船厂,在肋骨型线光顺工作结束后可借助计算机计算出各肋骨逆直线的参数L_i和H_i。注意,对于较长且曲度较大的肋骨,有时需分段设置多根逆直线,并且各逆直线间应交叉一定的长度,如图9.2.7所示。

这种成型控制方法主要适用腹板较高、曲度较小的肋骨。其主要优点是可以省去样板,即省去制作样板的材料及工时;但需要求作逆直曲线,肋骨加工时的检测也较繁复。

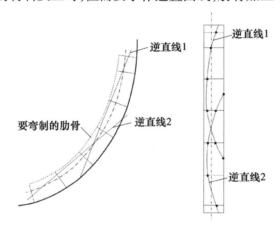

图 9.2.7 大曲率肋骨的逆直线及其做法

9.2.5 型材扭曲加工

对于船体结构的艏艉部位,由于线型收缩的要求,往往会出现双曲率方向变化的外板板架,而在此类外板板架上的纵骨或肋骨,为了保证垂直安装角度的结构强度,往往在弯曲处理的同时,还需要对型材进行扭曲加工,这类型材主要出现在艏艉部位。

在船舶生产建造领域,常用的型材扭曲加工成型的方法有两种:冷加工扭曲成型和热加工扭曲成型。

冷加工扭曲成型是指通过外力的施加,对型材进行扭曲成型,达到加工精度要求。具体从施加外力的方式来说,冷加工扭曲成型又分为手工扭曲成型和机器扭曲成型。手工扭曲成型是指通过人工对型材进行敲击、锤击、钳扭的方式,将型材扭曲;机器扭曲成型是指通过专业的型材成型加工机器,对型材进行加工。

热加工扭曲成型是指通过火焰加热型材,通过热量产生应力,最终对型材完成扭曲加工。在实际操作中,往往通过火焰加工,使型材结构的两面出现不等量的结构变形,达到形状发生扭曲的目的。

结构型材冷加工扭曲成型的方法具有环保、高效、扭曲变形结果可控等优势，是船厂用得最多的型材扭曲加工方式。不过，这种加工方式最大的劣势是由于结构型材是冷加工完成扭曲成型，故加工完毕后，往往都会回弹，且有时回弹较为明显，无法达到后续装配工序的精度要求。此外，在冷加工扭曲的过程中，往往型材中会有残余应力的存在，会导致其结构强度和疲劳强度降低，不利于保证质量。因此，冷加工扭曲方法对设计人员和现场施工人员要求均较高，需要事先尽可能考虑到出现的后续问题。

相比于冷加工扭曲方式，热加工扭曲方式具有成型效果好、成本低廉的优势。但其劣势也很明显，借助热量对型材扭曲，变形不易控制，且热量没有确定的规律，随着型材规格及种类发生变化，热量导致的型材变形规律也不易确定，这就对现场施工人员的工作经验要求较高。

整体来看，热加工扭曲成型方式在国内船舶领域的生产建造过程中，应用较少，现阶段国内船舶生产建造仍以冷加工扭曲成型方式为主。

9.3 板材构件的成型加工

船体板材构件成型主要有机械冷弯法和水火弯板法。一般单向曲度板都采用机械冷弯法加工。而复杂的双曲度板一般先用冷弯机械加工出一个方向的曲度，然后再用水火弯板法加工另一个方向的曲度，也有船厂从平板开始用水火弯板法加工双曲度板。此外，还有一些船厂利用液压机或者数控弯板机冷弯加工双曲度板。若批量较大，则可在压力机上安装专用压模压制成型。

9.3.1 板材构件的冷弯加工

板材构件的冷弯成型加工方法有辊弯、压弯和数控弯板等。

1. 辊弯成型

辊弯是一种最常用的板材冷加工弯曲方法。船体外板中的单向曲度板（例如平行中体部分的舭列板等）通常就用三辊弯板机加工成型，如图9.3.1所示。

图9.3.1 三辊弯板机

普通三辊弯板机下轴辊是主动辊,安装在固定轴承内,由电动机通过减速器带动其旋转;上轴辊是从动辊,可上下调节,当轴辊转动时,板材就在这三个旋转的轴辊之间被弯曲成一定的曲面形状,如图9.3.2所示。

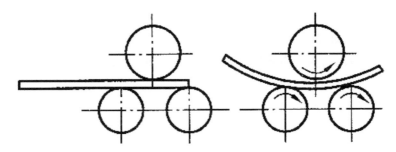

图 9.3.2 三辊弯板机工作示意图

为了提高弯板功能,还有三根轴辊均可上下升降调节三辊弯板机,很适合简单曲度板的成型加工;轴辊可做横向调节的三辊弯板机,可用来弯制封闭圆柱形筒体和锥体;四辊弯板机,两侧辊分别与上下辊形成两对不对称三芯辊,这样既可以使工件两边的剩余直边最小,省去预弯工序,又不必将工件调头,工艺性能好、效率高,但结构和控制复杂、自重大,造价高。

此外,近年来国内外开展的三维曲面柔性辊压成型技术,是一种新颖的板材辊弯成型技术,其基本原理是通过多个高度可调、自身能够旋转和摆动的短辊组成所需要的曲线,再通过短辊的压下量以及短辊与板材之间的摩擦来实现三维曲面连续局部塑性成型。根据工件形状的不同,可以调整短辊的位置,使其组成成型工件所需要的曲率,从而实现一机多用。柔性卷板成型技术是多点成型技术和传统辊弯成型技术的有机结合,具有高效、低成本、柔性化和连续化的特点。目前这项技术的研究正逐渐成熟,并已研制出实验装置,如图9.3.3所示。

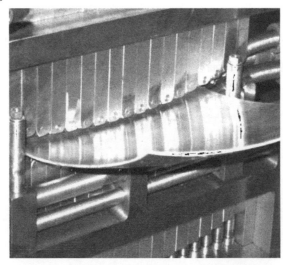

图 9.3.3 三维曲面板柔性辊压成型实验装置

2. 压弯成型

压弯成型也是一种以冷加工为主的板材弯曲方法,使用的主要设备是液压机。近年来,随着数控技术的发展,数控弯板机也已经研制出来。

(1)液压机。

液压机是利用液体压力对板材压弯成型的冷弯设备,以液体为工作介质。液压机进行压弯加工时,必须在压头上装设压模,由压模保证板材的形状,压模按其适用范围可以分为通用压模和专用压模,通用压模可以弯制不同曲面形状的板材,如果同形构件的批量较大,可以制作专用压模。

液压机不仅可以压弯各种不同曲型的船体构件,而且还可以进行板材折边、压角、预弯、矫平等工作。

(2)数控弯板机。

将数控自动化加工技术应用到板材成型加工中,不仅会大幅度提高弯板工作的效率,减轻劳动强度,而且会提高弯板精度,从而减少装配和矫正工作量。如果同其他数控加工装置一起使用,则能实现船体加工车间综合机械化、自动化,提高综合生产能力。国内外多年来一直十分重视数控弯板的研究,武汉理工大学开发了压头三维数控弯板机样机,如图9.3.4所示。弯板前,运用数控程序将其下模(或上模)的各压头逐个自动加以调节,使其改变高度,形成与所要求的构件形状相同的曲面(考虑回弹在内)。当被弯曲的板材定好位后,上模(或下模)的各个压头下降(或上升),将板材弯成所需要的各种形状。

图9.3.4 多压头三维数控弯板机样机

9.3.2 板材构件的热弯加工

1. 水火弯板

水火弯板是目前国内外船厂使用最为广泛的船体双曲度外板加工工艺,90%以上的船体复杂曲度外板都可由该方法加工成型。

水火弯板是一种热加工成型工艺,它是用热源(如气体火焰、高频电感、激光热源等)在金属板表面沿预定的加热线匀速或变速移动对金属板局部线状加热,如图9.3.5所示,使在金属板表面和板厚方向产生一定的温度分布,加热区间的局部金属受热膨胀,受到四周冷金属的阻碍,这样在相互作用过程中便产生受压的塑性变形,如图9.3.6所示。热源后面一定距离处用水跟踪冷却,由于存在着塑性变形,受热膨胀的金属遇冷开始收缩受拉,便产生金属板的局部变形。这种局部变形是由于金属板表面和沿板厚方向板内温度分布的不均匀性引起的,包括垂直加热线方向的横向收缩变形和沿板厚方向的角变形,是实现金属板整体成型的基础。

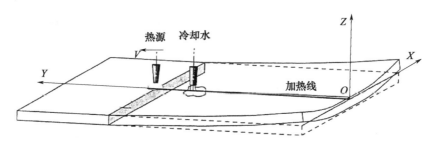

图9.3.5 水火弯板加工过程示意图

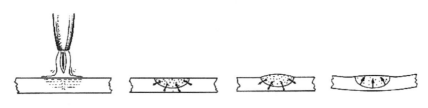

图9.3.6 水火弯板变形示意图

经验丰富的工人往往通过对曲板的整体形状(以样板准线等为参考)的观察,估算出(凭借以往的经验)各部分(常以肋骨间距来划分单元)所需的收缩量,然后再进一步考虑如何布置加热线并确定其他工艺参数,并在加工的过程中,还需要不断检测已加工出的形状和目标形状间的差别,及时修正加热线的布置和其他工艺参数。

2. 水火弯板影响因素分类

水火弯板是一个复杂的热弹塑性变形过程,影响水火弯板成型的因素众多,按照类型不同可分为材料性能参数、热源参数、板件几何参数、成型加工工艺参数、其他影响因素等,如图9.3.7所示。

水火弯板常用的研究思路,如图9.3.8所示,通过有限元展开或者几何展开等手段计算设计曲面的局部变形(包括角变形、线变形或局部收缩量等不同的形式),认为局部变形满足成型要求则整体变形就满足要求。通过实验和数值模拟相结合的方法研究水火弯板成型加工的主要影响因素,揭示局部变形的成型机理,开展大量的数值计算和实验得到局部变形和主要影响因素之间关系的规律,据此建立相关的数学模型。根据待加工的局部变形和数学模型研究成型工艺参数预报方法,计算得到水火弯板成型工艺参数。将计

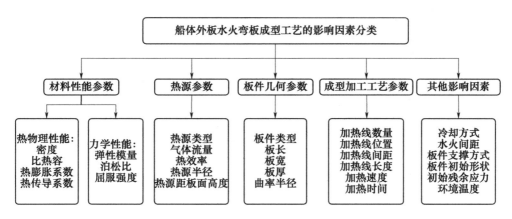

图 9.3.7　船体外板水火弯板成型工艺影响因素

算得到的工艺参数预报结果用于船舶曲板的加工,水火弯板一次加工完成后利用三维扫描等手段得到加工后的曲面,利用曲面匹配判定加工后的曲面是否符合要求,如不符合要求则计算二次加工工艺参数直到加工后的曲面符合要求。每次加工后均需要扫描成型后的曲面。

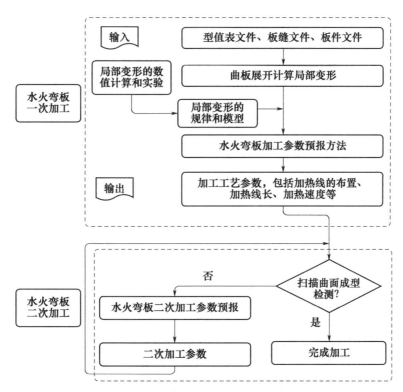

图 9.3.8　水火弯板工艺参数预报的研究思路

整个水火弯板参数预报研究中涉及的内容包括数值模型方法研究、实验测量方法研究、工艺参数对变形的影响规律研究、工艺数据管理与分析、船体曲板数值表示与数学展开、工艺参数预报优化方法、工艺参数预报软件开发、自动化加工设备研发等诸多方面。

下面仅介绍工艺数据管理与分析、工艺参数预报优化方法。

(1) 水火弯板工艺数据管理与分析。

通过实验测量和数值计算积累了大量的实验数据,为管理和分析数据,需建立相应的数据管理系统,即水火弯板专家知识库,如图 9.3.9 所示。基于采集的船舶曲面外板水火弯板大量实验数据和数值计算数据构建,将采集的数据用回归分析的方法建立数学模型,如图 9.3.10 所示。借助 Microsoft VB. NET 2008 和 Microsoft. SQL Server 平台开发完成。船舶曲面外板水火弯板专家知识库系统主要包含专家知识库、数据管理和数据建模等三大模块。

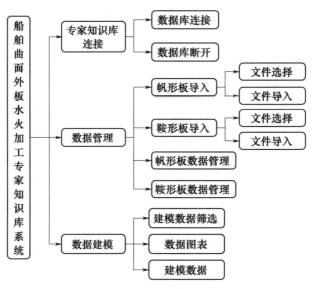

图 9.3.9　水火弯板专家知识库的架构

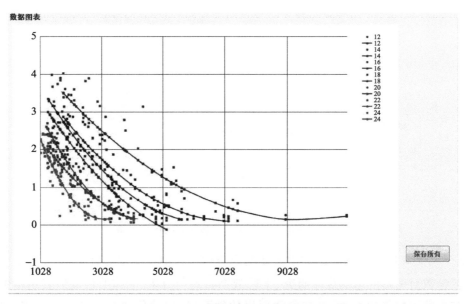

图 9.3.10　水火弯板专家知识库的数学建模

(2) 水火弯板工艺参数预报的优化方法。

① 工艺参数预报的优化目标。

建立基于挠度的水火弯板工艺参数预报的优化问题,并采用优化思想对其求解,最终的优化目标有两个,即要求成型效果好和成型速度快。

成型精度,将基于整体挠度的加工工艺参数预报结果实施加工后的曲面外板符合成型要求,即检测样板在各检测位置处的差值均符合船舶企业现行的检测标准。

成型效率,在工厂加工条件确定的前提下,在满足成型精度的基础上,尽量缩短加工时间。

② 优化目标函数。

$$\Delta w_j = W_j - \sum_{i=1}^{m} w_{ij}$$
$$\Delta w_{\max} = \max(\mathrm{ABS}(\Delta w_j(l, l_p, v))) \leqslant \Delta w_{\mathrm{limit}} \quad (9.3.1)$$
$$\min T = \sum_{i=1}^{m} t_i(l, l_p, v)$$

式中 m——加热线总数, $i = 1, 2, 3, \cdots, m$ 为加热线的序号;

n——检测样板总数, $j = 1, 2, 3, \cdots, n$ 为检测样板的序号;

W_j——设计曲面要求的各样板检测位置的成型挠度;

w_{ij}——第 i 条加热线在第 j 个样板位置产生的挠度;

$\sum_{i=1}^{m} w_{ij}$——m 条加热线在第 j 个样板位置产生的挠度之和;

$\Delta w_j(l, l_p, v)$——各样板检测位置处的挠度的差值;

$\Delta w_{\max}$——各样板检测位置处的挠度差值绝对值的最大值;

$\Delta w_{\mathrm{limit}}$——各样板检测位置允许的挠度的差值,根据国家和企业相关检验标准指定,目前我国船体建造精度标准要求双弯曲板长度方向与样箱的间隙 $\leqslant 3 \mathrm{mm}$,允许极限 $\leqslant 5 \mathrm{mm}$,结合建造标准暂设定 $\Delta w_{\mathrm{limit}} = 3 \mathrm{mm}$;

t——单独一条加热线的加工时间;

T——总加工时间。

(3) 工艺参数预报的约束条件。

约束条件的确定,应综合考虑水火弯板的技术特点、整体挠度和局部变形关系的数学模型和水火弯板加工师傅的实际加工经验。相比于传统的水火弯板工艺参数预报的约束条件,主要增加了整体挠度的约束,重点考察加工后的整体挠度是否满足要求。

① 加热速度约束。

$$v_{\min} \leqslant v \leqslant v_{\max} \quad (9.3.2)$$

式中 $v_{\min}$——根据板厚确定,目的是控制钢板表面温度不能过高,速度过低导致钢板表面温度过高而导致钢板材质发生变化;

$v_{\max}$——根据板厚和待成型的挠度综合确定,速度过快导致钢板表面温度太低使得产生的变形太小。

② 加热线长度的约束。

$$l_{\min} \leq l \leq l_{\max} \quad (9.3.3)$$

式中　$l_{\min}$ 和 $l_{\max}$——常数，分别为加热线长度的下限和上限。加热线长度跟板宽密切相关。

③ 变形和工艺参数关系的数学模型。

$$\begin{aligned} w_{ij} &= I_i \times \delta_i \times k_{ij} \\ I_i &= f(L, B, R, t_p, l_p) \\ \delta_i &= h(t, l, v) \\ k_{ij} &= g(l_p, j) \end{aligned} \quad (9.3.4)$$

式中　w_{ij}——第 i 条加热线对第 j 个样板位置产生的挠度；

　　　I_i——挠度影响数，可根据 L, B, R, t_p, l_p 通过数学模型求得；

　　　δ_i——第 i 条加热线产生的局部收缩量，与板厚、加热线长度 l、加热速度 v 有关；

　　　k_{ij}——第 i 条加热线对第 j 个样板产生挠度的影响系数，与 l_p 和样板序号 j 相关。

④ 实际加工经验的考虑。

加热线间距不能过小；加热线布置的位置和艏艉板边留有一定的距离；一般帆形板加热线布置在板边，鞍形板加热线布置在板中。

水火弯板工艺是我国各类船厂目前使用最为广泛的弯板工艺方法之一。此外，运用水火弯板工艺还可以进行焊接变形的矫正，如 T 型材焊接变形的矫正、板架焊接变形的矫正等，一般称为水火矫正，其原理、影响因素及工艺参数均与水火弯板相近。

9.3.3　板材加工的精度检测

对于船体结构的板材零件，无论是采用冷弯加工方式还是热弯加工方式，都要进行加工精度检测，以保证板材弯曲程度达到后续施工的要求。国内船厂对于板材曲型加工的精度检测，传统一般使用的是样板或样箱的实体检测方式。

对于曲率变化比较缓和的结构零件，精度要求有限，可以采用结构样板进行检测。结构样板是检测曲率变化缓和的结构零件曲型加工精度的工具。对于此类零件，设计人员一般给出该零件在特定位置处的曲型加工数据，现场工人根据曲型加工数据，调整结构样板的各个位置的尺寸数据，确定形状，用结构样板"卡住"结构零件曲率变化的位置，确定加工精度是否合格。

常见的样板结构及名称见图 9.3.11。

对于精度要求比较高的结构零件，一般是采取样箱的方式检测。样箱是一种检测板材曲型加工精度的工具，在船体结构的生产设计中，对于需要进行曲型加工的板材，需要绘制板材曲加工图，在图纸上标明样箱检测位置、样箱之间的检测间距及对应的曲数据信息。除此之外，还要根据板材的曲型加工信息，绘制该板材对应的每挡检测位置的样箱图。

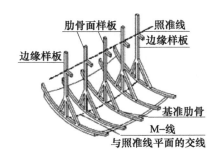

图 9.3.11 样板结构

样箱图实际上是对应每挡检测位置的样箱零件的轮廓图,往往这种轮廓需要有经验的设计人员根据船体结构的线型进行放样再绘制。实际打印图纸时,由于考虑到样箱本身是检测工具,其本身精度必须保证,因此样箱图上并不采用标注尺寸数据的方式,而是将图纸打印输出的比例确定为1∶1,这样的话,样箱加工师傅即可根据打印的1∶1尺寸图纸,确定实际样箱尺寸,并依据此进行加工,保证样箱精度。

制作实际样箱的材料,一般选择木材或钢材。这两种材料的样箱各有利弊,木制样箱易受潮变形及破损,但制作成本较低,只需有经验的木工师傅即可制作;钢制样箱形状稳定,精度准确,可在后续系列船的同样位置结构中反复使用,且不易受损,但制作成本较高,需要通过数控切割才可获得钢制样板。

大部分船厂对于一般的结构曲型加工检测以使用木制样箱为主。

现场施工检测人员在对经过曲型加工的板材进行检测时,对应曲型加工信息确定样箱检测位置,找到对应的样箱,用样箱在对应位置"卡住",然后观察样箱与待检测零件相接处是否足够紧密来判断曲型加工精度是否满足要求。如果相接处足够紧密,说明此零件的曲型加工精度较好;如果相接处部分位置缝隙较大,说明曲型加工精度不达标,需要重新加工修正,再做检测。用于某船体结构曲型加工检测的样箱,见图9.3.12。

图 9.3.12 样箱结构

在实际船舶生产建造的整个流程中,结构样板与样箱的制作是比较靠前的工序,只有通过结构样板与样箱检测的曲型加工板材零件,方可配送到下一工位进行装配组装。

除传统样板或样箱的检测方法外,随着三维扫描技术的发展,激光测量逐渐被船厂采用。

激光三维扫描技术是20世纪90年代中期开始出现的一项技术,是继GPS空间定位系统之后又一项测绘技术新突破。它通过高速激光扫描测量的方法,大面积高分辨率地快速获取被测对象表面的三维坐标数据。可以快速、大量地采集空间点位信息,为快速建立物体的三维影像模型提供了一种全新的技术手段。由于其具有快速性,不接触性,实时、动态、主动性,高密度、高精度,数字化、自动化等特性,其应用推广有可能会像GPS一样引起测量技术的又一次革命。激光三维扫描技术利用激光测距的原理,通过记录被测物体表面大量密集的点的三维坐标、反射率和纹理等信息,快速复建出被测目标的三维模型及线、面、体等各种图件数据。由于三维激光扫描系统可以密集地大量获取目标对象的数据点,因此相对于传统的单点测量,三维激光扫描技术也被称为从单点测量进化到面测量的革命性技术突破。该技术在航空航天、船舶制造、工业装备、逆向工程、文物古迹保护、建筑、规划、土木工程、工厂改造、室内设计、建筑监测、交通事故处理、法律证据收集、灾害评估、船舶设计、数字城市、军事分析等领域均有应用和探索。三维激光扫描系统包含数据采集的硬件部分和数据处理的软件部分。

激光三维扫描仪(3D LASER scanner)是一种科学仪器,用来侦测并分析现实世界中物体或环境的形状(几何构造)与外观数据(如颜色、表面反照率等性质)。激光三维扫描仪利用搜集到的数据,进行三维重建计算,在虚拟世界中创建实际物体的数字模型,图9.3.13为某激光三维扫描仪。激光扫描仪具有以下优点:检测每个细节并提供极高的分辨率;提供无可比拟的高精度,生成精密的3D物体图像;用户可使用安装在设备顶部的按钮在正常和高分辨率扫描模式之间切换。正常分辨率对于大型部件和动态扫描十分有用,而高分辨率专用于要求严格的复杂表面;不需要额外跟踪或定位设备,创新的定位目标点技术可以使用户根据其需要以任何方式、角度移动被测物体。

在船舶板材加工精度检测方面,激光三维扫描可作为传统样板或样箱的替代,从CATIA或TRIBON等船舶设计软件中导出板材型值数据,然后将激光三维扫描结果与板材设计数据对比,基于几何方法计算板材横向和纵向特征位置的误差,判定板材加工精度是否满足生产要求。

图9.3.13　FARO激光扫描仪

思考题

1. 如何选择数控切割方式?
2. 简述数控切割机的类型及用途。
3. 简述船舶构件成型加工的分类及特点。
4. 简述船舶板件成型加工的分类及特点。
5. 简述水火弯板的成型机理。

第十章　数字化智能化造船

本章简要介绍计算机集成制造系统的基本概念和主要构成,以及在此基础之上的未来造船典型模式——数字造船/智能造船。通过本章学习,掌握计算机辅助船舶设计、制造和全生命周期管理的相关概念,并了解船舶智能制造的未来发展趋势。

10.1　CIM 与数字造船/智能造船

10.1.1　计算机集成制造系统

计算机集成制造(Computer Integrated Manufacturing,CIM),是 1974 年美国哈林顿博士首次提出的概念,可表述为:企业的各个环节是不可分割的,整个制造生产过程实质上是对信息的采集、传递和加工处理的过程。由此可知,CIM 乃是企业所有环节自动化技术发展的持续和在更高水平上的集成。

CIMS 则是在 CIM 概念指导下建立的集成制造平台,是在自动化技术、信息技术和制造技术的基础上,通过计算机及软件将制造过程中各种分散的自动化子系统有机地集成起来,以形成适用于多品种中小批量生产的、实现总体效益的集成化和智能化制造系统。集成化反映了自动化的广度,反映了 CIMS 系统扩展到市场、设计、制造、检验、销售及售后服务等全过程;智能化则体现了自动化的深度,即不仅涉及物质控制的传统体力劳动的自动化,还包括了信息流控制的脑力劳动自动化。因此,它既是制造过程中的设计、制造和管理等功能的有机集成,又是要适应数据采集、通信和处理工作各不相同的工厂、车间、单元、工作站和设备等不同层次工作要求的复杂大系统。

数字造船,就是运用 CIMS 平台,将造船实践与信息化技术融合,实现船舶设计数字化、生产过程数字化、装备制造数字化、咨询服务数字化、企业管理数字化,将船舶建造中的设计、生产及人、财、物等信息集成共享,整体协调作业计划,同步安排资源管理,从而大幅度提高造船效率、质量和效益。

智能造船,则是在数字造船的基础上,进一步将 CAD/CAM 技术与信息化、网络化、智能化技术深度融合,包括信息技术、网络技术、大数据技术、虚拟/增强现实、人工智能等,把船舶产品全生命周期过程中的所有管理(PLM)和企业资源规划(ERP)融于一体,构建船舶制造的数字化工厂、大数据平台和信息物理系统 CPS,并持续向设计、生产、管理等各领域的智能化和集成化发展,以实现优质、高效、低耗、清洁、灵活的生产,形成"生产精益化、设备自动化、管理信息化、人员高效化、绩效数字化、运营协同化"的智能工厂。

数字造船/智能造船,是未来造船的典型模式,其区别于传统造船的特征有:

(1)产品开发设计网络化。由于船舶 CAD 的标准化和网络化,实现船舶开发设计单位、制造单位、船东和质保机构的信息资源同步。

(2)产品配套电子商务化。船舶产品中大量设备、材料的订购计划、技术和商务谈判可通过网络进行,降低采购成本。

(3)产品设计、制造的智能化和虚拟化。智能的虚拟技术适合柔性较大的造船生产,智能机器人、虚拟建造和安装技术也是重要内容。

(4)造船企业集团化和虚拟化。网络技术成为重要支撑技术,未来的造船企业,将开发设计、船舶模块、零件制造和总装分成多个独立企业,各自独立经营,企业为集团形式,虚拟构造,虚拟集成。

(5)全生命周期管理。将市场、设计、制造、检验、销售及售后等船舶全生命周期信息统筹优化管理,提高新产品的开发成功率和信息传递效率,极大地节约整体成本。

10.1.2 数字化造船概述

1. 船舶制造的数字化/智能化

船舶制造的数字化/智能化转型,如图 10.1.1 所示。

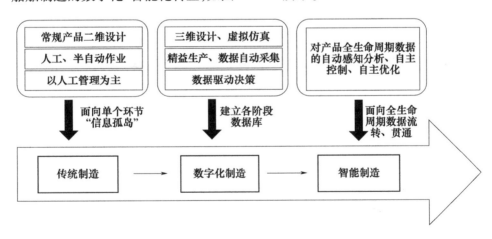

图 10.1.1 船舶制造的数字化/智能化转型

采用三维快速建模技术,实现基于标准化、数据库集成应用与自动化、智能化手段的智能化设计,物量、管理信息完整、准确,大幅提高设计效率和质量,采用基于网络的设计信息查询与三维可视化作业指导,不再向生产现场发放纸质图纸,实现无纸化作业。

(1)流水化作业:运用虚拟验证/虚拟仿真/虚拟制造、数字化控制及装备技术,构建数字化流水作业生产线,实现造船生产"多品种、单件小批量"条件下生产工艺流程柔性化和自动化生产。

(2) 准时化生产：建立适应顾客需求导向的拉动式计划、准时化生产管控模式，实现"多任务、多资源、多对象"条件下复杂工程的管理优化。

(3) 无余量造船：利用 CAM 技术分析船体结构加工、装配和焊接变形规律，以全数字化与自动化手段采集精度数据并分析处理，实现船体以补偿量替代余量、舾装精确作业的无余量精准造船。

(4) 自动化装备：应用大量自动化、专业化工艺装备/机器人，将造船工人从"苦脏累险"作业中彻底解放出来，实现各类装备及切割、成型、装配、焊接、舾装、涂装等关键生产线的数字化和智能化。

(5) 物联网构建：建设船舶制造信息感知网，覆盖物资供给、零件切割加工、分段建造、分段堆放、搭载、涂装和舾装等船舶制造的全过程，实时动态获取生产过程中人员、设备状态、零部件物流与质量、生产计划执行状态、生产环境和能耗、施工质量等信息，实现船舶制造全部过程的状态"可观"（现场数据的快速采集和反馈）。

(6) 集成化制造：完成基于卫星系统、物联网等新一代信息技术的厂域网建设（工业互联网）和信息物理系统（CPS）集成，将物联网与智能决策软件/装备集成，实现感知、分析、推理、决策、控制功能，知识工程全面应用，两化高度融合，信息流、价值流、物流全息贯通，实现由信息集成转向制造集成，具备虚拟制造条件。

(7) 智能化管理：在统一的数字化（信息化）平台上统合设计、生产和管理，利用空间调度优化算法、大数据、数据挖掘、云计算等技术手段，为原材料、生产资源、能源、安全生产管理等提供决策支持，实现智能化全生命周期管理（生产进度可视化、质量缺陷可视化、设备状态可视化、成本数据可视化等），为采购、仓储、生产、成本等业务管理流程提供标准的、统一的、可靠的数据，建立以工序合理、负荷平衡、中间产品完整为目标的计划体系，以中间产品为导向的生产作业管理体系，以任务包为基础的作业日程计划、派发和反馈体系，以及基于物联网+的精细化物资管理体系。

2. 虚拟制造与虚拟装配

虚拟制造（Virtual Manufacturing, VM），是 20 世纪 90 年代中期在计算机集成制造（CIM）和并行工程（CE）基础上提出的新技术，就是将制造过程的计算机模拟和仿真用于辅助产品设计和生产全过程，是基于虚拟现实技术（VR）发展起来的，其实质就是提供强有力的建模和仿真环境。VM 是 CAD 技术在 21 世纪最重要的发展方向之一。

我国 863/CIMS 自动化领域首席科学家蒋新松院士曾将 VM 通俗地描述为：通过计算机应用虚拟模型，而不是通过真实的加工过程，来预估产品的功能、性能及可加工性等各方面可能存在的问题。

VM 的基本目的，是建立计算机模拟产品的综合性开发环境，通过该环境使得设计者在真正加工之前就能模拟地制造出产品，从而达到并增强在产品生产全过程中的及时控制与决策。VM 的意义，在于将工业产品制造从过去的依赖经验的保守方法跃入到全过程预测的崭新方法，填补了 CAD/CAM 技术与生产过程和企业管理之间的技术鸿沟，为工程师们提供了从产品概念的形成、设计到制造全过程的三维可视及空间交互的环境,从而实现了制造驱动设计。

VM 的实施方式,是由从事产品设计、分析、仿真、制造和支持等方面的人员组成"虚拟"产品设计小组,通过网络合作进行协同工作,在计算机上建立产品的数字模型,并直接对这一模型产品的形式、功能、实现过程进行评审、修改和优化;通过仿真分析,发现制造中可能出现的问题,在产品实际生产前就采取预防措施,实现产品一次性制造成功,提高新产品开发成功率,从而大大节约时间和降低成本,增强产品竞争力。

虚拟制造一般可划分三种类型,即以设计为中心、以生产为中心和以控制为中心。

①以设计为中心的虚拟制造,是在设计阶段对整体生产过程进行模拟后,将精确的制造信息提供给生产环节。

②以生产为中心的虚拟制造,是将仿真应用于生产计划,以此来指导产品生产工序和产品线本身的优化,包括对工艺处理方案的提前评估和确定。

③以控制为中心的虚拟制造,是将机器控制模型用于仿真,其目标是指导实际生产中的过程优化。

虚拟装配(Virtual Assembly,VA),是虚拟制造技术在船舶设计制造中的重要应用,其实质是船舶建造各阶段中的交互式装配仿真,包括单元制作、拼接装焊、小组立、中组立、大组立、总段合拢和船坞搭载等。在不考虑建造资源和设备的情况下,检验各阶段中对象装配的可行性和便捷性,以及工艺的可行性和合理性,对各阶段的重要舾装、工艺和关键过程进行可视化仿真,从而优化搭载顺序,提前发现错误、减少返工,大大提高制造效率。

10.1.3 船舶虚拟建造技术概述

1. 船舶虚拟建造技术

船舶虚拟建造技术,就是在船舶设计阶段即模拟出船舶建造的整个过程,能够及早发现设计中出现的问题,减少建造过程中设计方案的更改,减少建造过程中的延期,合理地规划建造过程,优化资源配置,提高设备和劳动力的使用率;降低生产成本,提高产品质量;实现船舶建造系统的全局最优化。另外,在新技术、新设备采用之前,利用船舶虚拟建造系统模拟出采用这些新技术、新设备后的船舶建造过程,并对建造过程进行评估,以确定是否采用或如何合理应用这些新技术和新设备。

船舶虚拟建造技术是实现对船舶建造过程中的人、组织管理、物流、信息流、能量流进行全面的仿真,支持车间和生产线的布置与运行控制、产品实现过程仿真等。船舶虚拟建造技术的功能主要包括建造工艺规划、建造过程演示和建造过程评估等。

建造工艺规划是进行虚拟建造仿真的首要工作,在具体工艺环节仿真验证的基础上,通过对船舶建造过程的深入分析,建立整体建造过程的流程模型,确定建造过程中每个环节的时间节点及所需的资源和设备。建造工艺规划主要包括:船厂车间的布局,生产设备的布置,人力资源的分配,建造流程的规划,物流控制仿真,生产过程和生产调度仿真,建造工艺的仿真。

建造过程的虚拟演示是根据建造工艺规划,将船舶的整个生产建造过程采用虚拟仿真技术表现出来,使用户可以直观地看到船舶建造的整个过程,包括零部件的加工、船体结构的焊接、舾装、涂装等,及在这些过程中工人的工作过程、机器设备的工作过程、物流控制、生产调度等。

建造过程的评估是在船舶建造之前,对整体建造过程进行模拟,以尽早发现问题,合理规划建造过程,优化资源配置,降低建造成本,提高产品质量。因此,对建造过程的评估是船舶虚拟建造的重要组成部分。评估的主要内容包括:①生产过程评估,对所规划的船舶生产建造过程进行整体性的评估,寻找不合理的地方,以做出调整和优化;对某项具体建造工艺进行仿真验证,以检验该工艺的合理性和正确性。②制造成本估算,计算船舶建造总成本、各阶段成本及按类型进行分类的成本(如材料、人工、配套设备、项目管理等)。③建造时间评估,计算船舶建造总时间、各阶段所需时间及按类型进行分类的时间(如零部件加工、配套设备采购、结构焊接、舾装、涂装等)。

另外,采用船舶虚拟建造技术,可以预先评估新技术、新设备在船厂应用的效果,评估在新技术条件下未来的船舶建造过程,以支持船厂在采购策略、规划、投资方面决策的制定。

2. 船舶虚拟建造的关键技术

船舶虚拟建造技术处理的对象是船舶产品与造船系统的信息与数据,主要包括如下几大部分:船舶产品和造船过程建模技术及虚拟车间建模技术、虚拟企业建模技术;运行和操作的仿真技术及综合可视化技术;模型部件的组织技术、工作和信息流程控制技术、碰撞的求解技术及验证技术;数据库技术、人工智能技术、系统集成技术及协同求解技术等。

随着造船计算机软件和硬件系统的不断更新和发展,船舶虚拟建造技术也取得了巨大的发展,其中的关键技术如图10.1.2所示。

(1)数学建模技术。

虚拟制造以产品的数字模型为核心,数字建模技术是船舶虚拟建造最重要的组成部分。目前大部分的船舶生产设计软件都已经能够建立详细、完整的船舶三维模型,并能够分解成各个可制造单元和模块,因此,数字建模的重点是建立制造资源的数学模型,主要包括建立包含工艺信息的特征模型、根据企业的加工设备信息建立设备加工能力模型、生产能力模型等。建立包含工艺信息的特征模型能够为后续的建造工艺分析、加工过程仿真创造条件。加工能力模型和生产能力模型是产品零件可制造性分析、加工单元布局以及制造成本估算、生产能力平衡、优化生产布局、优化调度方案的依据。

(2)数学描述技术。

数学描述技术是建立描述船厂运作、制造工艺过程的数学模型,在此基础上进行可制造性分析及计算机辅助工艺规划等研究,主要包括:

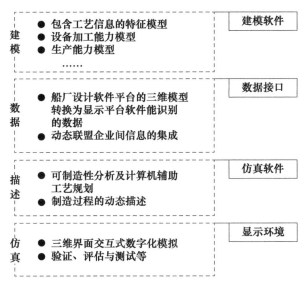

图 10.1.2　船舶虚拟建造的关键技术

①建立描述船厂运作的数字模型,这些实体模型包括行政管理、财务、人力资源、合同管理、市场、产品开发、规划和调度、预算、生产控制、物料控制、生产、检验、测试等,每个实体模型需要定义其主要功能、主要目标、主要特征、行为等属性。

②建立描述制造工艺的数字模型,主要是建立描述生产加工过程的数字模型,如切割、辊轧、线加热、焊接、喷涂、合拢、吊装等。

③可制造性分析及计算机辅助工艺规划,根据产品的特征信息和制造工艺的数学模型,进行可制造性分析,确定加工路线、步骤和工艺参数。

④制造过程的动态描述,在制造资源数学模型和制造工艺数学模型的基础上,根据工艺规划所确定的加工路线、工艺参数以及可用的制造资源,用动画形式描述制造过程,用以检查制造过程及物流过程的合理性。

(3)数学仿真技术。

利用建立的描述船舶产品、船厂、车间、生产设备、工人、制造资源的三维模型,描述产品、制造资源、制造工艺的数学模型,以及制定的船舶建造工艺的规划,采用虚拟现实技术构成虚拟环境,对船舶建造过程进行三维界面交互式数字化模拟,直观地展现船舶建造的全过程,同时借助于虚拟现实及人机工程对产品和工艺过程的可操作性、可维护性等进行验证、评估和测试。

(4)数字接口技术。

如图 10.1.3 所示,一个完整的船舶虚拟建造系统需要有数学建模软件、数学描述和仿真软件、三维交互式数字化显示环境等软件平台和硬件平台的支持,因此船舶虚拟建造系统的正常运行就依赖于数据能够在这些不同的软件平台和硬件平台上实现共享和相互转换。数字接口技术是船舶虚拟建造各项技术间相互联系的桥梁。

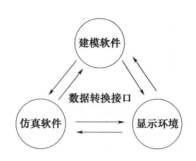

图 10.1.3　关键技术间的相互关系

数字接口技术的发展有赖于目前广泛使用的各种商用软件平台和硬件平台对各自数据接口的公开,但是目前部分厂商由于商业竞争等原因对自己产品的数据接口进行保护,往往阻碍了数据共享和数据接口技术的发展。

10.2　船舶全生命周期管理

10.2.1　概述

产品生命周期(Product Life Cycle,PLC)包括船舶的市场需求分析、概念/初步设计、详细设计、生产设计、工艺设计、生产计划、生产制造、运输、销售一直到营运、维护、产品报废后处置(包括解体或拆卸、再使用、回收)等,可以分为产品开发、产品制造、产品销售、产品使用和产品回收等五个阶段。

船舶与普通产品有所不同,有时被称为"水上城市",属于超大型建筑物,几乎每一艘船都有自己的个性化需求,是按需生产的典型代表,而且其设计方案、生产过程、使用过程等均需要得到主管机关/船检机构的审查确认,其全生命期大致可分为设计开发(合同签署)/审图认可、建造/检验/交船、营运/检验、拆船等几个阶段,如图10.2.1所示。

为了适应发展,提升船舶工业的核心竞争力,实现船舶制造的数字化/智能化转型势在必行。如图10.2.1所示,设计方、制造方、船公司、船级社等各相关方有必要通力合作,以数字化模型为核心,打造一体化数字平台,实现船舶全生命期内设计、计算、分析、仿真、评估、工艺设计等数出同源,模型统一,包括设计阶段的辅助计算、审图阶段的计算校核、制造阶段的无图生产/数控生产、营运阶段的状态评估和维护保养/检验,以及最终报废处置,达成设计与认可、制造/检验、运维与检验的全生命期管理。

1. 全生命期管理体系框架

实现船舶全生命期管理,必须要打造一个与之匹配的PLM平台,如图10.2.2所示。该平台应包括全部与产品(数据)管理有关的业务应用系统,与业务应用系统交换客户需求、订单、产品定义、工艺、资源、成本和销售等信息,向地理上分散和业务异构的应用系统提供单一标准的产品信息源(该信息源覆盖产品的全生命周期)。

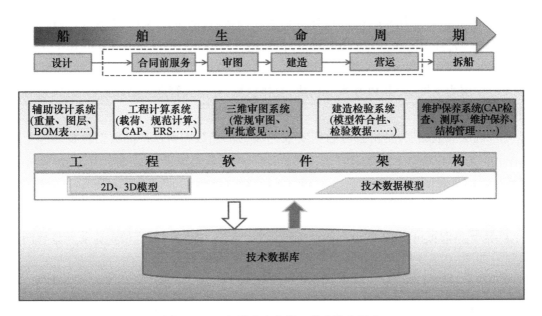

图 10.2.1　船舶全生命期一体化数字平台

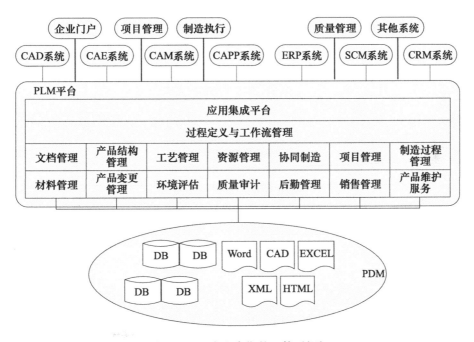

图 10.2.2　全生命期管理体系框架

图 10.2.2 显示了一个三层结构的全生命期管理平台体系框架。

(1) 顶层为应用层,由各种应用系统构成。应用系统用于完成特定专业领域的业务处理,如 CAD(设计开发)、CAE(工程分析)、CAPP(工艺流程/生产准备)、CAM(生产制造)、ERP(企业资源计划)、CRM(客户关系管理)、SCM(供应链管理)等。其中,CAD 是发端,用于创建和修改数字样船;接着在 CAE 工具中校验/仿真分析,确定数字样船的性能是否满足规范和规格书的要求;当设计得到批准确认后,即可进入 CAM 流程,通过 CAPP 准备生产数据,自动生成 BOM(物料清单)传送给 ERP;过程中 PDM 与 CAM、ERP 等之间进行通信,对所有的产品数据进行管理。

(2)中层为支撑层,由 PLM 系统构成,直接获取、存储和管理产品数据,并且集成各种应用系统。

(3)底层为数据层,是由各种数据要素构成的产品数据源。产品数据源在物理上可以是分布式,但在逻辑上是集成的,这些数据分别用于或来源于顶层的 CAD、CAM 等各种应用。

2. 全生命期管理平台的作用

PLM 平台的定位,在于为分立的系统提供统一的支撑平台,以支持企业业务过程的协同运作,如图 10.2.3 所示。

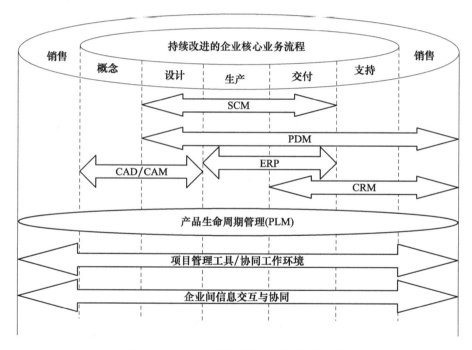

图 10.2.3　PLM 平台中各应用系统的定位

(1)PLM 为不同的应用系统提供统一的基础信息表示和操作,是连接企业各业务部门的信息平台与纽带。

(2)PLM 支持扩展企业资源的动态集成、配置、维护和管理。

(3)应用系统都依赖于 PLM,并通过 PLM 进行连接和集成。

(4)企业所有业务数据都遵照统一的信息与过程模型被集成到 PLM 中。

(5)企业的所有部门都能够通过 PLM 获得信息服务。

PLM 与传统企业管理系统的区别如下:

(1)企业数据资源分类管理,便于检索,提高产品开发效率。

(2) 采用有效的版本管理和工程变更管理，保证产品数据的准确性和一致性。
(3) 实现产品开发流程的规范化管理。
(4) 实现设计过程上下游环节的信息集成。
(5) 实现跨部门的产品信息传递，包括需求、订单、工艺、资源、成本和销售等。
(6) 促进制造企业全面质量管理。
(7) 为跨企业的协作提供协同工作环境。

10.2.2 全生命期船舶信息模型

为了实现船舶全生命期管理，还需建立统一的全生命期船舶信息模型。

模型是为了理解事物而对事物做出的一种抽象，产品信息模型简单来讲，就是产品信息系统概况的反映，是对产品的形状、功能、技术、制造和管理等信息的抽象和表示。随着先进制造技术的发展，产品信息模型的应用突破了 CAD/CAM 集成的领域，扩展到产品的全生命期，并成为实现自动化/智能化的一项关键技术。

全生命期产品信息模型是基于信息理论和计算机技术，在现代设计方法学的指导下，以一定的数据模型定义和描述，在开发设计、工艺规划、加工制造、检验装配、销售维护直到产品消亡的整个生命周期内，关于产品的数据内容、活动过程及数据联系的一种信息模型，由各活动的定义及其全部过程实施的知识所构成，包括与产品有关的所有几何与非几何信息，用来为产品全生命期各个阶段和各个部门提供服务。

全生命期产品信息模型将整个产品开发活动和过程视为一个有机整体，所有的活动和过程都围绕一个统一的产品模型来协调进行，它具有如下特点：

(1) 系统性。按"系统"的观点理解产品，产品是其生命周期循环过程的总和，从构思到生命周期的终结中的任何部分都不可忽略。

(2) 完整性。最大限度地提供和表达丰富的产品信息，即包含产品生命周期内的所有信息，满足产品开发各阶段对产品信息的需求。

(3) 一致性。不同应用领域对同一产品有一致的信息描述，以实现产品信息共享。

(4) 多样性。产品信息模型是提供产品开发过程中各种信息的途径，在表达上应既有整体表达，又有局部表达，能根据应用领域的不同，提供产品的多种"视图"，以支持产品开发各阶段。

(5) 支持双向建模。全生命期产品信息模型是一个开放的概念，仅靠自上而下或自下而上的建模策略难以建造，必须支持自上而下从全局到局部和自下而上从局部到全局的双向建模。

全生命期产品信息模型由产品开发过程模型、产品主模型、产品应用模型组成。其组成结构如图 10.2.4 所示。

当前，船舶工业领域已在倾力打造设计方、制造方、船公司、船级社等各相关方协调统一的船舶全生命期信息模型，其中建立一模多用的三维数字样船，是实现船舶三维 CAD，并且船舶全生命期各环节实现一模多用和模型信息的高效准确传递（基于统一的存储、提取、共享和交换机制）的必要条件，如图10.2.5所示。

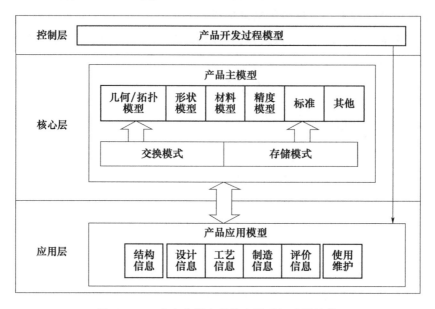

图10.2.4　全生命期产品信息模型组成及结构

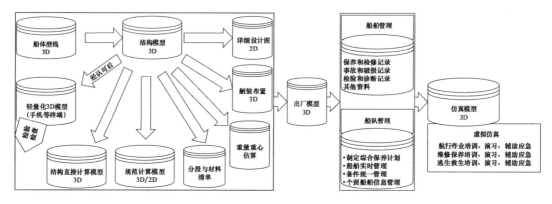

图10.2.5　一模多用的数字样船

（1）数字样船（船舶信息模型）需要在三维CAD工具中完成；而接下来的CAE校验/仿真分析（确定数字样船的性能是否满足规范和规格书的要求）一般也需要在3D模型下开展；当完成仿真分析得到批准后，在计算机上对船舶进行虚拟化制造和装配、无纸化、自动化生产等也需要3D模型的支持。

（2）若有修改或变更，则当数字样船的修改被批准确认后，相应部件的施工图和文档、生产工艺、物料清单等，应能自动或快速生成和发布，从而确保设计和修改内容传送的及时性和可靠性，这也必然需要3D模型的支持。

（3）在运营阶段，船公司（或其委托的运行方）和船级社等相关方，可基于3D出厂模型开展高效的运维保养和检验修理等工作。

①船舶管理。查看和管理船舶的各种信息(船舶综合管理系统)。

②保养检修。统计船队的保养维护数据;计算所需费用;保养和检修周期管理。

③检验和安全诊断统计。统计船队检验数据;测厚数据管理(与 3D 模型同步);在 3D 模型标记过度腐蚀点;根据安全诊断等级在 3D 模型标记相应位置。

④远程检验。通过视频等感知工具(增强现实技术) + 网络 + 应用端,实现岸基远程检验。

⑤虚拟检验。可选择检验种类;模拟用户行为(移动,上楼梯等);标记重点检验位置和相关规定;使用 VR 眼镜等工具实施检验。

⑥虚拟仿真。基于仿真模型/虚拟现实,进行航行、维修保养、逃生救生等作业的培训、演习、应急。

10.2.3 全生命期管理的实施方案

从应用目的来说,建设全生命期管理 PLM 平台,大致有三个方向 15 种组合,或 15 种入门方式(思路)可供企业选择。

1. 以企业资源规划为出发点组成 PLM

①物料需求规划与产品数据管理(MRP + PDM)。

②人力资源与项目管理(HR + Project Management)。

③采购与项目管理(Purchasing + Project Management)。

④财务与项目管理(Financials + Program Management)。

⑤生产管理与工程(Production Management + Engineering)。

2. 以供应链管理为出发点组成 PLM

①供应链与产品数据管理(Supply Chain Planning + PDM)。

②生产规划与项目管理(Production Planning + Program Management)。

③资源获取与产品数据管理(Sourcing + PDM)。

④资源获取与协同产品设计(Sourcing + Collaborative Product Design)。

⑤需求预测与产品组合管理(Demand Forecasting + Portfolio Management)。

3. 以客户关系管理为出发点组成 PLM

①市场分析与产品组合管理(Marketing Analytics + Portfolio Management)。

②客户服务与数据管理(Customer Service + PDM)。

③销售预测与项目管理(Sales Forecasting + Program Management)。

④客户关系管理与客户需求管理(CRM + Customer Needs Management)。

⑤知识管理与产品组合管理(Knowledge Management + Portfolio Management)。

目前,市场上 PLM 解决方案主要有:

(1)达索公司的 PLM,核心是 CATIA,突出 CAD/CAE 一体化和云端。

(2)PTC 公司的 PLM,核心是 Creo,突出物联网。

(3) 西门子公司的 PLM,核心是 UG NX,主导汽车行业。

全生命期管理模式下,设计早期就要充分考虑在全生命期中所有环节的影响因素。设计活动是一个并行工程,强调及早考虑下游活动对设计的影响,强调各个活动并行交叉进行,强调面向过程和以产品为中心,强调系统集成与整体优化。其采用跨部门/跨企业的开发团队,能够直接面向目标,便于控制和过程管理,提高全生命期各阶段人员之间的相互信息交流合作,提高产品开发的效率。

DFX 是 Design for X(面向产品生命周期各/某环节的设计)的缩写,是实施全生命期管理的发端。DFX 是指面向某一应用领域的设计思想及实现这一思想的计算机辅助设计工具,能够使设计人员在早期就考虑设计决策对后续工作的影响。其中,X 可以代表产品生命周期或其中某一环节,如装配、加工、使用、维修、回收、报废等,也可以代表产品竞争力或决定产品竞争力的因素,如质量、成本、时间等。如面向性能的设计(Design for Performance,DFP)、面向装配的设计(Design for Assembly,DFA)、面向制造的设计(Design for Manufacture,DFM)、面向成本的设计(Design for Cost,DFC)、面向质量的设计(Design for Quality,DFQ)、面向服务与维修的设计(Design for Service and Maintenance,DFSM)、面向环境的设计(Design for Environment,DFE)、面向拆卸的设计(Design for Disassembly,DFD)等。

设计时不但要考虑功能和性能要求,而且要同时考虑与产品整个生命周期各阶段相关的因素,包括制造的可能性、高效性和经济性等,其目标是在保证产品质量的前提下缩短开发周期、降低成本。

DFX 在具体实施中,首先,所有的产品开发人员都应该认识到,在设计阶段尽早地考虑产品全生命周期将有益于产品竞争力的提高;其次,产品设计人员和产品开发管理人员应该积极应用 DFX 方法于产品设计;最后,借助计算机实现的 DFX 工具可有效地辅助产品设计人员按照 DFX 方法进行产品设计。

DFX 技术是设计方法论和设计支持技术的重要研究内容之一,是产品开发的有效方法和技术。虽然 DFX 是一种设计方法论,但本身并不是设计方法,不直接产生设计方案,而是一种设计评价分析方法,为设计提供依据。DFX 方法不仅用于改进产品本身,而且用于改进产品的相关过程。以往,当产品设计完毕,再进行过程设计,而 DFX 方法强调产品设计和过程设计的同时进行。

DFX 技术可以分成两大类:一类是代表产品竞争力的因素,可以统称为面向产品竞争力的设计,这一类 DFX 实际上是面向整个生命周期的;另一类是代表产品生命周期的某一环节,可以统称为面向产品生命周期某环节的设计。

10.3 数字化造船展望

10.3.1 智能制造在国外造船应用的现状

2015 年 3 月,政府工作报告提出要实施"中国制造 2025",坚持创新驱动、智能转型、强化基础、绿色发展,加快从制造大国转向制造强国。在这一过程中,智能制造是主攻方向,也是从制造大国转向制造强国的根本路径。"中国制造 2025"把海洋工程装备和高技术船舶作为十大重点发展领域之一加快推进,明确了今后 10 年的发展重点和目标,为我国海洋工程装备和高技术船舶发展指明方向。结合我国在发展造船业上具备"先进国家与后进国家难以同时具备的综合优势",和发达国家比,我国劳动力成本低;和发展中国家比,我国的技术、资金和工业基础比较雄厚;即便如此,我国造船业仍存在着整体技术水平差、发展层级低等问题,我国仍只是"造船大国"而非"造船强国"。

欧洲造船业将进一步退出船舶总装建造市场,但在设计、配套、海事规则制定等方面,特别是在海洋工程装备的核心设计和关键配套领域仍具优势。韩国提出未来 5~10 年把海洋工程装备制造业打造为第二个造船业;新加坡提出全力保持海工装备竞争优势。未来在深水海工装备产品领域主要建造国家之间的竞争更为激烈。世界造船业的主要力量仍将是中国、韩国和日本,并且更主要地体现在高新技术船舶和海洋工程装备领域。

欧美等制造业发达国家和日韩等造船强国在智能制造方面的应用较多,值得我国在推进智能制造过程中借鉴。欧洲智能制造最具代表的是德国迈尔船厂(MEYER WER-FT),如图 10.3.1 所示,该厂主要制造豪华邮轮,拥有迄今为止世界上最大的室内船坞,建造图纸在该厂已经很难见到,已经被数字化仿真替代。该厂为进一步改进建造质量,开发了 VR - room 并已应用,例如舱室强度试验,采用激光三维扫描注水前后的舱壁进而得到舱壁变形量,成功将 PlantSimulation 软件用于豪华邮轮建造中,进行生产计划的仿真和优化。意大利 FINCANTIERI 船厂是世界上最大的造船企业之一。为了改善生产计划,集成生产系统,把战略目标转化为经营活动,FINCANTIERI 实施了虚拟制造解决方案,所有这些都旨在以更低的成本准时提供最高质量的服务。

图 10.3.1　德国迈尔船厂

美国诺斯罗普·格鲁曼公司纽波特纽斯船厂(Northrop Grumman Newport News),以 3D 实体模型为核心,开发了包括设计师、工程师、建造师和船员的全寿命周期系统,成功应用于军船。

日本石川岛播磨船厂（IHI）在生产现场部署了三维作业指导终端，并通过 WiFi 将三维作业指令传输至现场，使得生产现场作业人员能快速、准确获取工艺信息，大大提高了生产效率。IHI 船厂将仿真技术作为提高生产效率、产品质量、作业安全性的有效手段。例如 IHI 船厂成功将舵轴的安装进行仿真，如图 10.3.2 所示，在舵轴安装之前进行仿真模拟，确认无误后再开展实际作业。

图 10.3.2　舵轴安装仿真和现场对比

韩国最具代表的船厂是三星重工（SHI），其参加了由韩国政府设立的科技项目——建立基于仿真技术的数字化船厂，通过建立一个集成的数值仿真环境，模拟数字模型和生产工艺，不仅可以查看现有设备和厂区的运行，更可以提前验证新工法、工艺和工装，验证流程和物流的合理性，优化生产计划和设备利用率，降低船舶的总体建造周期。韩国现代重工（HHI）实施了船舶建造过程动态仿真与优化，通过仿真在签订订单初期精确预测交船时间，通过应用新的平台大大缩短规划时间。

10.3.2　智能制造在国内造船应用的现状

和造船发达国家相比，智能制造在我国的应用起步较晚，最具代表的是南通中远川崎船厂（NACKS）。近年来，该厂积极推进"船舶制造"向"船舶智造"转型，其智能化制造项目在国内船企中独树一帜。NACKS 智能制造经历了计算机集成系统、两化融合、智能制造等阶段，建成计算机集成制造系统。构建企业局域网，接入互联网；将 ERP 系统与设计、建造、财务、人事等系统高度集成，实现了数字化设计、制造、采购、管理等业务一体化和信息的互相连通；从企业未来的战略角度规划，将工业机器人应用和实施生产线改造等智能制造手段作为信息化和工业化深度融合的切入点，以持续提升企业竞争力，从精益管理和智能制造装备等多方面提高竞争力。2015 年 7 月，企业跻身国家工信部"智能制造试点示范项目"行列，是我国唯一一家船舶智能制造企业。2011 年以来，南通中远川崎逐步投产型钢、条材、先行小组立和小组立焊接等 4 条机器人自动化生产线，相应的作业效率分别提高 400%、250%、40%、60%。目前南通中远川崎大部分车间已开始实行自动化操作、钢板一次性利用率达 92%，成为全国造船界的标杆企业。南通中远川崎工厂实景如图10.3.3所示,厂区布局合理,生产设施先进,装备精良,从日本引进了先进的大型数控切割机、全自动埋弧焊等设备。生产实行精益管理,包括精益设计、数据支撑等,利用统计技术在生产各工序进行全过程质量监控,并通过信息反馈、数据分析来确定公司的精度控制数据系统,从而率先在国内实现了无裕量造船,造船节点保证率100%,特别是船体分段对接无误差,节省了大量人工和时间成本,提高了造船质量和经济效益。

图10.3.3　南通中远川崎船厂实图

2015年7月,北京中船信息科技有限公司推出了"智慧车间"技术解决方案及相关产品,目标针对现代造船模式及数字化造船推广过程中存在的问题,用以落实国家制造强国战略规划和两化深度融合等相关要求,为船舶行业重塑竞争优势提供强大推力。智慧车间作为面向船舶制造执行的管控系统,重点支持船舶制造现场工作计划和任务包的编制、分派、修订等过程,支持中小日程的细化和结合现场情况的调整,支持作业区和班组对任务执行更细颗粒度、更及时的分配和反馈。其智慧的特点体现在船舶建造现场生产各要素基于信息的实时协同,体现在车间部门拥有优化和调整任务及其执行计划的信息平台,体现在作业区和班组可根据任务执行数据与效率情况,对工艺过程进行完善,使工人装配焊接等工艺技能得以提高。智慧车间技术作为船舶建造的关键技术之一,可谓智能制造技术在船舶企业的重要应用。以沪东中华造船(集团)有限公司基于物联网的液化天然气(LNG)船加工数字化车间为例,该项目对提升我国船舶工业制造水平、缩短建造周期、保证建造质量、降低能耗和管理及生产成本、实现"数字造船"和"绿色造船"有重大的现实意义。

外高桥船厂开展了焊接机器人的应用研究,在管子焊接方面取得了一定的成果,其中管法兰机器人焊接装备既能提高生产力水平,减轻工人的劳动强度,又能提高产品焊接质量,可满足常见管径的焊接,解决了管子自动化生产瓶颈的难题,更好地实现了自动化焊接生产流水线。

10.3.3 智能制造的标准

检验船企的智能制造能力,关键看产品设计、制造过程中的"标准化、数字化、信息化及自动化"程度。我国造船业经过近30年的努力,奠定了夯实的船舶建造基础。虽然我国船舶建造能力跃居世界前列,建造船型种类多样,但缺乏设计、生产过程中的数据积累,难以形成系统的数据体系。为提升"标准化、数字化、信息化及自动化"能力,船企需针对不同船型,按照生产流程进行数据记录,通过不断积累船型数据,挖掘经验数据,从而提高船舶产品制造数字化程度,最终实现智能制造。

智能制造的另一个基础是互联互通,对各种生产信息源进行交换,打造一个信息交互平台。将船企多年的船舶建造数据输入到同一信息平台中,通过信息管理系统对信息进行提取与筛选,以不断修正建造生产中的偏差,提高产品建造效率。与此同时,随着"标准化、数字化、信息化及自动化"的推广与应用,向智能制造目标努力,使得中国船舶行业的设计、船舶制造厂与船东实现无缝对接式的沟通,使得船东的个性化需求在船舶建造中予以满足。同时让设备厂家及时作出反应,分承包方单位及时做好施工准备工作。

面对激烈的全球竞争环境,我国造船业亟待重建技术与资本优势。我国造船业利用信息技术已有差不多25年的历史,推进工业化和信息化深度融合具有明显的后发优势。作为目前渗透率最广、最深的技术,信息技术在不同程度上提高了造船技术、船舶本身的数字化水平,已成为我国船舶产品进入国际船舶的有力支撑。针对信息技术与现代造船流程的新一轮融合,将形成数字化、自动化与智能化车间,构建生产数据、物品、资金的"三流合一"模式,目标是敏捷造船、高效造船;让船型、航海、海洋环境、船舶系统和装备数据库等大数据与船舶设计支撑软件相融合,向高新船舶产品注入实用科学技术,使新型船舶或平台迈向标准化、数字化、信息化及自动化的智能化推进。

10.3.4 数字化造船的实现

当前,我国船舶工业正朝着设计三维数字化、产品智能化、管理精细化和信息集成化等方向发展。同时,世界造船强国已提出打造智能船厂的目标,国际海事安全与环保技术规则日趋严格,船舶排放、船体生物污染、安全风险防范等船舶节能环保技术要求不断提升,船舶及配套产品技术升级步伐将进一步加快,以智能制造为方向,加快推动新一代信息技术与制造技术融合发展。

(1) 着力发展智能装备和智能产品,推进生产过程智能化,培育新型生产方式,全面提升企业研发、生产、管理和服务的智能化水平。

现阶段正处于精益造船模式的转型期。精益造船是强调全过程的可跟踪性,以中间产品为对象组织造船生产的现代造船模式,要求数字化及智能制造和造船模式紧密结合。我国船企实现精益造船目标,需结合船厂各生产环节机械化、自动化水平,优先将数字化智能制造技术应用于分段生产之前。同时,加强对生产原材料、零部件的自动标识工作,从源头开始狠抓造船物流的可识别、可跟踪、可追溯。我国船企应以精益生产为前提和基础,以产品价值实现全过程计划管理为核心,以"彻底消除浪费"和追求全局利益最大化为主要目标的精益管理模式。

(2)立足船舶设计、建造、运营、维护、拆解全过程,强化系统思维,抓好顶层设计;正视差距,提升造船工业基础支撑能力;精心修炼,重构现代化造船模式,全面提升造船精益化水平。

(3)技术、管理软实力以及造船、配套等全产业链的协同。

我国造船业产能建设规模过大,且在新船型自主研发、设备配套、系统集成、海洋工程、豪华邮轮设计建造等领域与世界先进水平还存在一定的差距,低成本优势正在逐步减弱。我国造船业对"世界经济一体化"的结构形式依赖性过大,导致其在顶层设计、技术研发、配套跟进等方面还未形成成熟的体系。推进智能制造是一项系统工程,需设计未来、思考发展,更多注重联合、融合、集成、创新等方面的内容。

(4)航运企业作为智能船舶的用户,在智能制造中发挥不可替代的作用。

船舶智能化势不可挡,航运企业在船舶研发阶段,向船厂提出明确具体的船型建造与设计要求。船厂在船舶设计阶段,主动与船东保持沟通,让船东全方位参与,主动融入到设计研发、配套等各环节工作中,共同为建造满足市场需求的船舶寻找解决方案。与此同时,航运企业是落实智能船舶体系的主力军。选择若干成熟的技术系统设备开展示范应用,成熟一个区域完善一个区域,坚持"由点到线,由线到面"的原则,逐步提高船舶数字化、智能化的整体水平。最后,在智能船舶运营过程中,航运企业还应对船舶运营的状态进行相关数据的筛选和分析,及时将与实际需求不符的数据及问题反馈给设计与配套单位,使船舶数字化、智能化得到有效改进与提升。

思考题

1. 数字造船/智能造船是未来造船的典型模式,简述其区别于传统造船的特征。
2. 简述 PLM 三层结构的全生命期管理平台体系框架。
3. 什么是 CAPP 技术?其在 CAD/CAM 集成系统中的地位和作用如何?
4. 什么是 PLM?其与 CAD、CAE、CAM、CAPP、PDM、ERP 之间的关系如何?
5. 什么是计算机集成制造?其与数字造船、智能造船和虚拟制造的关系如何?

参考文献

[1] 孙家广,陈玉健,辜凯宁.计算机辅助几何造型技术[M].北京:清华大学出版社,1990.

[2] 朱心雄,等.自由曲线曲面造型技术[M].北京:科学出版社,2000.

[3] 曹岩,杨艳丽.CAD基础理论及应用[M].西安:西安交通大学出版社,2011.

[4] 刘玉君,汪骥,张雪彪,等.计算机辅助船体建造[M].大连:大连理工大学出版社,2009.

[5] 中国船舶工业集团公司,中国船舶重工集团公司,中国造船工程协会.船舶设计实用手册——总体分册.[M].3版.北京:国防工业出版社,2010.

[6] 王世连,刘寅东.船舶设计原理[M].大连:大连理工大学出版社,1999.

[7] 盛振邦,刘应中.船舶原理(上下册)[M].上海:上海交通大学出版社,2003.

[8] 谢云平,陈悦,张瑞瑞,等.船舶设计原理[M].北京:国防工业出版社,2017.

[9] 陈宾康,董元胜.计算机辅助船舶设计[M].北京:国防工业出版社,1994.

[10] 李永香,李光正,刘鑫.船舶计算机基础[M].大连:大连海事大学出版社,2016.

[11] 杨槱,张仁颐,仰书纲.电子计算机辅助船舶设计[M].上海:上海交通大学出版社,1985.

[12] 邹劲,刘旸,史冬岩.计算机辅助船舶设计[M].哈尔滨:哈尔滨工程大学出版社,2002.

[13] 喻方平,李鹤鸣,罗薇.微型计算机在船舶中的应用[M].北京:电子工业出版社,1997.

[14] 彭辉.计算机船舶绘图操作[M].北京:人民交通出版社,2002.

[15] 赵晓非,林焰.关于解船舶浮态问题的矩阵方法[M].大连:大连理工大学出版社,1984.

[16] 范尚雍.船舶操纵性[M].北京:国防工业出版社,1988.

[17] 贾欣乐,杨盐生.船舶运动数学建模——机理建模与辨识建模[M].大连:大连海事大学出版社,1999.

[18] 吴秀恒,刘祖源,等.船舶操纵性[M].北京:国防工业出版社,2005.

[19] 刘寅东,唐焕文.船舶设计决策理论与方法[M].北京:高等教育出版社,2006.

[20] 马涅采夫,等.船舶不沉性理论[M].键链,译.北京:国防工业出版社,1977.

[21] 张梅.专家系统在船舶舱室划分与布置设计中的应用[D].大连:大连理工大学,2008,

[22] 王宇.大型舰船舱室智能布局设计方法研究[D].哈尔滨:哈尔滨工程大学,2016,

[23] 吴晓莲.基于CFD的船舶球艏/球艉低阻线型研究[D].哈尔滨:哈尔滨工程大学,2008.

[24] 褚胡冰,张海鹏,刘一.基于遗传算法的气垫船主尺度优化设计研究[J].船舶,2018,29(06):109-116.

[25] 桑松,林焰,纪卓尚.基于神经网络的船型要素数学建模研究[J].计算机工程,2002(09):238-240.

[26] 高尚,张殿友.一种新的船型主尺度要素的数学模型[J].舰船科学技术,2008(03):131-134.

[27] 宗智,毕俊颖,吴启锐.国外航空母舰主尺度与航速关系的回归分析[J].中国舰船研究,2007,(04):14-19+25.

[28] 尤佳滢.层次分析法在船型方案选优中的应用[J].工程建设与设计,2018(09):85-87.

[29] 周奇,陈立,周涛涛,等.基于组合赋权法的船型方案模糊综合评判[J].船舶,2013,24(06):4-7.

[30] 张明霞,姜哲伦,徐晓丽.船型技术经济评价方法比较研究[J].船舶,2017,28(06):84-96.

[31] 李俊华,应文烨,陈宾康,等.基于集成知识模型的船舶舱室智能三维布置设计[J].中国造船,2002

(02):1-8.
[32] 陈金峰,杨和振,马宁,等.知识工程应用于船舶局部构件智能化设计研究[J].中国造船,2010,51(04):201-208.
[33] 蔡薇,陈湛,陈琪.一种大型邮轮乘客舱室智能布局设计方法[J].中国造船,2019,60(02):186-195.
[34] 管义锋,姚震球,周宏.应用Tribon特征造型技术进行破舱稳性计算[J].造船技术,2001(05):11-14.
[35] 蒋毅文.Maxsurf及相关设计程序在船舶设计中的应用[J].船海工程,2005(04):39-41.
[36] 徐田甜.Maxsurf软件在计算机辅助船舶设计与建造领域的应用[J].船舶工业技术经济信息,2001(02):18-23.
[37] 张盛龙,吴恭兴.基于Maxsurf球鼻艏型线的船舶减阻方法[J].船舶标准化工程师,2014,47(06):5-8.
[38] 陈康,魏菲菲,程宣恺,等.基于参数化建模的优化设计方法[J].船舶与海洋工程,2013(04):6-8+33.
[39] 程宣恺,周志勇,陈康,等.船模自航试验数值模拟研究[J].船舶与海洋工程,2013(03):10-15.
[40] 邱辽原,谢伟,姜治芳,等.基于参数化CAD模型的船型阻力/耐波性一体化设计[J].中国舰船研究,2011,6(01):18-21+29.
[41] 冯佰威,刘祖源,詹成胜,等.船舶CAD/CFD一体化设计过程集成技术研究[J].武汉理工大学学报(交通科学与工程版),2010,34(04):649-651+694.
[42] 柳晨光,初秀民,谢朔,等.船舶智能化研究现状与展望[J].船舶工程,2016,38(03):77-84+92.
[43] 王刚毅,秦尧,张文斌,等.绿色和智能——船舶的未来[J].船舶设计通讯,2019(02):1-7.
[44] 陈立,朱兵,黄洁瑜.超大型矿砂船智能化总体设计方案[J].船舶设计通讯,2019(02):83-87.
[45] 中国船舶工业集团公司,中国船舶重工集团公司,中国造船工程协会.船舶设计实用手册——电气分册[M].3版.北京:国防工业出版社,2013.